HEALTH MANAGEMENT AND DEGRADATION PREDICTION OF PROTON EXCHANGE MEMBRANE FUEL CELLS

质子交换膜燃料电池健康管理与老化预测

谢长君　朱文超　杨　扬　编著

華中科技大學出版社
http://press.hust.edu.cn
中国·武汉

内 容 简 介

本书结合作者及团队多年的研究实践，从理论及工程应用的角度系统地介绍了质子交换膜燃料电池在水管理及故障测试、交流阻抗检测、水管理故障诊断和老化预测及剩余使用寿命估计等方面的关键问题和核心技术。全书共8章。第1章概述了质子交换膜燃料电池反应原理及应用；第2～4章重点介绍了质子交换膜燃料电池水管理及故障测试、交流阻抗检测技术及水管理故障诊断方法；第5～8章重点阐述了质子交换膜燃料电池老化分析及预后管理、基于模型的老化预测方法、数据驱动方法与混合预测方法等。

本书深入浅出、结构严谨、实例丰富、阐述全面、便于自学，既可作为燃料电池相关领域技术人员的参考用书，也可以作为新能源、电气工程、自动化等专业高年级本科生或研究生的专业课教材。

图书在版编目(CIP)数据

质子交换膜燃料电池健康管理与老化预测/谢长君，朱文超，杨扬编著. —武汉：华中科技大学出版社，2023.10
ISBN 978-7-5772-0147-4

Ⅰ.①质… Ⅱ.①谢… ②朱… ③杨… Ⅲ.①质子交换膜燃料电池-研究 Ⅳ.①TM911.4

中国国家版本馆CIP数据核字(2023)第199029号

质子交换膜燃料电池健康管理与老化预测
Zhizi Jiaohuanmo Ranliao Dianchi Jiankang Guanli yu Laohua Yuce

谢长君 朱文超 杨 扬 编著

策划编辑：王汉江
责任编辑：刘艳花
封面设计：原色设计
责任校对：李 琴
责任监印：周治超
出版发行：华中科技大学出版社(中国·武汉) 电话：(027)81321913
武汉市东湖新技术开发区华工科技园 邮编：430223
录 排：武汉市洪山区佳年华文印部
印 刷：武汉科源印刷设计有限公司
开 本：710mm×1000mm 1/16
印 张：12.5 插页：2
字 数：238千字
版 次：2023年10月第1版第1次印刷
定 价：62.00元

PREFACE

前言

氢能作为一种清洁、高效且可再生的能源，在能源转型中发挥着重要作用。质子交换膜燃料电池（proton exchange membrane fuel cell，PEMFC）具有高能量密度、高转换效率、无污染、工作温度接近常温等优点，被认为是极具潜力的氢电转换装置。然而，PEMFC 对电堆电流变化敏感，易发生水淹和膜干故障，导致输出性能下降、寿命缩短。电堆内部含水量过高会阻碍反应物传输；膜干会降低质子交换膜的电导率，严重时会造成不可逆的膜损伤。准确地诊断水管理故障为制定最佳水管理策略提供依据，可以提高燃料电池输出性能、延长使用寿命。PEMFC 本身的结构和材料属性以及运行环境会引起其不可逆的性能退化。燃料电池的耐久性和高成本依然是制约燃料电池汽车全球化的重要因素。准确地预测 PEMFC 老化趋势和估计剩余使用寿命对降低燃料电池系统维护成本、防止灾难性故障和延长使用寿命具有重要意义。

作者及团队近年来开展了质子交换膜燃料电池健康管理研究，提出了基于模型、基于数据驱动和基于实验测试的水管理故障诊断方法。同时，开展了 PEMFC 老化预测方面的深入探索和验证，通过实验数据验证了多种老化预测方法，具体包括 PEMFC 短期老化预测和长期老化预测，涉及的方法通常分为三种：模型驱动方法、数据驱动方法和混合方法。

本书结合作者及团队研究实践，全面阐述了质子交换膜燃料电池在水管理及故障测试、交流阻抗检测、水管理故障诊断和老化预测及剩余使用寿命估计方面的技术细节。第 1 章概述了质子交换膜燃料电池反应原理及应用。第 2 章探讨了质子交换膜燃料电池水管理故障诊断方法及故障实验测试。第 3 章介绍了燃料电池交流阻抗检测技术，重点说明了交流阻抗检测系统软、硬件设计方法。第 4 章讨论了燃料电池水管理故障诊断方法，深入分析了燃料电池等效电路模型参数辨识方法、基于等效电路模型的水管理故障分类以及数据驱动的水管理故障诊断方法。第 5 章剖析了质子交换膜燃料电池的老化及预后管理，介绍了老化机理及老化指标、预后管理方法和相关概念。第 6 章论述了基于模型的质子交换膜燃料电池老化预测方法，并提出包含卡尔曼滤波算法、粒子滤波算法及其变体在内的多种预测方法。第 7 章提出了基于神经网络的质子交换膜燃料电池短期和长期老化预测方法，改进了神经网络预测方法并进行了实验验证。第 8 章阐明了用于中短期预测和长期预测的混合预测方法，并提出了混合预测方法的优势和面临的挑战。

本书是武汉理工大学先进储能与双碳实验室多年来有关燃料电池领域研究工作的综述和总结。其中，朱文超主要完成第 1 章、第 5 章、第 7 章以及第 8 章的撰写，杨扬主要完成第 2 章、第 3 章、第 4 章以及第 6 章的撰写，谢长君主要完成全书的统稿及校核工作。参与本书资料整理的有博士生杜帮华，以及硕士生万文欣、郭冰新、余晓然、李长志、吴航宇、贺挺伟、李永佳、李浩辰、刘晏君、杨一鼎、薛嘉瑞等。

经过多年努力与实践，我们试图将质子交换膜燃料电池健康管理与老化预测领域国内外最新研究进展和团队在该领域的研究成果及心得体会奉献给所有同仁和读者，助力我国在质子交换膜燃料电池领域的学术创新与进步，推动燃料电池产业快速、健康发展。本书虽经多次修改，但仍难如人意，且燃料电池有些工作仍在继续深入和推进，书中难免出现谬误和不足，希望读者体谅，并热烈欢迎读者提出批评与斧正意见，共同推动燃料电池领域的研究与发展。

谢长君

2023 年 9 月

CONTENTS

目录

第 1 章　质子交换膜燃料电池概述 …… 1

1.1　燃料电池反应原理 …… 1

1.2　燃料电池组件构成 …… 3

1.3　燃料电池的动态特性 …… 7

1.4　质子交换膜燃料电池应用概述 …… 8

1.4.1　PEMFC 汽车概述 …… 8

1.4.2　PEMFC 发电技术应用 …… 10

第 2 章　质子交换膜燃料电池水管理及故障测试 …… 12

2.1　质子交换膜燃料电池水管理 …… 12

2.2　质子交换膜燃料电池水管理故障诊断方法 …… 13

2.2.1　基于模型的故障诊断方法 …… 14

2.2.2　基于数据驱动的故障诊断方法 …… 16

2.2.3　基于实验测试的故障诊断方法 …… 17

2.3　质子交换膜燃料电池水管理故障实验测试 …… 18

第 3 章　燃料电池交流阻抗检测技术 …… 21

3.1　电化学阻抗谱测量原理 …… 21

3.2　交流阻抗检测系统设计 …… 23

3.2.1　交流阻抗检测系统总体设计 …… 23

3.2.2　程控交流电流激励信号源设计 …… 24

3.2.3　高精度信号采集单元设计 …… 28

3.2.4　上位机模块设计 …… 35

3.3 交流阻抗检测系统测试与分析 …… 43
3.3.1 交流电流激励源频率输出测试 …… 43
3.3.2 信号放大模块测试 …… 44
3.3.3 交直流滤波模块测试 …… 46
3.3.4 交流电压采集模块测试 …… 47

第4章 燃料电池水管理故障诊断方法 …… 50
4.1 燃料电池建模及等效电路模型参数辨识 …… 50
4.1.1 燃料电池建模 …… 50
4.1.2 燃料电池等效电路模型参数不确定性评估 …… 55
4.2 基于FCM与OB算法的燃料电池水管理故障分类 …… 63
4.2.1 最小二乘法参数辨识 …… 63
4.2.2 FCM聚类算法 …… 64
4.2.3 优化贝叶斯算法分类 …… 64
4.2.4 基于FCM与OB算法的水管理故障分类实例 …… 66
4.3 基于自适应差分算法优化支持向量机的水管理故障诊断 …… 75
4.3.1 数据降维方法 …… 75
4.3.2 水管理故障分类算法 …… 76
4.3.3 基于ADE-SVM算法的水管理故障诊断实例 …… 80
4.4 结合线性判别分析和Xception网络的水管理故障诊断方法 …… 84
4.4.1 燃料电池故障概述 …… 84
4.4.2 Xception网络 …… 85
4.4.3 基于Xception网络的燃料电池故障诊断实例 …… 87

第5章 质子交换膜燃料电池老化分析及预后管理 …… 94
5.1 质子交换膜燃料电池老化机理与指标 …… 94
5.1.1 燃料电池主要部件老化的影响分析 …… 94
5.1.2 燃料电池运行工况对老化的影响分析 …… 96
5.2 质子交换膜燃料电池的预后管理 …… 97
5.2.1 数据获取和预处理 …… 98

5.2.2 健康指标和寿命终止点 …… 101
5.2.3 预测模式概述 …… 104
5.2.4 预测方法 …… 106
5.2.5 预测结果的评价指标 …… 107

第6章 基于模型的质子交换膜燃料电池老化预测方法 …… 109
6.1 PEMFC老化模型和预测流程 …… 109
6.2 基于卡尔曼滤波算法的老化预测 …… 111
6.2.1 基于EKF的老化预测 …… 112
6.2.2 基于UKF的老化预测 …… 114
6.2.3 基于AEKF的老化预测 …… 119
6.2.4 基于AUKF的老化预测 …… 119
6.2.5 基于FDKF的老化预测 …… 121
6.2.6 基于SR-UKF的老化预测 …… 126
6.3 基于粒子滤波算法的老化预测 …… 128
6.3.1 基于PF的老化预测 …… 129
6.3.2 基于UPF的老化预测 …… 132

第7章 燃料电池老化预测数据驱动方法 …… 135
7.1 数据驱动方法 …… 135
7.1.1 数据驱动方法分类 …… 135
7.1.2 统计方法 …… 135
7.1.3 机器学习方法 …… 138
7.2 基于神经网络的短期预测 …… 147
7.2.1 预测框架与步骤 …… 147
7.2.2 短期预测结果分析 …… 149
7.3 基于神经网络的长期预测 …… 151
7.3.1 预测框架与步骤 …… 151
7.3.2 长期预测结果分析 …… 152
7.4 神经网络的改进方法 …… 155
7.4.1 基于分解集成的多数据方法融合预测 …… 155
7.4.2 基于贝叶斯理论的不确定性量化方法 …… 160

第 8 章　燃料电池老化混合预测方法 ………………………… 169

8.1　**用于中短期预测的混合预测方法** ………………………… 170

8.2　**用于长期预测的混合预测方法** ………………………… 178

8.2.1　基于数据驱动为模型驱动提供观测值的混合预测方法 ………………………… 178

8.2.2　基于数据驱动和模型驱动相互迭代的混合预测方法 ………………………… 181

8.3　**混合预测方法的优势与挑战** ………………………… 185

8.3.1　混合预测方法的优势 ………………………… 186

8.3.2　混合预测方法面临的挑战 ………………………… 187

参考文献 ………………………… 188

第1章

质子交换膜燃料电池概述

能源和环境问题越来越严重，寻求可持续能源变得非常重要。质子交换膜燃料电池(proton exchange membrane fuel cell，PEMFC)是一种新型电化学发电装置，通过氧化还原反应将氢燃料和氧化剂中的化学能直接转化为电能。它采用固体聚合物电解质，具有工作温度适当、启停快速、功率密度高等优势，被广泛认为是解决能源和环境危机最有前景的能源之一。

质子交换膜燃料电池也称为聚合物电解质膜燃料电池，由通用电气公司在20世纪50年代发明，用于NASA的太空任务。在该种类型的电池中，电解质薄膜是一片很薄的聚合物膜，这种聚合物膜能通质子但不通电子，这样就能保证电极之间的离子交换。质子交换膜燃料电池通常采用碳载铂(Pt/C)作为催化阴、阳极反应的催化剂，该种电池可以在室温下快速启动，具备寿命长、比能量高、动态响应快及环境友好等优点，是电动汽车和家用分布式发电装置的理想电源，但其对氢气及空气的质量要求较高，铂金属催化剂极易受到CO和硫化物等杂质的污染而被毒化，导致失去活性，寿命降低。

1.1 燃料电池反应原理

PEMFC的单个电池单元由阴极、阳极、双极板、催化剂和质子交换膜组成。其中,氢分子在阳极板处丢失电子,形成氢离子,即质子;同时,氧分子在阴极吸收电子与氢离子形成水分子。在上述反应的过程中,带负电荷的电子从阳极板流向阴极板,带正电荷的质子也从阳极板流向阴极板,从而形成从阴极向阳极的可供负载使用的外电路与从阳极向阴极的内电路。PEMFC 在工作时,阴极就是电源正极,而阳极就是电源负极。通过上述反应,PEMFC 完成了化学能向电能的转化,而在现实使用中,往往是由许多个 PEMFC 单元构成的电池堆给用电设备供电,其内部构造与工作原理如图 1.1 所示。

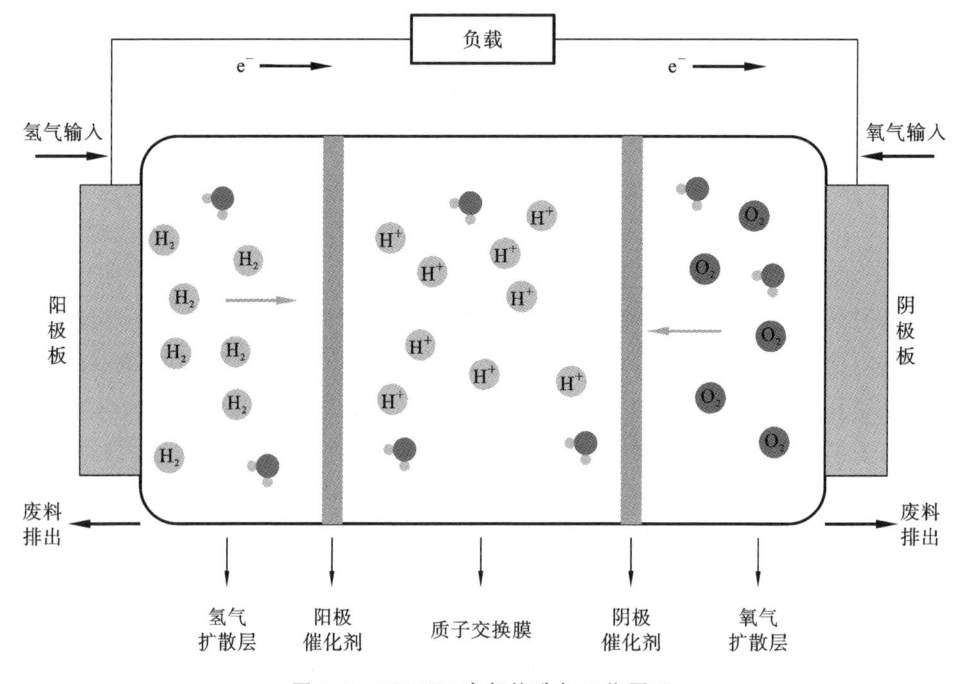

图 1.1　PEMFC 内部构造与工作原理

在整个燃料电池系统中,最核心的部分就是中心的质子交换膜。质子交换膜是燃料电池的核心材料,质子交换膜具体有两方面的能力:一是能够允许质子的通过;二是阻止电子的通过。从而保证了电流的单方向性,为电池的正常工作提供了保障。也正因为质子交换膜的重要性,PEMFC 很多的故障都是其老化或功能丧失导致的,如长时间闲置易导致质子交换膜干燥,从而使其对质子的扩散性减弱,造成 PEMFC 整体运行性能降低。为了保证 PEMFC 的服役寿命,质子交换膜需要足够的机械强度、耐酸碱性、热稳定性与气体隔离性。

PEMFC 内的催化剂和气体扩散层为氧化还原反应提供反应场所。同时,催化剂能降低反应所需的活化能,加快化学反应的速率,提高 PEMFC 的供电效率。

催化剂一般使用铂(Pt),或将铂制成纳米颗粒,从而使 PEMFC 在降低成本的同时提高速率与效率。气体扩散层的作用是收集电流,这一层主要由碳纸构成,这些碳纸都经过疏水处理,以满足电路需求。

双极板的作用主要是将电池的正极与负极隔开,并且保证输入的气体能够与其充分接触。在现实应用中,一般使用碳和不锈钢构成电极板。在阳极,电极板要吸收氢分子失去的电子;在阴极,电极板需提供电子给氧分子。双极板还必须具备一定的抗腐蚀性、硬度、密度、导热性。

在 PEMFC 中,阳极板就是通常所说的电池负极,发生的氧化反应为

$$2H_2 \rightarrow 4H^+ + 4e^- \tag{1.1}$$

在 PEMFC 中,阴极板就是正极,发生的还原反应为

$$O_2 + 4H^+ + 4e^- \rightarrow 2H_2O \tag{1.2}$$

总体的氧化还原反应方程式为

$$2H_2 + O_2 \rightarrow 2H_2O \tag{1.3}$$

式(1.3)中的氧化还原反应过程中会产生一定的热,比传统的燃烧燃料发电的效率高很多。由于单个 PEMFC 的反应速率有限,单个电池开路电压为0.5~1 V,但实际所需电压可能会更高,所以在实际应用中,通常会将多个电池串联形成电池堆。每个电池单元的电极、双极板、质子交换膜叠加在一起,形成一个供电结构。燃料电池内部在发生化学反应时,氢气与氧气会流通到每一个电池的双极板,经过双极板到达电极,经过催化剂的作用,在电极上发生电化学反应。

1.2　燃料电池组件构成

PEMFC 的主要组成部分是气体扩散层、催化剂、电极、膜和双极板。图1.2为燃料电池电堆单元构造示意图。

1. 质子交换膜

氢燃料电池汽车是未来新能源清洁动力汽车的主要发展方向之一,质子交换膜作为氢燃料电池的核心原材料,其性能的好坏直接决定燃料电池的性能和使用寿命,因而其也成为近年来研究的热点。质子交换膜(proton exchange membrane, PEM)是一种固态聚合物隔膜,是质子交换膜燃料电池的核心部件,起到隔绝阴阳两极反应物、传导质子、隔绝电子的作用。质子交换膜产品示例图如图1.3所示。

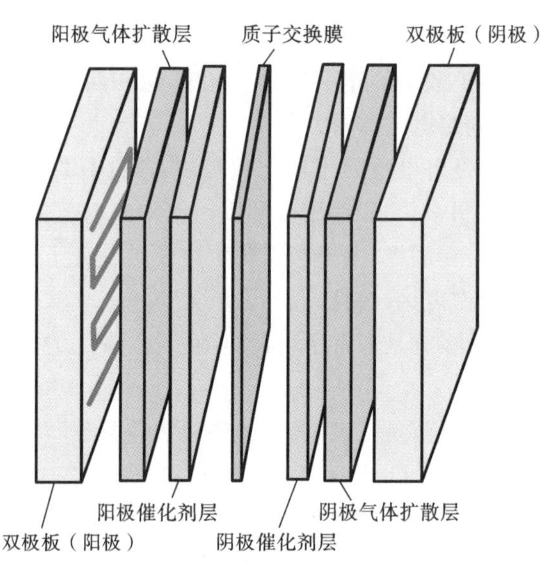

图 1.2　燃料电池电堆单元构造示意图

图 1.3　质子交换膜产品示例图

PEM 的性能会对燃料电池的性能、寿命和价格产生直接影响，可用于 PEMFC 中的 PEM 要满足以下性能要求：① 质子电导率高，并绝缘电子；② 燃料渗透率低，从而很好地隔绝燃料和氧化剂；③ 机械性能好，柔韧性高；④ 膜吸水溶胀率低；⑤ 化学稳定性好，不易发生降解；⑥ 制备成本低。随着燃料电池技术以及材料科学的发展，PEM 的种类逐渐多元化，按照聚合物的含氟量可分为全氟磺酸质子交换膜、部分氟质子交换膜以及无氟质子交换膜。表 1.1 为这三种 PEM 性能的对比。

表 1.1　三种 PEM 性能的对比

PEM 种类	结构特点	优点	代表产品
全氟磺酸质子交换膜	以聚四氟乙烯为骨架，带有磺酸基末端的乙烯基醚为侧链	化学稳定性强，机械强度高，质子传导电阻小，综合性能好	Nafion 117、Aquivion、Flemion
部分氟质子交换膜	使用部分取代的氟化物代替全氟磺酸树脂，或将氟化物与其他非氟化物共混制膜	良好的热稳定性，低当量，高含水	BAM3G 膜、磺化含氟聚芴醚酮膜

续表

PEM 种类	结构特点	优 点	代表产品
无氟质子交换膜	碳氢聚合物膜,以磺化芳香聚合物为材料	价格低廉,易加工,污染小,有良好的热稳定性和较高的机械强度	磺化聚芳醚酮膜、磺化聚硫醚砜膜

2. 催化剂

氧化还原反应(oxygen reduction reaction, ORR)和氢氧化反应(hydrogen oxidation reaction, HOR)是燃料电池重要的电极反应,是决定 PEMFC 动力学和经济性的重要因素之一。与 HOR 相比,ORR 在动力学上反应更加缓慢,Pt 电极上 ORR 的交换电流密度低于10^{-7} A/cm^2,因此提高 ORR 的交换电流密度是提高 PEMFC 性能的关键。目前,燃料电池中常用催化剂为 Pt/C,是将 Pt 的纳米颗粒分散到碳粉(如 XC-72)载体上的担载型催化剂。Pt 作为稀有金属,储备量低,价格昂贵,PEMFC 对 Pt 催化剂的依赖是其商业化进程缓慢的原因之一。同时,作为 PEMFC 催化剂,Pt 催化剂还存在催化性能下降和易发生 CO 中毒等问题。因此,为了降低商用催化剂的成本和提高催化剂的稳定性,低 Pt 甚至非 Pt 催化剂的开发成为未来发展趋势。铂催化剂产品图如图 1.4 所示。

3. 气体扩散层

气体扩散层(gas diffusion layer, GDL)由气体扩散基底层(gas diffusion barrier, GDB)和微孔层(micro-porous layer, MPL)构成。GDL 作为燃料电池的关键部件之一,起着电堆中气体传输分配、电子传导、支撑催化层以及参与水管理等多种作用,实现反应气体和产物水在流场和催化层之间的分配。用于燃料电池中的 GDL 需要达到以下要求:① 孔隙结构均匀,透气性好;② 电阻率低,电子传导能力强;③ 机械强度高且柔韧性好;④ 亲水/疏水性合理;⑤ 化学稳定性与热稳定性好。气体扩散层示例图如图 1.5 所示。

图 1.4 铂催化剂产品图

图 1.5 气体扩散层示例图

4. 双极板

双极板是燃料电池电堆的核心结构件，起到支撑机械结构、均匀分配气体、排水、导热、导电的作用，其性能直接影响电堆的体积、输出功率和寿命。双极板按照材料不同可分为金属双极板、石墨双极板、复合双极板三大类型。石墨双极板具有质量轻、稳定性强和耐腐蚀性高等特点，但机械性能较差，目前在技术、商业化层面均已成熟且占据大量市场份额，成本难以进一步降低，行业发展需等待上游石墨材料技术升级。金属双极板具有机械性能强、厚度薄、阻气性好等特点，但易被腐蚀、寿命较短，而且受限于工艺难度高、加工时间长等因素，因此仍处于慢速发展状况。金属双极板示例图如图 1.6 所示。复合双极板则兼具石墨板和金属板的优点，但制备工艺繁杂、成本较高。三种双极板对比如表 1.2 所示。

图 1.6　金属双极板示例图

表 1.2　双极板分类及特性对比

双极板类型	一般制法	优　　点	缺　　点
石墨双极板	碳粉或石墨粉混合石墨化树脂	质量轻、耐腐蚀性好、导电性好	厚度较大、机械性能差、组装难度大、石墨化时间长、机械加工难、成本高
金属双极板	锈钢、钛合金、铝合金等直接加工而成	超薄、导电导热性能好、机械性能高、阻气性好	易腐蚀、寿命低、装配精度要求高、密度大、较重
复合双极板	热塑或热固性树脂料混合石墨粉、增强纤维等形成预制料，并固化、石墨化后成型	机械性能好、耐腐蚀性高	制备工艺繁杂、成本高

1.3　燃料电池的动态特性

通过建立电压与物质浓度、气体压力和温度之间的关系，得到能斯特方程：

$$E_{rev}=E^0+\frac{\Delta S}{2F}(T-T_0)+\frac{RT}{2F}\ln\left[\frac{P_{H_2}(P_{O_2})^{0.5}}{P_{H_2O}}\right] \tag{1.4}$$

其中：E^0 为标准状况下的可逆电压；ΔS 为电化学反应过程总的熵变；F 为法拉第常数；T 为电堆工作温度；T_0 为标准状态下的温度；R 为气体常数；P_{H_2}、P_{O_2} 为氢气和氧气分压；P_{H_2O} 为水的分压。燃料电池在使用过程中，实际的端电压低于式(1.4)中的可逆电动势，这主要是由渗透损耗和阴、阳极极化所造成的。图1.7所示为燃料电池电压极化曲线。极化曲线是指电极在反应中的极化电势或过电势与通过的电流密度间的关系曲线，是研究电极反应规律最基本的方法之一。燃料电池的电压损耗可以分为四类：渗透损耗、活化极化损耗、欧姆极化损耗、浓差极化损耗。电压损耗自始至终贯穿整个极化曲线，但是在不同电流密度下，电压损耗的原因不同。在开路状态下，燃料电池主要的电压损耗为渗透损耗。在低电流密度区间，活化极化损耗为电压损耗的主要原因；在中等电流密度区间，以欧姆极化损耗为主导；在高电流密度区间，浓差极化损耗显著。因此，燃料电池实际输出电压可以通过可逆电压减去电压损耗得到：

$$V_{cell}=E_{rev}-\eta_{cross}-\eta_{act,a}-\eta_{act,c}-\eta_{ohm}-\eta_{conc,a}-\eta_{conc,c} \tag{1.5}$$

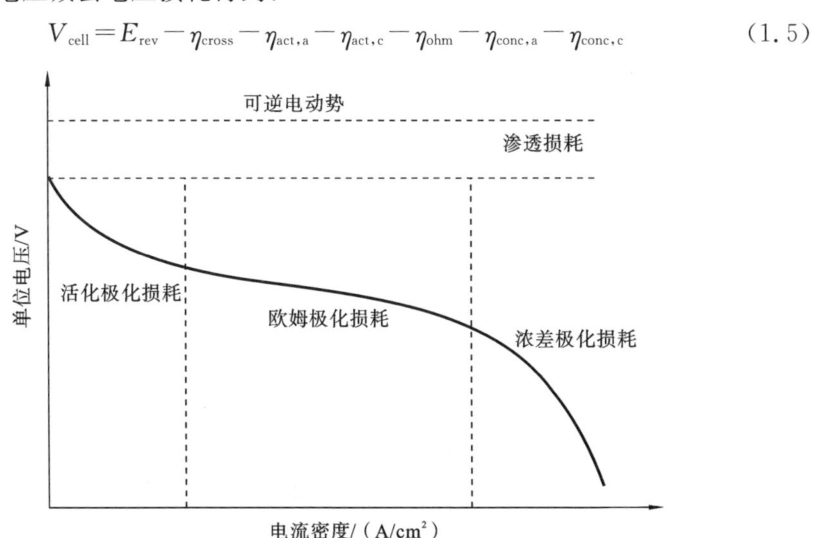

图1.7　燃料电池电压极化曲线

其中：η_{cross}为渗透电压损耗；$\eta_{act,a}$和 $\eta_{act,c}$分别为阳极和阴极活化过电位；η_{ohm}为欧姆极化过电位；$\eta_{conc,a}$和 $\eta_{conc,c}$分别为阳极和阴极浓差极化过电位。

由图 1.7 可知，渗透损耗是造成开路电压损失的主要原因，主要包括内部短路、氢气渗透。内部短路是电子穿过电解质向阴极渗透，而不经过外部电路；氢气渗透是指氢分子通过电解质从阳极直接扩散到阴极而不发生阳极反应。活化极化损耗主要用于克服电化学反应的活化能垒。在电化学反应过程中，另一个极为重要的部分就是电荷传输，在燃料电池中主要体现为电子和质子的传输。带电粒子的定向传输过程中存在电阻，导致燃料电池的电压损耗，因其遵循欧姆定律，故又称为欧姆极化损耗。欧姆内阻主要包括两个部分：一是电子迁移和不同界面产生的电子传递电阻和接触电阻；二是质子穿过电解质膜，产生膜阻。由于质子和电子的质量存在巨大的差异，且质子交换膜采用全氟磺酸材料，其导电性与膜的含水量有关，欧姆内阻主要表现质子交换膜的膜阻。氢气和空气等不带电物质的传输主要依赖物质的扩散和对流。随着燃料电池电流密度的增大，反应物在电极上快速消耗，导致流道与电极反应表面之间存在浓度梯度，这是造成燃料电池浓差极化损耗的直接原因。

1.4 质子交换膜燃料电池应用概述

新能源产业快速发展，尤其在氢能汽车及分布式新能源电站等领域，质子交换膜燃料电池从众多氢燃料电池中脱颖而出成为目前研究的热点。PEMFC 的两个最大优点是高效和环境友好，其在车辆的应用上得到了最完美的体现，目前世界各国政府以及各大汽车公司纷纷投入巨资进行 PEMFC 汽车的研究与开发。由于其发电的同时会产生中低品位热能，该部分能量有很高的利用价值，其在固定式发电中应用广泛，如家用热电联产、小型分布式供能系统以及备用电源等，并且开展的范围在不断拓展。

1.4.1 PEMFC 汽车概述

燃料电池汽车(FCV)是一种用车载燃料电池装置产生的电力作为动力的汽车。在汽车燃料电池工作时，工作室空气从进气口进入，通过空压机增压，与储氢瓶中减压后的氢气一同进入燃料电池电堆中反应并产生直流电能，直流电经过升压变换器升压后为动力电池充电或向电驱系统供电。动力电池主要起到储存回馈制动能量和提高整车动力响应速度的作用。当氢燃料电池汽车动力电池容量较大时,往往带有充电口,可以通过车载充电机充电。动力电池将电能输送到高压配电系统,一部分给降压变换器、空调压缩机、电池保温器(PTC)等高压输入零部件供电;降压变换器输出一部分给蓄电池充电,另一部分给车身和燃料电池辅助系统相关的低压零部件供电。燃料电池汽车基本架构如图1.8所示。

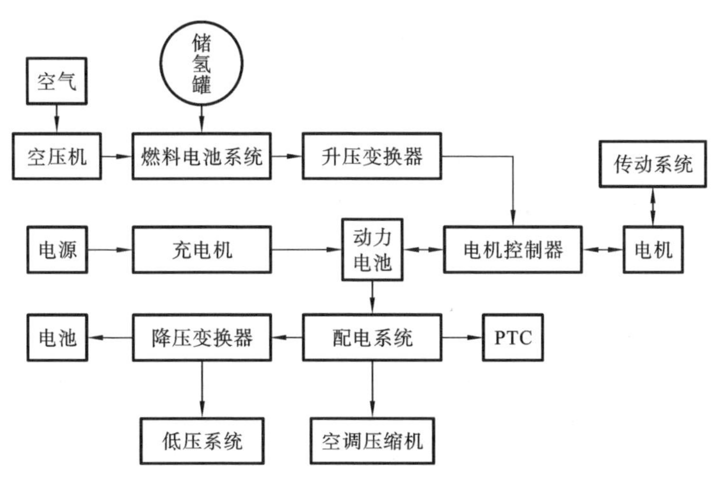

图1.8 燃料电池汽车基本架构

燃料电池汽车具有零排放、温室气体排放少、燃油经济性高、发动机燃料效率高、运行平稳、噪声小等优点。燃料电池的工作原理最早是英国物理学家格鲁夫于1849年发现的,燃料电池的研究成果于20世纪60年代得以应用。氢燃料电池汽车作为新一代的新能源汽车,对汽车产业结构调整起着主导作用,根据中国燃料池汽车市场现状与发展趋势,自从2015年以来,我国氢燃料汽车呈现不断上升的趋势:2015年,氢燃料电池汽车产量10辆;2016年,氢燃料电池汽车628辆;2017年,氢燃料电池汽车1272辆;2018年,氢燃料电池汽车1612辆;2019年,氢燃料电池汽车3018辆;2020年起,受世界卫生事件影响,氢燃料电池汽车降至每年1199辆;2023年,氢燃料电池汽车逐步回升至2400辆。随着市场的扩大,我国未来几年的氢燃料电池汽车仍然有巨大前景。

东风Sharing-VAN燃料电池无人车如图1.9所示。

图1.9 东风Sharing-VAN燃料电池无人车

1.4.2 PEMFC 发电技术应用

质子交换膜燃料电池发电与传统发电方式相比，燃料利用率高，且运行可靠、安静，发电时不产生有害颗粒物及不排放有害气体，发电效率受负荷影响小。与可再生能源(如太阳能、风能等)发电方式比，燃料电池可平稳、持续地提供电力，负荷调节性能强。基于 PEMFC 的热电联产是一种高效、环保且极具潜力的分布式能源利用方式。PEMFC 热电联产系统原理示意图如图 1.10 所示，基于 PEMFC 的热电联产系统可以对燃料电池电化学反应过程中产生的不同品质的能量进行梯级式利用，电堆产生的电能通过电源转化，作为用户日常生活的电能供给，电化学反应过程中产生的大量废热由水冷系统带出电堆，再通过换热器传递至热回收系统，经热回收的具有利用价值的高温自来水可以为用户提供日常生活所需的热水。利用水冷系统建立的 PEMFC 热电联产系统既可以对电堆温度控制，又可以对电堆产生的废热进行高效利用，提升 PEMFC 的能量利用率。

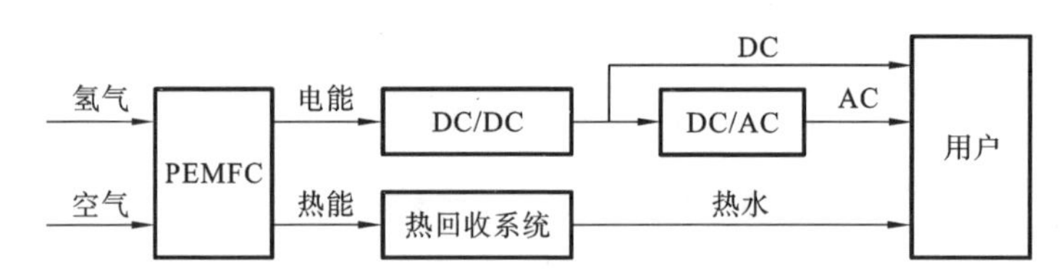

图 1.10　PEMFC 热电联产系统原理示意图

较普通化学电池，燃料电池发电的突出之处是：只要稳定供给燃料和氧化剂，排出反应产物，散除废热，它就能持续、高效地输出电能。而与常规发电相比，FC 发电具备诸多优点，例如发电效率高，本体发电效率可达 50%～60%，组成的热电联供系统可提高到 80%以上；清洁，污染物和温室气体排放量较传统火力发电大大降低，如 CO 排出量可减少 40%～60%；低噪声，活动部件少，运行噪声低，一般为 50～70 分贝；响应速度快，变负荷率每分钟可达 8%～10%，变化范围 20%～120%，且发电效率受负荷和容量的影响较小；电力质量高、稳定性好；FC 本身只决定输出功率大小，其储存能量由燃料与氧化剂的量决定。PEMFC 热电联供系统如图 1.11 所示。

综上所述，燃料电池优越的技术特性使其具有良好的应用前景。近年来，美、日、韩等一些发达国家对燃料电池电站进行了大量的商业化推广和应用。我国也在加速研制高效制氢、储氢、氢发电及直流换流器等核心装备，目前全国深远海上风电制氢规划与管理政策研究工作已经启动，结合规划推进一批海上风电制氢示范项目在“十四五”期间开工建设。本课题组承担 2020 年国家重点研发计划“可离

图1.11　PEMFC热电联供系统

网型风/光/氢燃料电池直流互联与稳定控制技术”，燃料电池热电联供系统相关研究成果已在宁波慈溪氢电耦合直流微网示范工程落地，示范工程选址慈溪滨海经济开发区，以风光电等新能源电站为主要电源，以±10 kV、±375 V直流母线为主干网架，实现绿电制氢、电热氢高效联供、车网灵活互动、离网长周期运行等能源互联网示范。示范工程实地图如图1.12所示。开发综合能量管理系统，建设具有国际领先水平的氢能支撑直流微网技术验证及工程示范平台，促进可再生能源的多途径消纳、服务氢能关键设备的国产化发展对中国氢燃料电池发展来说至关重要。

图1.12　示范工程实地图

第2章

质子交换膜燃料电池水管理及故障测试

2.1 质子交换膜燃料电池水管理

PEMFC的运行涉及多物理场的耦合作用，其输出性能受负载电流、运行温度、进气压力和进气流量等参数的综合影响。此外，不同运行参数的组合也会影响燃料电池内部水的生成、传输和排出，进而对燃料电池的输出性能和稳定性产生影响。燃料电池的质子传导率与电堆内部的水含量直接相关，因此，PEMFC的水管理是影响其可靠性和性能的关键因素之一，有效的水管理策略对保证电堆高效、正常运行具有重要意义。

现有研究显示，在PEMFC的运行过程中，最常见的水管理故障类型是内部水平衡状态破坏引起的水淹和膜干故障。水淹指液态水在流道或多孔介质中聚集，阻碍反应气体到达活性表面参与反应，导致反应速率下降。造成水淹故障的主要原因包括水生成过剩、水传输阻塞和气体通道堵塞。在PEMFC中，阴极还原反应会产生水，如果氧气供应不足或反应速率过慢，则水可能产生过多而无法及时排出，从而导致堆积和积聚，增加阴极侧发生水淹故障的概率。而由材料堵塞、膜孔道阻塞以及膜附近液体聚集等因素造成的质子交换膜、阴极气体扩散层和阳极气体扩散层中的水传输路径阻塞，也容易导致堆内水平衡状态异常，从而引发水淹故障。另外，工作电流过大、进气湿度过高、进口温度高于运行温度以及排水周期过长等因素也会增加水淹发生的概率。膜干指质子交换膜未充分湿润，导致膜电阻增加。温度管理不当和进气湿度不足是引发膜干故障的主要原因。PEMFC 在过高的温度下运行可能导致交换膜变干。高温会促进水的蒸发和脱水反应，减少膜中的水分含量，从而降低质子的传导性能。进气湿度过低或水分分布不均匀也会导致膜失去所需的水分而变干。此外，工作电流过低、气体流量过大和排水周期过短也会降低质子交换膜的电导率，进而引发膜干故障。

水淹发生时，催化剂层逐渐被水淹没，气体扩散层形成液态水，气体扩散层的空隙被水阻塞，阻碍反应物向催化层传输。此时，燃料或者氧化剂气体混合物无法达到催化剂层的表面或气体流道受阻，PEMFC 输出电压下降并伴随电压波动，电化学阻抗谱中质量传输环增大；输出电压下降、阻抗谱中欧姆电阻增大及相应的电压损耗上升是膜干的主要特征。低水合状态使得质子交换膜变得干燥，导致催化剂层的阻力和膜电阻增加，PEMFC 输出功率也会随之降低。在水管理故障早期，有效地采取控制策略与缓解措施可使 PEMFC 性能恢复与自愈；然而，严重的水管理故障会造成 PEMFC 不可逆的输出性能下降和内部结构损毁。因此，在实际运行的 PEMFC 系统中，快速、精准地诊断水管理故障并采取相应的管理控制策略，对维持系统稳定性、提高输出性能和延长运行寿命十分重要。

2.2　质子交换膜燃料电池水管理故障诊断方法

PEMFC 水管理故障诊断方法包括基于模型的方法、基于数据驱动的方法和基于实验测试的方法，如图 2.1 所示。基于模型的方法利用复杂的机理建立 PEMFC 模型，存在电堆内部部分参数难以获取、数值计算量大等问题。基于数据驱动的方法将水管理故障诊断过程看作一个黑匣子，基于故障状态下的运行数据，采用人工智能方法或信号处理方法进行故障诊断，这需要大量的故障实验数据，且该方法诊断结果的精确性很大程度取决于燃料电池故障数据的质量和可用性。基于实验测试的方法主要包括磁场测试和电化学阻抗谱测量等方法。基于实验测试的方法具有非侵入式、操作简单等优点，但是通常需要额外的传感器采集数据。对三种故障诊断方法进行详细的总结介绍，能为实际水管理故障诊断方法的选择及后续的深入研究提供参考和借鉴。

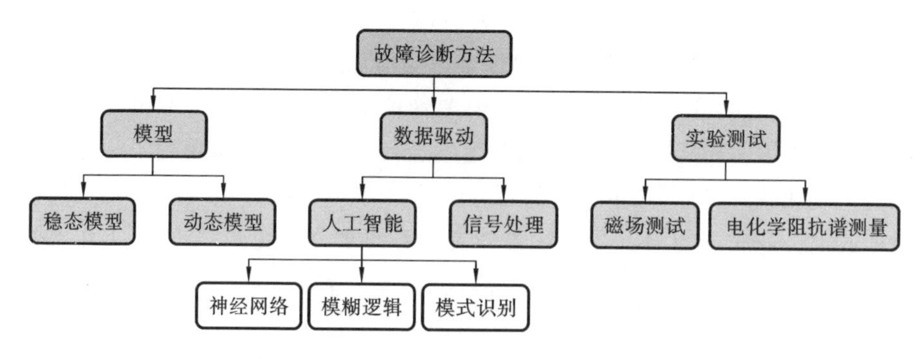

图 2.1 PEMFC 水管理故障诊断方法分类

2.2.1 基于模型的故障诊断方法

基于模型的故障诊断方法需根据 PEMFC 系统的物理过程建立对应模型，通过模型仿真结果与实际系统输出间的残差分析，实现故障诊断与分离。该方法在故障诊断中诊断精度高、通用性强，且无需大量数据训练和无需额外设备即可实现诊断实时性，但要求对 PEMFC 系统内部的物理化学机理深入理解。基于模型的 PEMFC 故障诊断原理图如图 2.2 所示。输入参数同时作用于 PEMFC 实际系统与仿真模型，二者的输出性能（电压、功率）之间的差异产生残差，通过对残差进行分析并进行相关决策，判断系统是否发生故障以及故障类型。可以发现，仿真模型对 PEMFC 实际系统描述的精确程度决定残差，进而影响诊断性能。因此，模型建立后其准确性和鲁棒性需经实际系统验证。然而，PEMFC 是一个非线性、多变量、强耦合的复杂系统，其性能涉及电化学、流体力学、热力学等多物理域，当前研究中尚未发现能完全准确描述 PEMFC 性能特征的模型。另外，PEMFC 在实际运行中的输出具有波动性，且需要通过比较残差与阈值来检测系统故障，因此阈值的选取在基于模型的故障诊断方法中十分关键。图 2.2 中，基于模型的故障诊断系

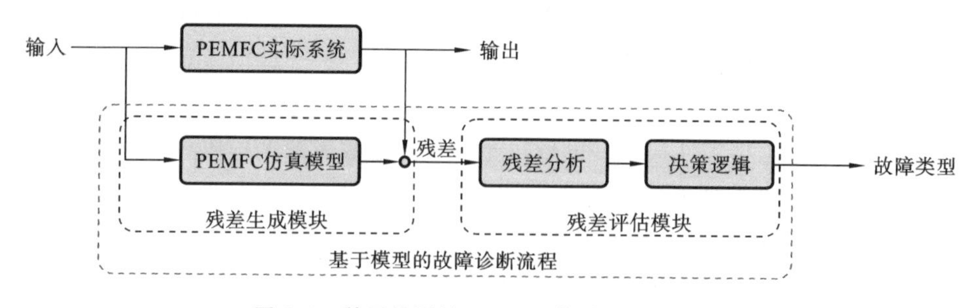

图 2.2 基于模型的 PEMFC 故障诊断原理图

统主要由用于产生残差的 PEMFC 仿真模型与残差评估模块构成。

在建立 PEMFC 系统模型时，主要基于质量守恒定律和能量守恒定律建立相关输入/输出模型，更精细的模型还涉及反应物在气体扩散层、微孔层的扩散及水的反向渗透等过程。在 PEMFC 故障诊断过程中，模型的选取对诊断精度具有重要影响。

PEMFC 模型可分为稳态模型和动态模型，其中稳态模型常采用机理模型、经验模型及半经验模型，模型仿真结果的准确性通过实际系统的极化曲线进行验证。机理模型在是科学合理的假设条件下，结合 PEMFC 的构造及内部传热介质和电化学反应等过程而构建。机理模型能够精确反映电池内部的反应机理，但是推导过程复杂，参数多，且部分参数不易获取。经验模型是基于实验数据构建的，探究输出特性规律而不考虑内部机理。半经验模型利用经验公式代替部分复杂机理构建而成。在半经验模型的建立过程中，优化算法、神经网络算法、遗传算法等被广泛应用于参数回归过程，获取更准确的经验参数，从而精确地描述 PEMFC 运行时的相关物理和化学过程。

在线故障诊断与控制方法的建立要求描述准确以及计算便捷的 PEMFC 动态模型，该动态模型用于描述系统的瞬态性能，而常见的 PEMFC 动态模型包括传输线模型和多物理场模型。传输线模型基于分布参数建模方法将 PEMFC 分为一系列相互连接的段，这些段包括质子交换膜、气体扩散层、电极催化层和集流板。每个段都被视为传输线中的一段，具有一定的传输延迟和波动。传输线模型通常使用偏微分方程组描述 PEMFC 系统的动态行为。这些方程包括质子和气体传输方程、反应动力学方程以及动态电路方程，考虑反应动力学和电化学反应速率对 PEMFC 性能的影响，能够描述 PEMFC 系统在动态条件下的功率输出和电流响应。多物理场模型基于偏微分方程组和方程耦合的原理，通过建模描述 PEMFC 系统中包括质子传输、电子传输、热传导和流体力学等多个相互作用的物理场行为，更加准确地描述 PEMFC 在瞬态条件下的性能和响应。然而，由于多物理场模型复杂性和计算要求的增加，实际应用中需要考虑模型简化和数值计算的效率。不同的 PEMFC 动态模型各有优缺点，适用于不同的研究目的和应用场景，研究人员需要根据所需的精度、计算复杂度和模型应用的特定需求选择适合的模型。

值得注意的是，PEMFC 水管理故障模型中，由于水的物理特性（沸点 100 ℃）及 PEMFC 的运行温度（50～80 ℃），PEMFC 中的水常以液态和气态两种形式存在，故专注于水的相关模型常分为单相流和气液两相流模型。在气体扩散层、微孔层的孔隙率研究中常采用气液两相流模型，而经假设、简化后的单相流模型一般用于性能控制研究。

如上所述，基于模型的故障诊断方法需对 PEMFC 运行机理深入探索。尽管当前研究并没有一个完整、通用且准确的模型完全取代实际 PEMFC 系统，但适当简化后的模型已能逐渐逼近实际系统，并获得广泛应用。随着 PEMFC 机理探究的深入，数学模型不断完善，基于模型的故障诊断方法在今后仍具有发展前景。

2.2.2 基于数据驱动的故障诊断方法

基于数据驱动的故障诊断方法指在利用历史故障数据提取 PEMFC 系统的故障特征，并实施有效的诊断策略。相较于基于模型的故障诊断方法，该方法需要对数据预定义故障类型，但避免了复杂的建模过程，且故障诊断与分离这一过程由系统模拟人类推理活动代替。现有研究中，基于数据驱动的故障诊断方法主要分为人工智能方法和信号处理方法，非模型故障诊断方法随着人工智能的快速发展后来居上，目前已被广泛应用于工程中的故障诊断领域。

常见的人工智能方法主要包括神经网络、模糊逻辑和模式识别。基于神经网络可以对标签信号进行特征提取和分类，例如概率神经网络、径向基函数网络、多层感知神经网络等方法已广泛应用于 PEMFC 水管理故障诊断和输出性能预测。神经网络的优点是可以处理高维度数据，精度较高，缺点是耗费的计算时间较长，且难以解释故障机理。模糊逻辑的诊断方法通常与进化算法融合，设定输出阈值，对故障判别和分类，其优点是灵敏性较高，但是需要较多的先验知识，并且对于不同类型或者程度的故障需要调整特征值、最佳聚类数及所构造的目标函数。模式识别的诊断过程如图 2.3 所示。将原始数据进行特征提取，使用分类器将实时数据分为正常状态和各种故障状态，执行诊断决策，完成故障检测和隔离。另外，由于 PEMFC 系统中的诸多参数（如温度、气体压力等）具有高度相关性，为有效地提取故障诊断特征并进行分类，通常会对所选取的运行数据优先进行降维处理。模式识别的优点是简单，缺点是需要大量的训练数据和特征提取工作，而且难以诊断复杂或者未知的故障。

图 2.3 模式识别的诊断过程

信号处理方法指直接对测量信号而非输入-输出模型进行分解和滤波，以获得频域信息，然后进行特征提取并根据故障特征采取相应的诊断决策，从信号角度反映 PEMFC 运行过程中的故障，信号处理方法原理图如图 2.4 所示。PEMFC 系统在运行过程中发生故障时，输出信号伴随着相应的故障特征，根据各类故障的先验知识对信号的特征进行分析，从而诊断系统发生的具体故障。基于信号的诊断方法在在线监测和故障诊断中已获得广泛应用，常见的有傅里叶变换和小波变换。傅里叶变换将时域信号转换到频域，基于频域信号的幅值、相位或功率谱特征对 PEMFC 进行故障诊断。小波变换将 PEMFC 运行时的信号分解成不同的信号成分，通过对每个单独信号的成分（一般为高频细节系数）进行研究来区别故障特征。现有研究中，小波变换后高频系数之间的差异以及变换后信号包含的能量被用于水管理故障和空气供应故障的故障检测、故障量级和故障位置诊断。尽管基于信号的诊断方法在实时性研究中具有较大优势，但在选取信号处理方法和监测信号时，需充分考虑二者用于 PEMFC 故障诊断时的有效性。

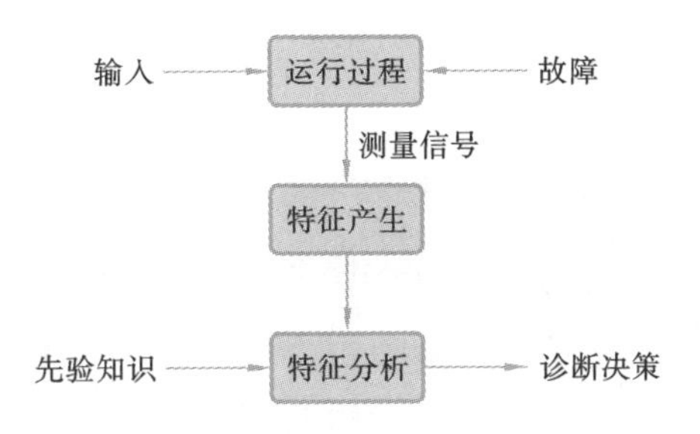

图 2.4　信号处理方法原理图

2.2.3　基于实验测试的故障诊断方法

实验测试作为燃料电池故障诊断的一个重要工具，主要是确定一种实验测试方法来检测和诊断燃料电池故障状态。其中，基于磁场测试的方法通过测量燃料电池中电流分布产生的磁场特征计算平均二维电流密度，以实现燃料电池水管理状态检测与诊断。该方法对燃料电池易操控、无入侵损伤，但是需要花费大量时间在收集和分析实验数据的过程中，并且实验过程中可能需要用到特殊的测量设备，这可能会增加实验的成本。而 EIS 作为一种非破坏性和非侵入性的技术，在提供丰富燃料电池内部电化学系统信息的同时，不需要大量的实际运行数据。所获得的 EIS 数据反映了当前燃料电池内部的电化学状态信息，其拟合参数可直接作为故障诊断的特征量，使 EIS 成为检测 PEMFC 系统水管理状态的有力工具。

2.3 质子交换膜燃料电池水管理故障实验测试

通过控制 PEMFC 外部可操作条件，可以在燃料电池测试平台上诱导电池分别进入正常、膜干及水淹等不同水管理故障状态，从而模拟测量燃料电池在对应故障状态下的极化曲线和电化学阻抗谱，为后续故障诊断提供数据信息。本节给出的实验测试实例可作为水管理故障实验的参考。

1. 实验装置

实例中选取的实验装置如图 2.5 所示。主要由燃料电池测试平台（HTS-125S）、燃料电池电堆、直流电子负载（AT5800）、交流阻抗测试仪（Gamry Reference 3000）组成。燃料电池测试平台由压力控制系统、加湿器、温度控制系统和监控系统组成。

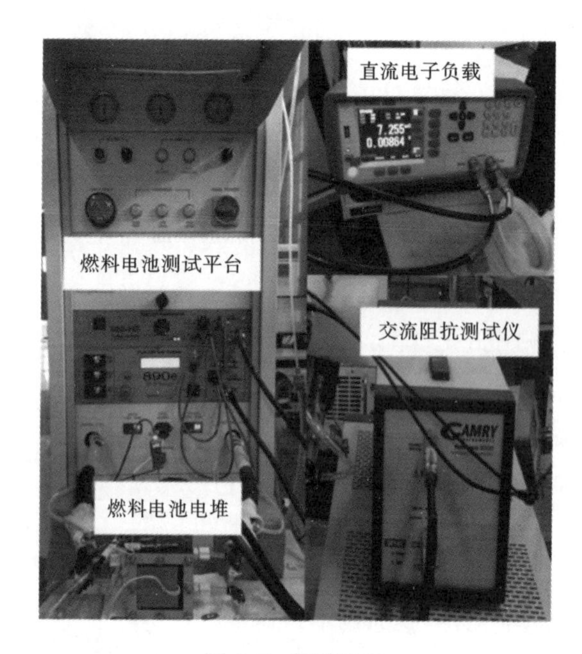

图 2.5 实验装置

燃料电池测试平台通过温度控制系统调节温度，压力控制系统负责对阴、阳极的进气控制以达到需求压力大小，进气湿度由加湿器控制以保持进气流满足定义湿度。

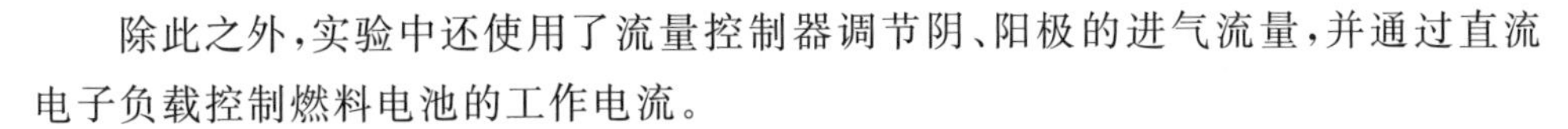

除此之外，实验中还使用了流量控制器调节阴、阳极的进气流量，并通过直流电子负载控制燃料电池的工作电流。

2. 电堆参数

实验所用的燃料电池电堆是单体燃料电池，具体电堆参数如表 2.1 所示。

表 2.1　电堆参数

参　数	值
活化面积/cm^2	34
单体数量/个	1
质子交换膜厚度/μm	15
气体扩散层厚度/μm	260
阳极铂负载量/(mg/cm^2)	0.1
阴极铂负载量/(mg/cm^2)	0.4

3. 实验流程

本书不考虑水淹和膜干两种故障同时发生的情况，因此在每两种故障之间设置一段正常运行的区间，使得燃料电池从故障状态中恢复。交流阻抗测试仪间隔测量电堆每个阶段内的交流阻抗谱，测量频率范围为 10 μHz～1 MHz，测量的 EIS 数据通过计算机保存到 Zsimpwin 软件中。实验操作条件如表 2.2 所示，具体操作步骤如下。

(1) 电堆在正常操作条件下，工作温度为 60 ℃，进气相对湿度为 80%，阳极和阴极的进气压力均为 1 bar，氢气和空气的进气流量分别为 1 L/min 和 2 L/min。随后通过逐渐增加工作电流来调节燃料电池的工作状态，每隔 5 A 增加一次电流直至 30 A，每个电流阶段保持 5 min。

(2) 进入模拟电堆水淹状态实验，进气相对湿度增加至 100%，采用较高的电流密度(1.03 A/cm^2)来诱导电堆内部水淹。实验结束时，空气和氢气的流量增加一倍，以清除电堆内部多余的水，整个过程持续时间为 20 min。随后恢复正常操作条件，工作电流降至 30 A，30 min 后准备进入膜干实验。

(3) 在模拟电堆膜干状态实验中，进气湿度降低至 60%，操作温度逐渐升高到 70 ℃，逐渐诱导质子交换膜脱水。实验结束时，将燃料电池工作温度降至 60 ℃，进气湿度缓慢增至 80%，以此恢复电堆正常性能状态，整个过程持续时间为 15 min。随后电堆进入正常操作条件，持续时间为 30 min。

表 2.2　实验操作条件

电堆状态	温度/℃	阳极/阴极压力/bar	电流/A	阳极/阴极流量/(L/min)	进气相对湿度/(%)	持续时间/min
正常(F0)	60	1/1	5-30	1/2	80	30
水淹(F1)	60	1/1	35	1/2	100	20
正常(F0)	60	1/1	30	1/2	80	30
膜干(F2)	70	1/1	35	1/2	60	15
正常(F0)	60	1/1	30	1/2	80	30

(4) 实验结果。实验测得燃料电池电压变化情况和极化曲线如图 2.6 所示，相比于正常状态，水淹和膜干故障状态下燃料电池的输出电压均出现了不同程度的下降。在进气相对湿度 100%、电流密度为 1.03 A/cm^2 两个操作条件的诱导下，实验测得的燃料电池输出电压由正常状态时的 0.24 V 左右下降至 0.17 V 左右，并且在操作时间内保持稳定，此时可验证燃料电池已经进入水淹状态。在进气相对湿度 60%、工作温度为 70 ℃两个操作条件的诱导下，实验测得的燃料电池输出电压由正常状态时的 0.24 V 左右下降至 0.20 V 左右，并且在操作期间内保持稳定，此时可验证燃料电池已经进入膜干状态。结果表明，在故障模拟实验操作条件下可以成功诱导燃料电池进入水淹和膜干故障状态。

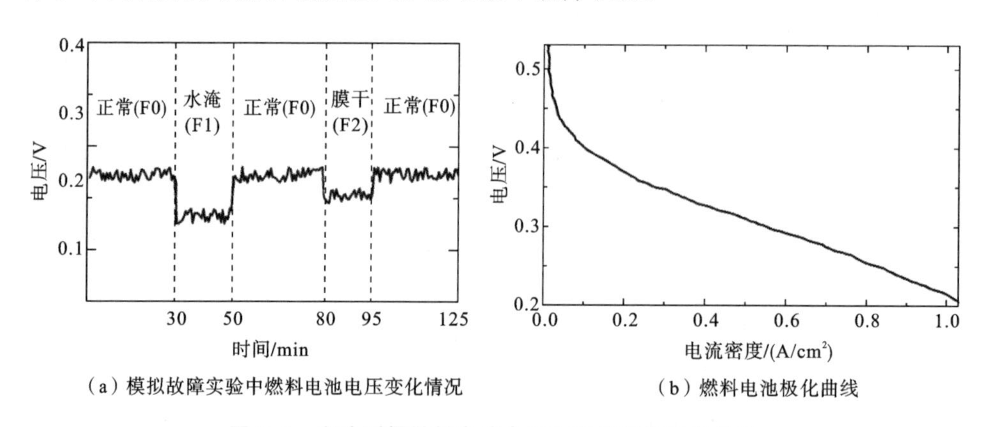

(a) 模拟故障实验中燃料电池电压变化情况　(b) 燃料电池极化曲线

图 2.6　实验测得燃料电池电压变化情况和极化曲线

第3章

燃料电池交流阻抗检测技术

3.1 电化学阻抗谱测量原理

电化学阻抗谱(electrochemical impedance spectroscopy,EIS)是一种电化学测量技术,通过在电极和电解质界面之间施加正弦波信号,并测量其阻抗响应,从而获得有关电极表面性质的信息。该技术的原理基于电路理论,通过分析阻抗随频率的变化,可以推断出电极表面的反应机理和电荷传递动力学信息。

电化学阻抗谱的原理基于等效电路模型,即将电极和电解质界面之间的系统等效为一个电路中的电阻、电容和电感元件。当正弦波信号施加到该电路时,阻抗响应取决于各个元件的特性和相互之间的相互作用。通过对响应信号进行分析,可以推导出有关电极表面性质的信息,例如表面膜的厚度、电荷传递系数和离子扩散系数等。

电化学阻抗谱方法是一种以小振幅的正弦波电位(或电流)为扰动信号的电化学测量方法,它用测量得到的频率范围很宽的阻抗谱研究电极系统,因而比其他常规的电化学方法得到更多的动力学信息及电极界面结构信息。给燃料电池两端施加一个不同频率的小振幅交流电流激励信号,测量燃料电池输出的交流电压响应信号与交流电流激励信号的比值，得到不同频率下的交流阻抗值，从而可以绘制 EIS。

EIS 测量原理如图 3.1 所示，正弦交流激励电流信号的幅值通常为燃料电池直流工作电流的 5%～10%，将小振幅正弦激励电流作为干扰信号叠加在 PEMFC 直流工作电流上，使 PEMFC 产生近似线性的响应，采集输出响应，经信号处理后获得正弦输出电压信号，然后计算得到燃料电池交流阻抗。

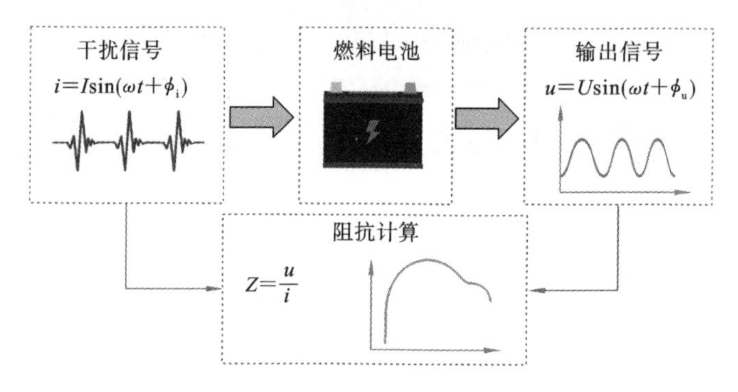

图 3.1　EIS 测量原理

交流阻抗的计算公式如下：

$$Z=\frac{u}{i}=\frac{U\sin(\omega t+\phi_u)}{I\sin(\omega t+\phi_i)} \tag{3.1}$$

$$|Z|=\frac{U}{I} \tag{3.2}$$

$$\phi=\phi_u-\phi_i \tag{3.3}$$

式中：$|Z|$ 为阻抗模值；ϕ 为阻抗相位角。

根据欧拉公式可得

$$Z(\mathrm{j}\omega)=\frac{U}{I}\mathrm{e}^{\mathrm{j}(\phi_u-\phi_i)}=\frac{U}{I}\cos(\phi_u-\phi_i)+\mathrm{j}\frac{U}{I}\sin(\phi_u-\phi_i) \tag{3.4}$$

以阻抗的实部为横坐标、虚部为纵坐标，分别测量不同频率下的交流阻抗，即可得到燃料电池的 EIS 数据。

电化学阻抗谱是诊断和优化燃料电池性能的有力工具，一方面可监测包括反应物温湿度、反应气体化学计量等外部操作条件，另一方面可监测包括催化剂、电解质膜、双极板等内部核心部件信息。结合 EIS 数据可以拟合得到等效电路的模型参数，这些模型参数代表当前燃料电池内部的电化学状态信息，如电荷转移反应的动力学、双层电容、物质的吸附/解吸以及电解质的导电性等，因此 EIS 可用于质子交换膜燃料电池性能测试、故障诊断和结构优化。

3.2 交流阻抗检测系统设计

3.2.1 交流阻抗检测系统总体设计

交流阻抗检测系统包括交流电流激励信号模块、直流电流信号采集模块、交流电流信号采集模块、交流电压信号采集模块、微控制器、嵌入式以太网模块、上位机、燃料电池电堆和负载，如图3.2所示。根据3.1节所述的电化学阻抗谱测量原理，交流电流激励信号模块给燃料电池电堆施加一个扫频输出的小振幅交流正弦信号后，由交流电压信号采集模块和交流电流信号采集模块实时采集经过隔直电容处理后的交流电流激励信号和交流电压响应信号。同时，直流电流信号采集模块实时检测燃料电池电堆大电流，保证测试操作安全。直流电流信号采集模块使用微控制器自带A/D模块进行采集，将采集到的数据发送给上位机进行监控。交流电流和交流电压信号采集模块使用高速A/D转换芯片同步采集电压和电流信号，将采集到的离散信号经过软件处理后，分别计算出交流电压和交流电流的有效值以及二者之间的相位差，从而计算阻抗。通过调节交流电流激励信号的频率输出，可获得不同频率下的交流阻抗，建立其数据库，绘制其电化学阻抗谱。

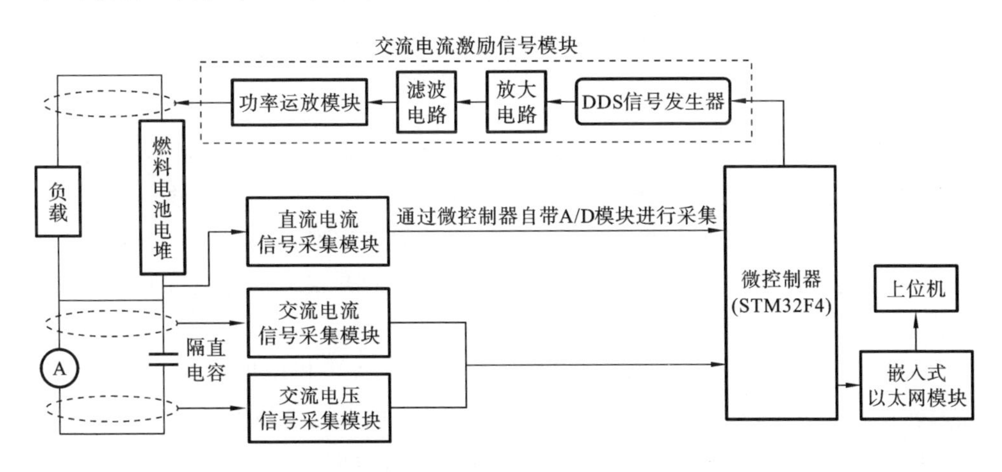

图3.2 交流阻抗检测系统结构框图

交流阻抗检测系统实现的主要功能：交流电流激励信号模块可以输出频率范围1 Hz～100 kHz的正弦信号，其最大输出电压±36 V，最大输出功率200 W，低压下可保证最大输出电流 20 A，提供恒流输出模式；提供自动扫频功能，可设置扫频时间、步进频率、开始频率、结束频率等。交流电流和交流电压信号采集模块采用频率为 2 MHz 的 16 位高精度 A/D 采样芯片，在 1 kHz 频率下相位理论精度可达 0.18°。设置完善保护电路，可测量阻值范围为 0.1～200 Ω。检测系统提供 10 寸(1 寸≈3.3 厘米)液晶触屏进行人机交互，有曲线显示、设置扫频参数等功能。上位机软件界面简洁、清晰，根据测量的不同频率下的阻抗，建立其数据库，绘制其 EIS，同时可自动保存历史实验数据，便于调用和管理 EIS 测量数据。

3.2.2 程控交流电流激励信号源设计

由于在燃料电池电堆交流阻抗检测过程中，需要给电堆施加稳定的交流电流激励信号，并且该激励信号能够在一定的范围内实现频率可调，因此采用直接数字频率合成(direct digital frequency synthesis，DDS)技术进行设计。DDS 技术基于时域抽样定理，即时间信号 $f(t)$ 的频带范围限制在 $(0, f/2)$ Hz 内，用 $1/f$ 秒的时间间隔对其进行等间隔抽样，则采样值可以完全恢复该时间信号 $f(t)$。DDS 的基本组成部分包含相位累加器、正弦查找表(ROM)、数模转换器(DAC)和低通滤波电路，工作原理如图 3.3 所示。

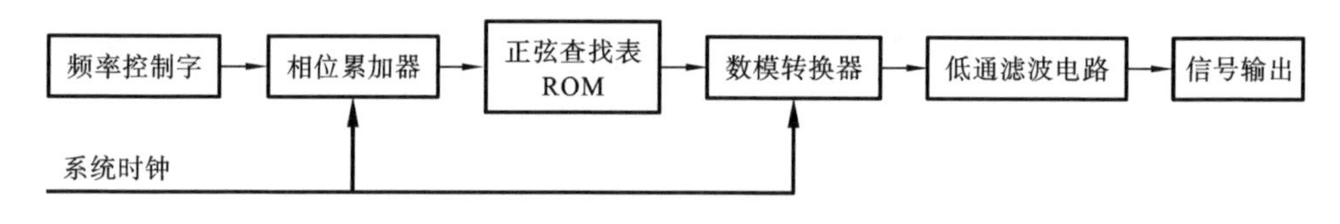

图 3.3 DDS 工作原理

相位累加器在频率控制字(frequency control word，FCW)的控制下，以芯片系统时钟为参考频率进行相位累加，产生一系列离散的相位序列，同时输出正弦查找表的地址码，通过正弦查找表后产生信号对应的数字序列。序列通过数模转换器进行 D/A 转换得到类似于阶梯状的模拟电压信号波型，最后信号通过低通滤波电路后输出得到平滑的模拟信号。

采用直接数字频率合成器芯片 AD9852，片内集成了相位累加、正弦查找表和数模转换器等模块，只需要在信号输出端增加适当的低通滤波电路即可获得质量很好的正弦波。因此，选择拥有 48 位频率控制字的 DDS 芯片 AD9852 来设计交流电流激励信号模块。微控制器与 AD9852 接口原理图如图 3.4 所示，该款芯片采用标准的时钟源输入，最高主频高达 300 MHz，通过 SPI 接口与微控制器连接。微控制器只需对芯片内 48 位频率控制字、14 位相位控制字和 12 位幅度控制字寄存器进行初始化和功能配置，就能够产生稳定的频率、相位、幅度可控的正、余弦信号输出。正弦波信号通过相位累加器高 17 位寻址正弦查找表后，由 12 位 DAC 进行数模转换，转换后两个互补电流信号输出的互补电流大小由 RSET 引脚外接的电阻值调节，满量程电流 I_0 和调节电阻 R_{set} 的关系为

$$I_0=\frac{39.9}{R_{set}} \tag{3.5}$$

本设计选择的调节电阻值为 3.9 kΩ，则输出端互补电流的满量程输出为 10 mA。

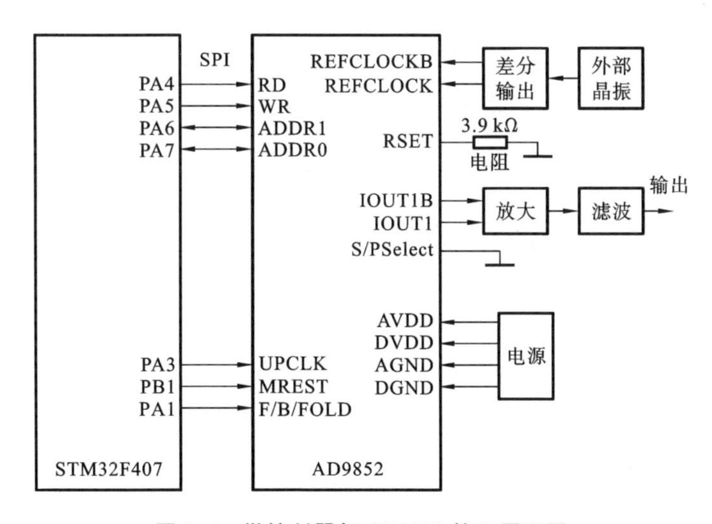

图 3.4　微控制器与 AD9852 接口原理图

在 AD9852 主频为 300 MHz 的条件下，信号的输出频率范围为 0～120 MHz。外部输入时钟可采用单端或差分输入形式，内部有 PLL 锁相环（可配置 420 倍），因此外部时钟只需提供较小的时钟频率即可满足要求。考虑到低功耗等设计要求，主频时钟设定为 120 MHz，时钟输入采取差分形式提高时钟信号稳定性，外部时钟源为 12 MHz，芯片内的锁相环的倍频系数设定为 10。外部时钟信号是单端输出形式，时钟信号的单端转差分由芯片 MC100LVEL16 实现，单端转差分电路如图 3.5 所示。

将 DDS 直接输出的正弦波信号放大到 0～5 V 范围后再作为功率运放模块的输入，AD9852 的数模转换器输出的阶梯波和芯片内部时钟均存在一定的高次谐波干扰。因此采用图 3.6 所示的差分仪表放大电路和低通滤波电路。

差分仪表放大电路由两级放大电路构成，前级采用差分同相输入方式，使得电路输入端有很高的输入阻抗，避免了对输入信号衰减。差分输入的方式会对差模

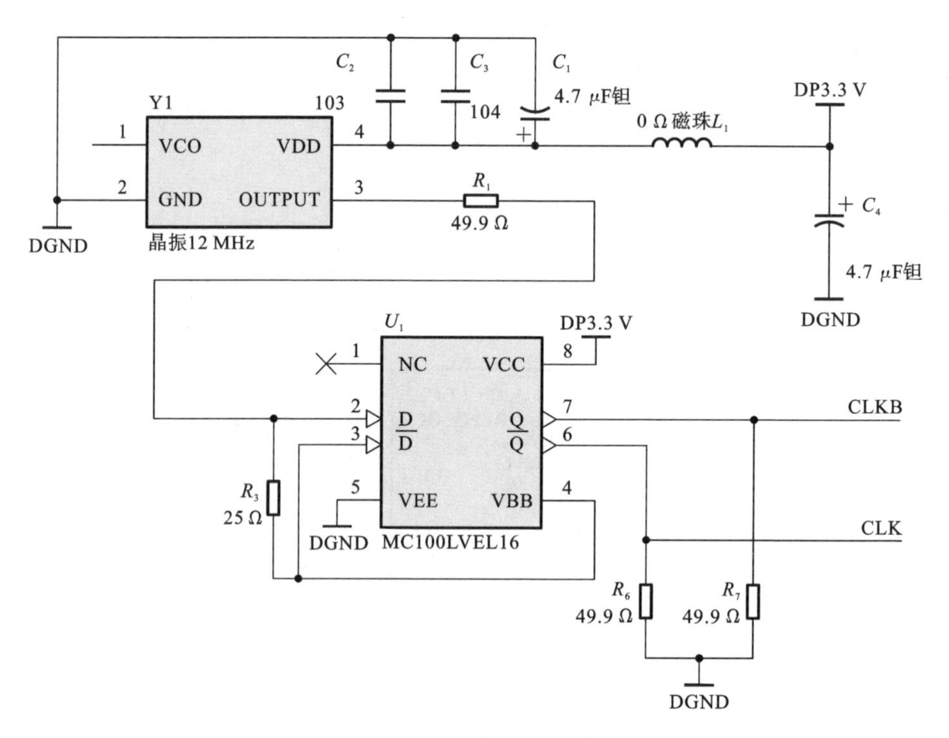

图 3.5 单端转差分电路

信号进行放大，但对共模输入信号只起跟随作用，这使得电路具有很好的共模抑制比。在保证 R_{14} 与 R_{16}、R_{17} 与 R_{18}、R_{19} 与 R_{20} 电阻值相等的情况下，放大电路的增益 A 为

$$A=\left(1+2\frac{R_{14}}{R_{15}}\right)\frac{R_{19}}{R_{17}}=1+2\frac{R_{14}}{R_{15}} \tag{3.6}$$

在 R_{14} 不变的情况下，只要 R_{15} 选择恰当的电阻值，即可调节差分仪表放大电路的增益。低通滤波电路由一个二阶有源低通滤波器组成。信号发生器输出的最高频率设定为 200 kHz，因此滤波器的截止频率 f_n 选择为 400 kHz，令电容 C_8 和 C_{11} 的大小为 68 pF，则电阻取值为

$$R=\frac{1}{2\pi f_n C}\approx 2.8\ \text{k}\Omega \tag{3.7}$$

在实际的电路中，电阻 R_{21} 与 R_{22} 取值为 5.6 kΩ。二阶有源低通滤波器的传递函数为

$$G(s)=\frac{A_0}{\left(\frac{s}{\omega_n}\right)^2+\frac{1}{Q}*\frac{s}{\omega_n}+1} \tag{3.8}$$

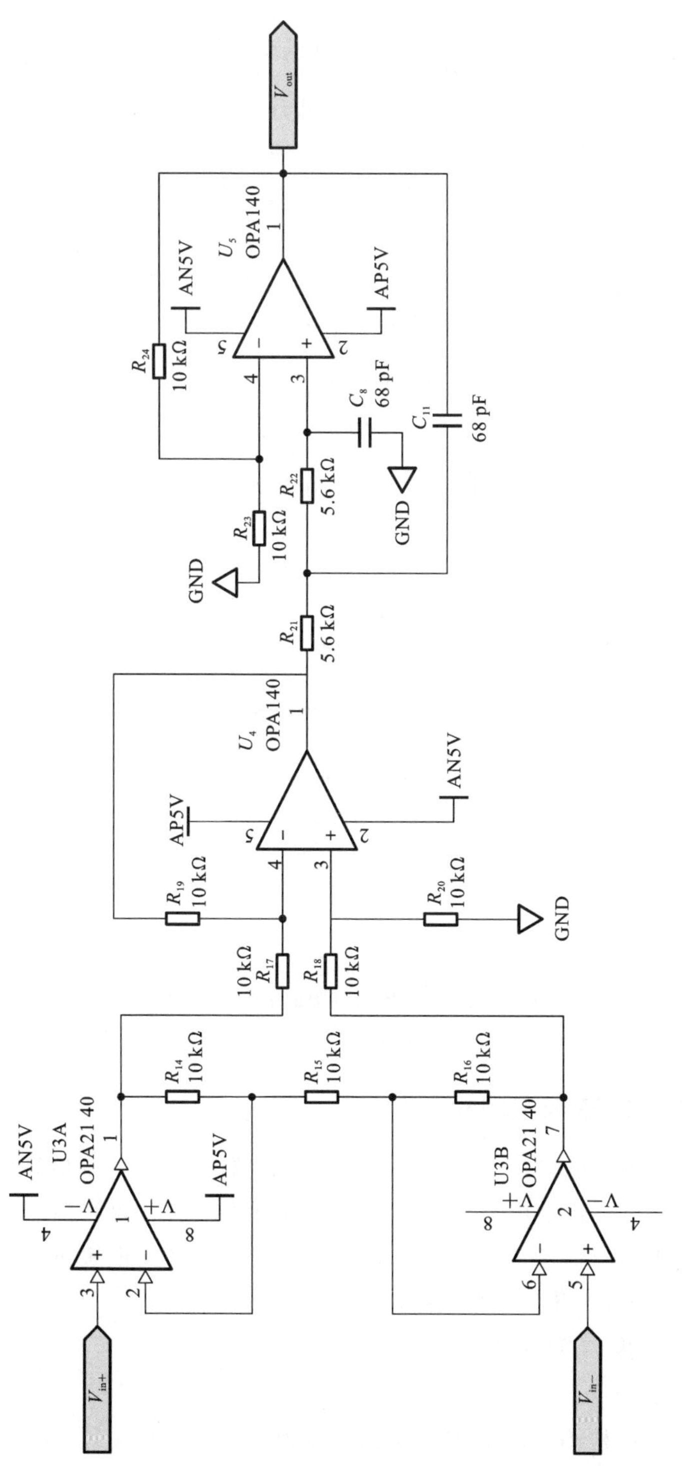

图 3.6　差分仪表放大电路和低通滤波电路

式中：ω_n 为截止角频率；$A_0=1+\frac{R_{24}}{R_{23}}=2$；$Q$ 为等效品质因数，$Q=\frac{1}{3-A_0}$。

图 3.7 所示为 AD9852 输出频率刷新的程序流程。首先对 AD9852 进行初始化操作，只需初始化控制寄存器；当主程序接收到上位机发来的包含 DDS 输出频率和幅值等信息的数据采集命令时，通过命令解析，把频率和幅值转化成要写入频率控制字和输出幅值控制寄存器的值，通过 SPI 接口将要更新的数据写入 AD9852；最后，设定 Upclock 引脚，给 Upclock 引脚一个上升沿信号，数据自动写入相关寄存器里，实现 DDS 输出频率和幅值的刷新。

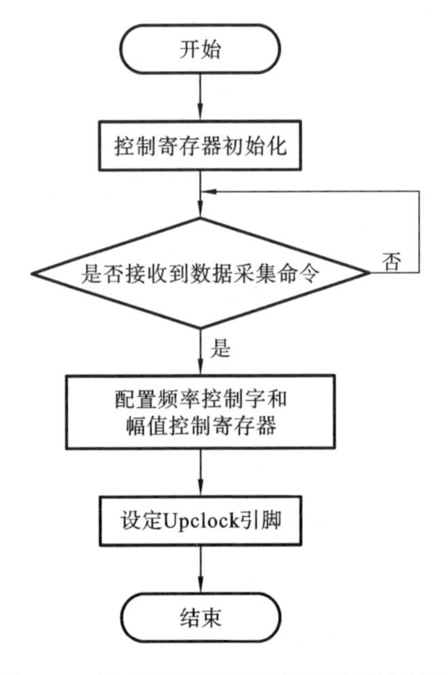

图 3.7　AD9852 输出频率刷新的程序流程

3.2.3　高精度信号采集单元设计

高精度信号采集单元包括交流电压信号采集模块、交流电流信号采集模块和直流电流信号采集模块。其中，交流电压信号采集模块采集经过隔直电容处理后的燃料电池电压响应信号。交流电压和交流电流信号采集模块包括高速高精度 A/D 转换、交流信号采集与调理电路。

1. 高速高精度 A/D 转换

1）高速高精度 A/D 转换电路

由于交流阻抗检测系统要求测量的频率范围较大，所以交流电压信号和交流电流信号采集需要满足高频信号采集要求，选择单通道 A/D 采集芯片 ADS8412 作为交流电压响应信号和交流电流激励信号采集电路的模数转换器。ADS8412 具有高达 2 Mbps 的采样率和 16 位分辨率，支持 16/8 位并行接口数据传输，适用于一些高速高精度数据采集场合。同时，要求保持交流电压响应信号和交流电流激励信号同步采集，以保留交流电压响应信号和交流电流激励信号的相位关系，从而根据两者之间的相位差计算出燃料电池交流阻抗的实部和虚部。

微控制器 STM32F4 通过 SPI 接口与 A/D 模块进行控制和通信，完成 A/D 模块的初始化和工作模式配置。两片 ADS8412 芯片分别用于采集交流电流激励信号和交流电压响应信号，ADS8412 芯片与微控制器的接口电路原理如图 3.8 所示。

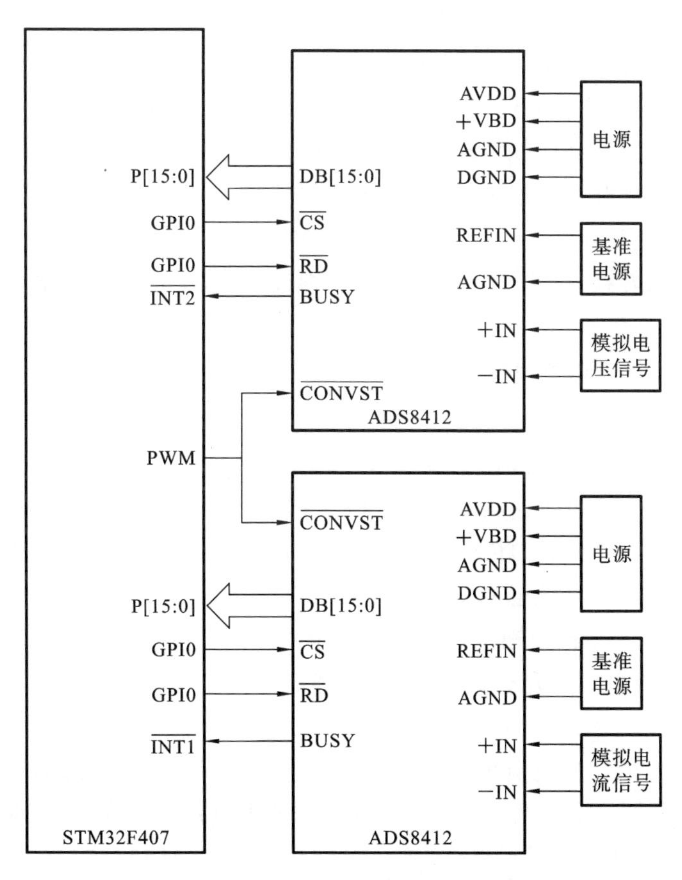

图 3.8　ADS8412 芯片与微控制器的接口电路原理

ADS8412 芯片由 5 V 的模拟电源和 3.3 V 数据电源单独供电；典型的基准电压大小为 4.096 V，由高精度基准电源芯片 REF3240 从 5 V 电源转换得到。模拟信号输入端口采用信号差分输入方式，信号的采集量程为±4.096 V；$\overline{\text{CONVST}}$引脚是 A/D 转换芯片的信号采样和转换控制引脚，在输入时钟的下降沿时开始信号采样保持并开启；A/D 转换$\overline{\text{CS}}$和$\overline{\text{RD}}$分别是 ADS8412 芯片的片选和读允许控制引脚。ADS8412 芯片的外围电路如图 3.9 所示。

微控制器 STM32 通过定时器输出一路 PWM 波，同时控制两片 ADS8412 芯片的$\overline{\text{CONVST}}$引脚，实现交流电流激励信号和交流电压响应信号同步采集，并且通过改变 PWM 波的频率调节采样率的大小；当 A/D 转换结束时，BUSY 引脚会分别产生一个下降沿信号，微控制器的外部中断引脚与 BUSY 引脚相连并响应这个外部中断，在外部中断响应函数中通过 16 位并口快速读取 A/D 转换的数据并保存在数据缓存器中。

2）高速高精度 A/D 转换程序设计

根据微控制器主程序的运行流程，在 DDS 信号发生器刷新频率输出后，开始感应燃料电池的交流电流激励信号和交流电压响应信号，即程序开始进行 A/D 数据采集，且需预先开辟两片 8K 缓存用于接收 A/D 转换数据。双路 ADS8412 同步信号采集程序流程如图 3.10 所示，首先开启外部中断，再配置 PWM 波频率，然后双路 A/D 开始转换，如果 A/D 转换完成，则读取 A/D 转换的数据，采集 10 次后停止。

2. 交流信号采集与调理电路

1）交流电流信号采集与调理电路

交流电流信号采集与调理电路如图 3.11 所示，电流传感器测得交流电流信号后输出电压信号，经过带通滤波和电压抬升电路后，通过 A/D 芯片进行数据采集。其中，采集交流电流信号的传感器型号为 VAC 系列 T60404-N4646-X654，此传感器能感应最大 50 A 交流电流信号，并输出 3 V 左右的电压信号。由于微控制器的输入信号是在±5 V 的范围内，而 AD8412 的模拟电源是+5 V，因此，A/D 采样前端还需要加一级电压抬升电路，将电流传感器输出的电压信号抬升至 0～5 V 的范围。

将图 3.12 所示的电流传感器输出的电压信号接入电流互感的二次侧线圈输出端与采集板的模拟地相连，另一端接入反向放大电路反向输入端，将电流互感器二次侧输出的电压信号进行保持。

交流电流信号调理电路包括有源带通滤波电路和差分仪表放大电路两个部分，如图 3.13 所示，通过运放补偿原理进行 I/V 变换，在电流互感器二次负载很小

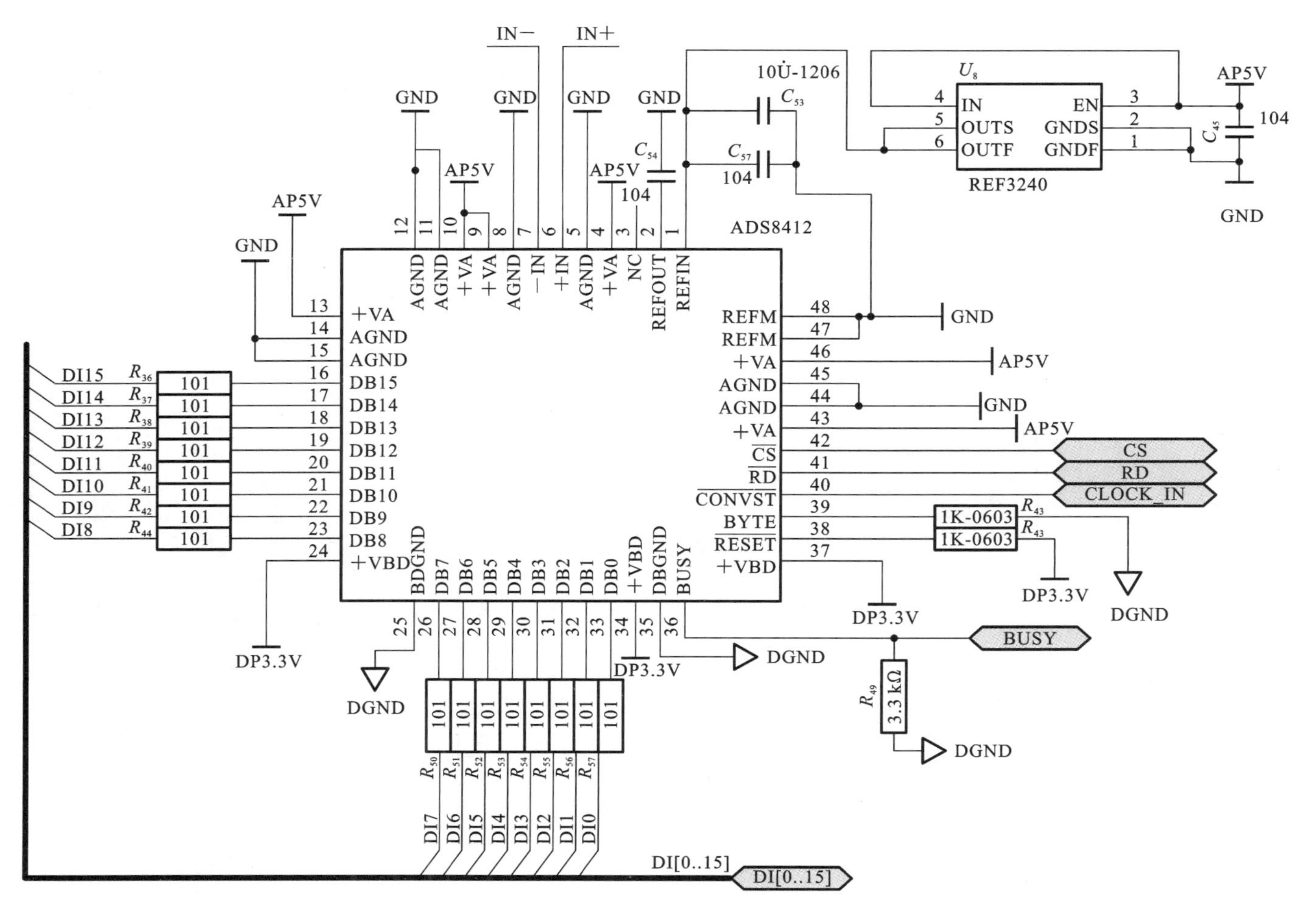

图 3.9　ADS8412 芯片的外围电路

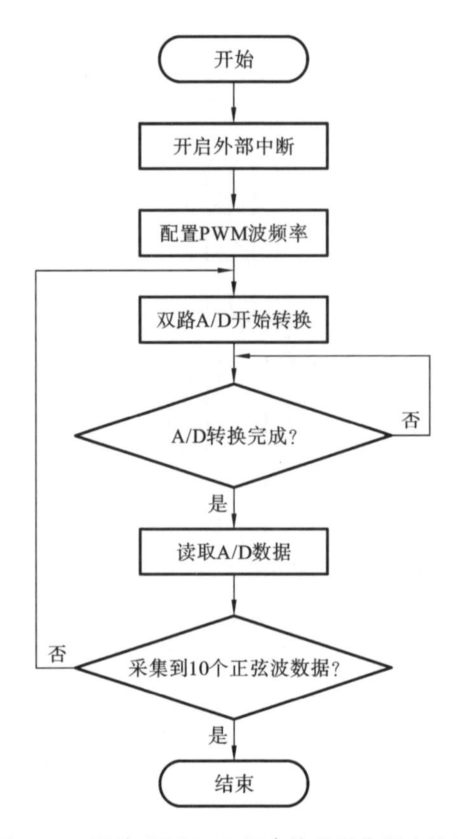

图 3.10　双路 ADS8412 同步信号采集程序流程

图 3.11　交流电流信号采集与调理电路

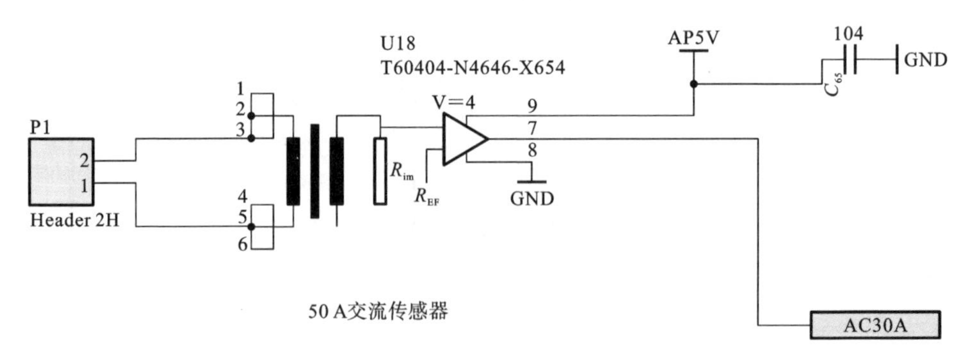

图 3.12　交流电流传感器采集电路

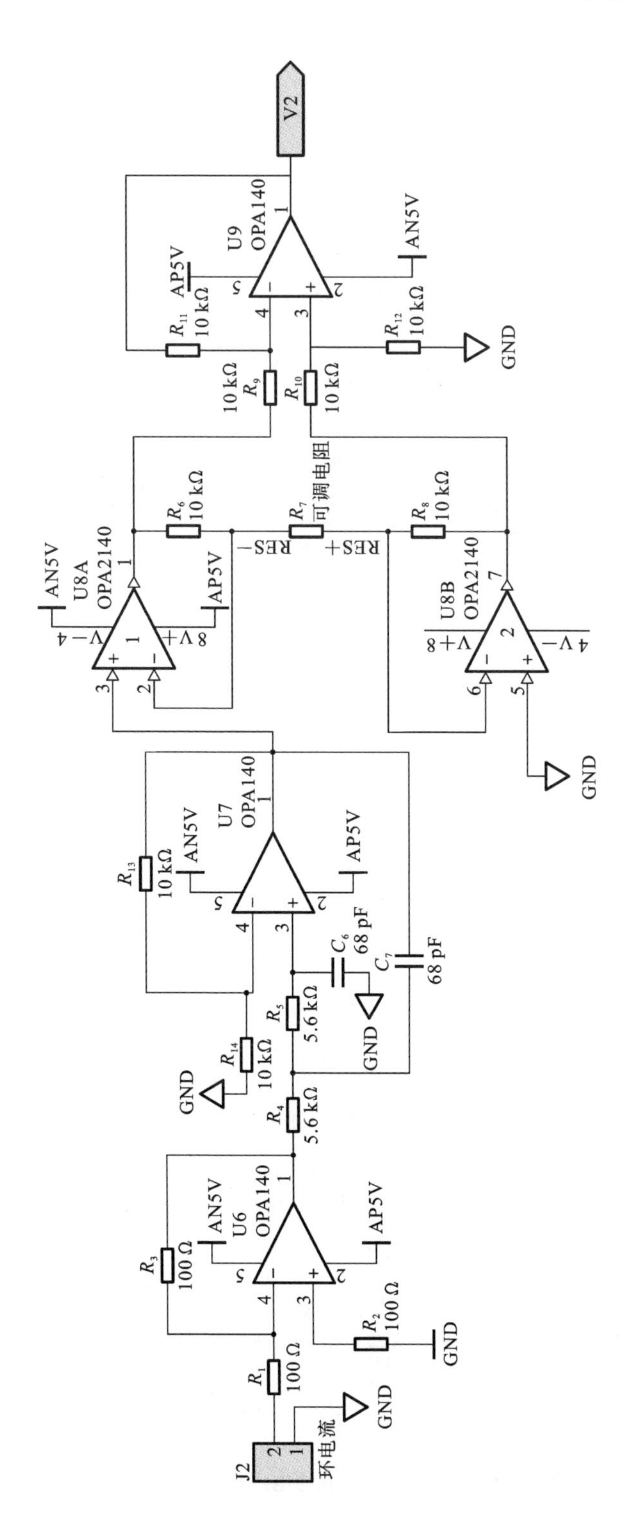

图 3.13　交流电流信号调理电路

的情况下将交流电流信号变换为较大的电压信号。图 3.13 中 R_2 是接入正向输入端的偏置电阻，可有效防止运放的失调电压和偏置电流产生的输出端直流偏置。

2）交流电压信号采集与调理电路

经隔直电容处理后的燃料电池输出电压响应信号同样需要经过传感器采集电路和交流电压信号调理电路，交流电压信号调理电路与交流电流信号调理电路原理类似。采用的电压传感器型号为 HKV10S5。设计要求燃料电池输出电压响应信号的频率在一定范围内可变，幅值大小为 3 V 左右。交流电压信号调理电路包含滤波和电压抬升两个环节，如图 3.14 所示。

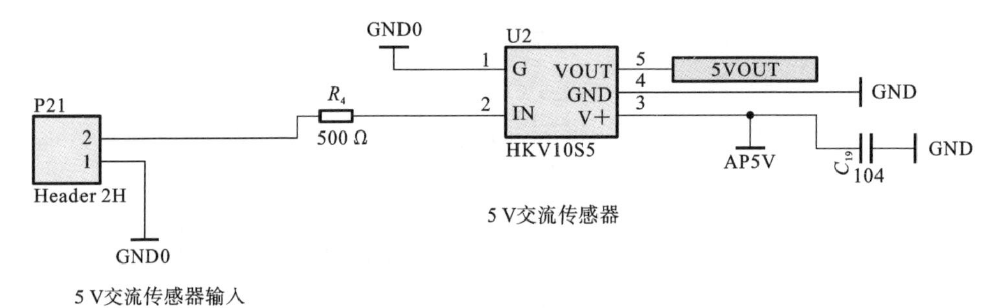

图 3.14　交流电压传感器采集电路

滤波后的输出信号不能直送入 A/D 芯片的输入端，需要经过电压抬升电路后信号才能被 ADS8412 采集，THS4503 构成的电压抬升电路如图 3.15 所示。

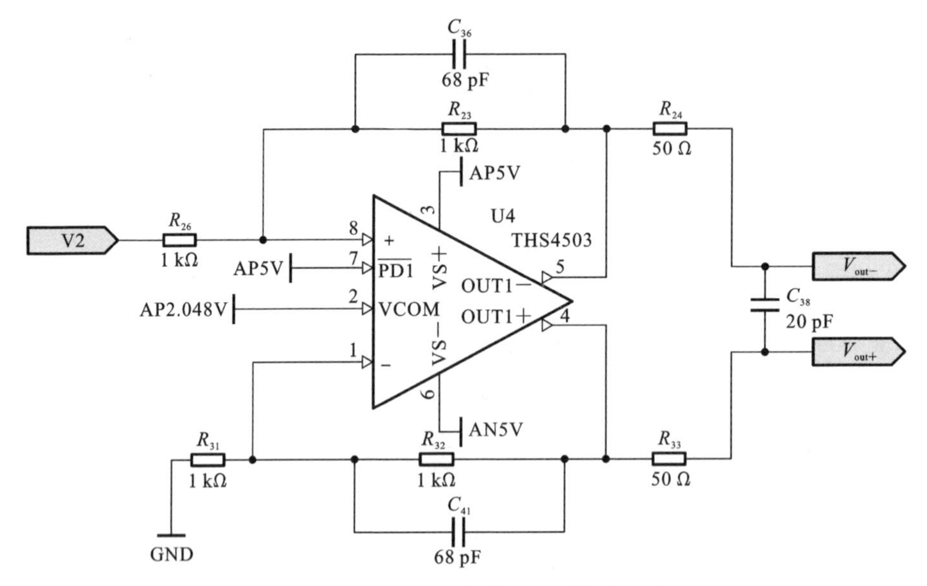

图 3.15　THS4503 **构成的电压抬升电路**

THS4503是一款具有非常低输入噪声的高性能全差分放大器，增益-带宽高达370 MHz，压摆率为2800 V/μs，满足电路设计要求。给VCOM端提供一个大小为2.048 V的基准电压，该基准电压刚好为A/D芯片基准电压的一半。当输入信号是单端输入及运放增益大小为1时，差分输出信号V_{out+}和V_{out-}的计算公式分别为

$$V_{out+}=2.048+\frac{1}{2}V_2 \tag{3.9}$$

$$V_{out-}=2.048-\frac{1}{2}V_2 \tag{3.10}$$

当输入信号在±4.096 V范围变化时，由公式可知差分输出信号V_{out+}和V_{out-}的对地电压均在0 V之上，而差分信号相对差值大小等于输入信号，因此对于A/D采集电路而言，输入信号电压完成了抬升。

3. 直流电流信号采集电路

对于大功率燃料电池电堆来说，工作的直流电流是几百安的大直流电流信号。由于对直流电流信号采集精度要求不高，采用直流电流传感器测得大直流信号后，直接输入至微控制器内部的A/D转换器进行采样。直流电流信号采用500 A霍尔开口直流大电流传感变送器FXKY41，此传感器测得电流信号后输出0～3 V的电压信号。直流电流信号采集电路如图3.16所示。

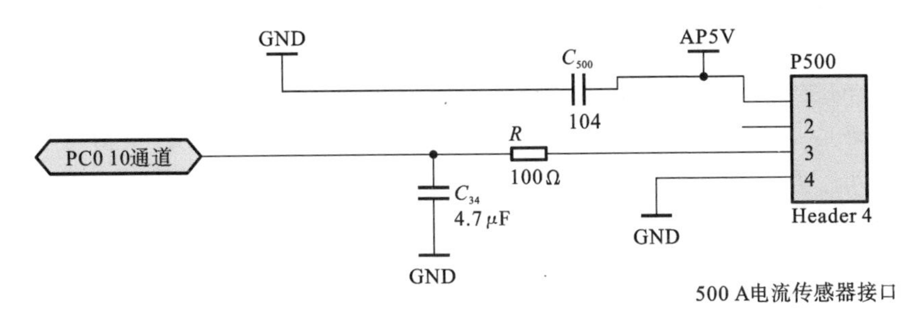

图3.16　直流电流信号采集电路

3.2.4　上位机模块设计

下位机采集的燃料电池交流电压、交流电流和直流电流等数据通过嵌入式以太网模块传送至上位机软件，由上位机软件实现数据处理、计算分析与显示存储等功能。

1. 嵌入式以太网模块设计

嵌入式以太网电路主要是以DM9000AEP以太网MAC控制器为核心，与内

含隔离变压器的网络连接器 HR911105A 构成以太网接口电路。DM9000AEP 内部主要包含一个 MAC(介质访问层)控制器、一个 10M/100M 自适应 PHY(物理接口收发器)、一个 4KB 的静态存储器 SRAM 和一些功能寄存器等。微控制器 STM32 通过内部自带 FSMC 接口与 DM9000AEP 连接,通过 16 位地址和数据复用总线控制 DM9000AEP 内部的 PHY 和 MAC。MAC 主要负责数据帧构建、数据差错检查和传输控制等,是以太网控制器的核心;PHY 负责物理接口数据收发,当 MAC 传过来数据时,它会按照物理层的规则进行数据编码,然后发送到传输介质上,接收过程则相反。DM9000AEP 支持 8 位或 16 位的连接模式,本设计中选择 16 位连接模式,可实现与微控制器进行快速数据交互。

DM9000AEP 与网络连接器接口电路如图 3.17 所示,DM9000AEP 的数据引脚 SD0～SD15 恰好与微控制器的 FSMC 接口的 D0～D15 连接,构成 16 位的数据和地址复用总线。使用 CMD 引脚的高、低电平切换数据总线和地址总线,当 CMD 引脚为低电平时表面总线是地址总线,对 DM9000AEP 进行读/写命令;反之,高电平时表面总线是数据总线,对 DM9000AEP 进行读/写数据。IOR 和 IOW 两个引脚区分总线是在进行读操作还是写操作,低电平有效。CS 位芯片片选引脚,在对 DM9000AEP 操作之前都要先选通芯片,低电平有效。

DM9000AEP 拥有大量控制和状态寄存器,但是不能对其进行直接访问,只能通过访问数据端口和地址端口这两个寄存器对其他寄存器进行间接访问。数据端口和地址端口的地址是由 CMD 引脚和 CS 引脚决定的。微控制器的 FSMC 接口起始地址的映像是 0×60000000,当 CS 信号与 FSMC_NE1 相连时,且控制器操作 0×60000000～0×63ffffff 的范围时,就会选通 CS 引脚。当 CMD 引脚与 FSMC_A16 相连时,0×60000000 就是地址端口寄存器的地址,0×60020000 为数据端口寄存器的地址。程序通过这两个端口的地址访问来读/写芯片的功能寄存器和 SRAM。

DM9000AEP 的驱动程序设计包括网卡硬件初始化、数据发送和数据接收三部分。硬件初始化主要是对 FMSC 接口和 DM9000AEP 进行初始化工作,使网卡进入正常的工作状态;数据发送是微控制器把要发送数据先通过上层协议进行数据包封装,然后通过总线发送至 DM9000AEP 的发送缓存里,最后使能相关网卡发送寄存器,DM9000AEP 自动将数据送出去;数据接收是当中断接收到数据包时,在检验合法性之后,将数据包递交上层协议处理。

图 3.18 是 DM9000AEP 初始化程序流程图。第一步:对 FSMC 接口进行初始化,具体是先将 FSMC 相关引脚配置为复用模式来配置 I/O 口,然后根据 DM9000AEP 的读/写时序来配置 FSMC 的并口访问时序并指定 FSMC 的对外访

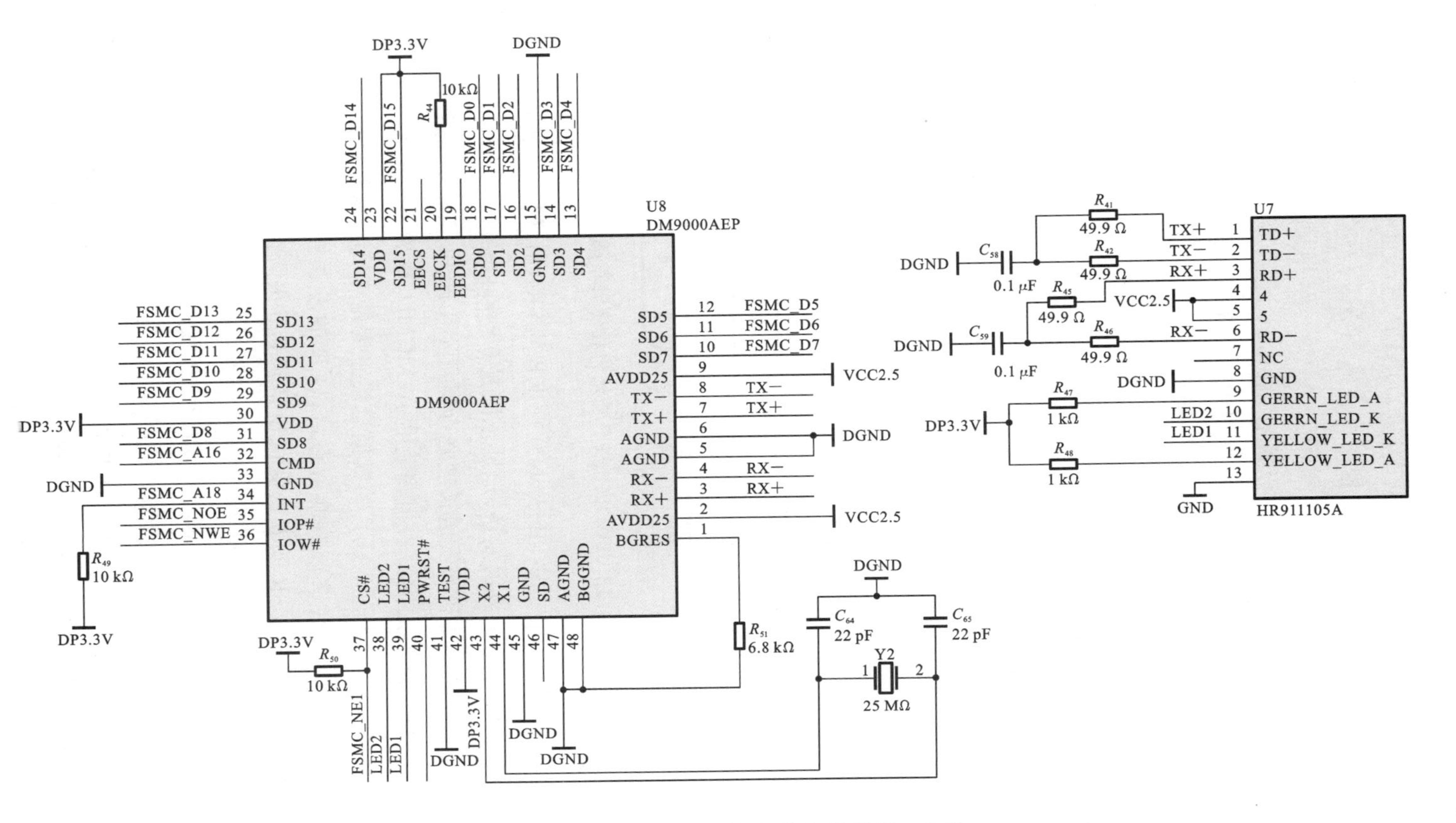

图 3.17　DM9000AEP 与网络连接器接口电路

问地址空间,然后通过 FSMC 接口对 DM9000AEP 内部进行初始化。第二步:对 DM9000AEP 进行软件复位,将网络控制寄存器 NCR 写 0×03,大约 10 μs 后软件复位。第三步:软件复位后,NCR 重新写入 0×00,回到正常工作状态;关闭 DM9000AEP 中断使能,将中断屏蔽寄存器 IMR 写入 0×80,防止中断干扰 DM9000AEP 的正常初始化。第四步:设置 PHY 寄存器,将 6 字节的 MAC 地址写入物理地址寄存器 PAR,配置广播和多播寄存器。第五步:中断屏蔽寄存器再次写入 0×81,重新打开中断。第六步:接收控制寄存器 RCR 写入 0×31,使能数据接收。至此 DM9000AEP 网卡初始化完成。

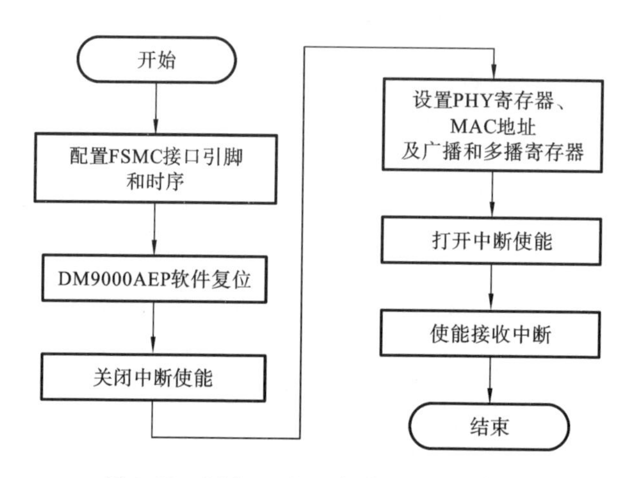

图 3.18 DM9000AEP 初始化程序流程图

DM9000AEP 芯片内部有一个大小为 16 KB 的 SRAM,用于数据的收发缓存。其中,前 3 KB 的缓存用于数据发送,地址范围是 0×0000～0×0BFF。数据包发送程序首先将数据包的长度写入发送长度寄存器 TXPLH 和 TXPLL,然后把待发送的数据包以 16 位长度写入内存控制寄存器 WMCMD,该寄存器包含发送缓存的指针,写后自动加 1。DM9000AEP 的数据总线宽度是 16 位,因此数据是以双字节写入发送缓存。最后,设置发送控制寄存器 TCR 的发送控制位即可开启发送数据,通过读取状态寄存器 TSR 的发送完成位是否为 0 来判断数据发送结束。数据包发送的程序流程如图 3.19 所示。

SRAM 的地址 0×0C00～0×3FFF 用于数据接收缓存,缓存的大小为 13 KB。如果接收到数据包的存放位置大于 0×3FFF,则自动返回到 0×0C00 的起始位置。当接收到数据包时,程序就会产生一个中断,在中断函数里读取接收缓存的数据包,数据包的四个字节数据为 MAC 头,包含了这个数据包的基本信息,用内存读取寄存器 MRCMDX 和 MRCMD 就可以读取这个 MAC 头的信息。第一个字节代

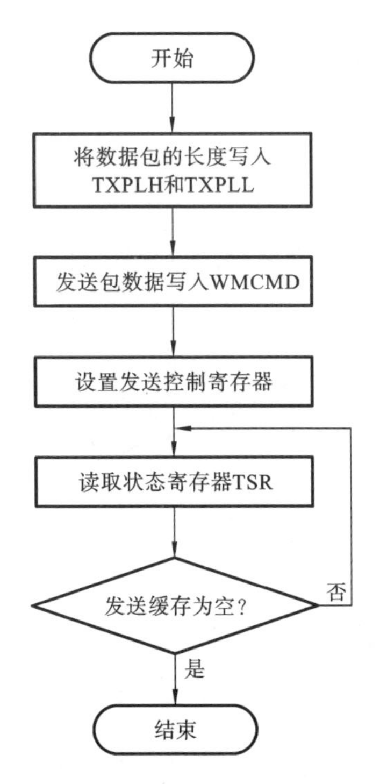

图 3.19　数据包发送的程序流程

表是否接收到数据包的标志，0×01 代表接收到，0×00 代表没有接收到；第二个字节代表接收包的状态信息，从状态信息中能够判断接收的数据包是否正确；第三个和第四个字节代表数据包的长度，存储数据紧随其后。接收数据包的程序流程如图 3.20 所示。

2. 上位机软件设计

采用 Visual C++编写上位机软件，与下位机微控制器进行以太网通信。上位机软件实现参数设置、控制和监测交流阻抗检测仪、处理每个频率点下采集的交流阻抗数据、进行交流阻抗计算、存储和数据显示等。上位机软件结构如图 3.21 所示。

上位机软件主要由参数设置、运行控制、以太网通信、数据处理和分析以及数据显示等模块组成。下面介绍各个模块主要实现功能。

1）参数设置

软件需要与用户进行交互，用户根据被测对象的特性和实验目的，设置交流电流激励信号源的频域范围、频点、单一频点下正弦波持续时间和幅值以及完成一次频域范围的扫频后仪器的暂停时间。

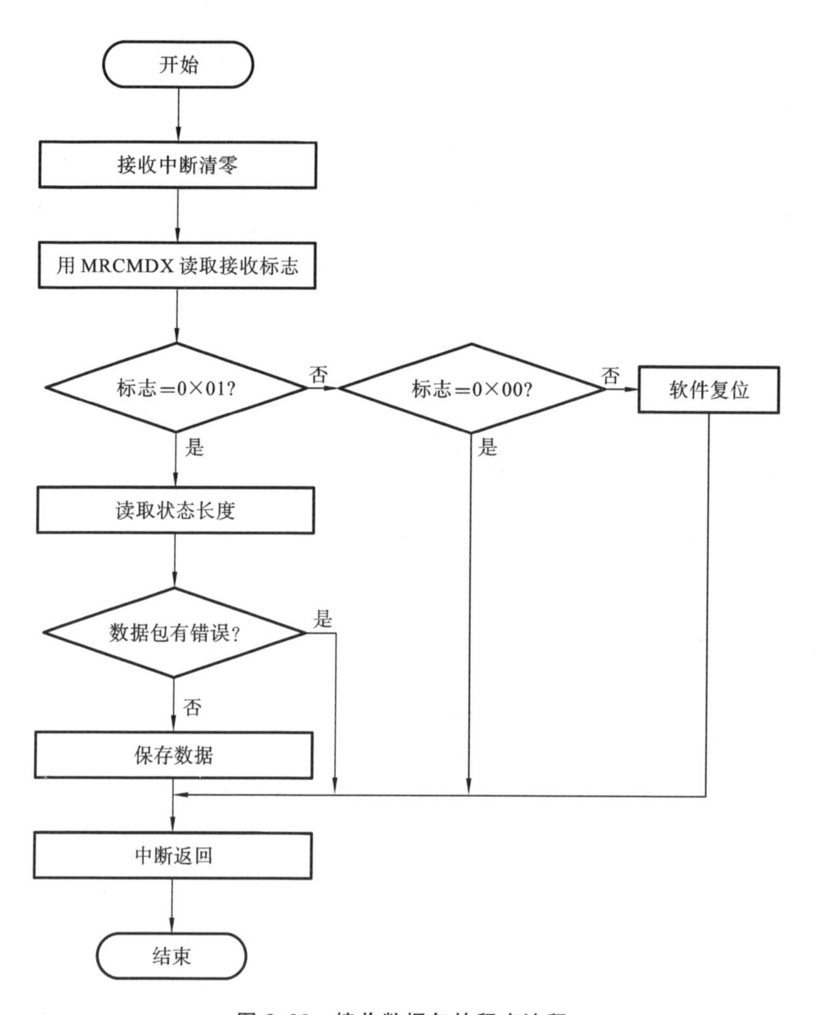

图 3.20　接收数据包的程序流程

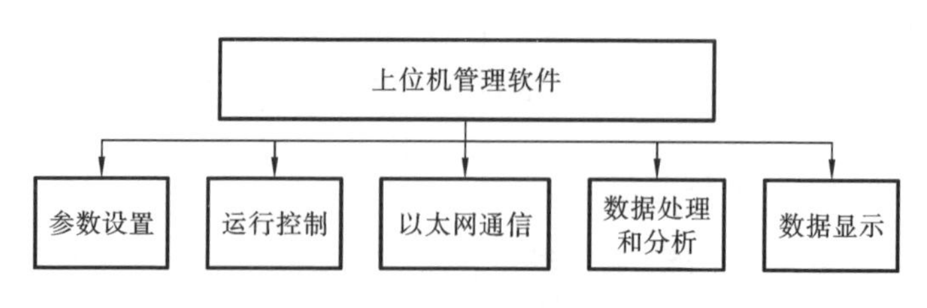

图 3.21　上位机软件结构

2）运行控制

软件根据用户设置的参数定时地向下位机发送命令，控制信号发生器的频率输出和采集数据的接收，并根据实时测得的阻抗数据改变相应电流信号调理电路的增益。软件控制和监测整个仪器的运行状况，方便用户对仪器运行状况监测。

3）以太网通信

通信模块是实现软件控制仪器运行和数据传输的重要保证，本设计采用以太网通信方式，软件采用 Socket（套接字）编程实现 UDP 的数据发送和接收，通过以太网实时与下位机进行数据交互。

4）数据处理和分析

为了快速进行数据处理，将采集的数据传输至上位机软件进行数据处理和分析。软件基于最小二乘法原理将交流电流激励信号和交流电压响应信号这两路正弦波离散信号进行曲线拟合，计算得到交流电流和交流电压的有效值和相位差，从而计算出阻抗。测量的所有阻抗数据以文件形式保存，方便用户以后进一步分析实验数据。

5）数据显示

软件将采集到的阻抗数据通过显示界面将不同频率下的阻抗曲线动态绘制出来，方便用户对交流阻抗检测系统的运行和实验数据进行实时监测。可在阻抗模量、相位、阻抗实部和虚部之间切换界面显示，量程范围和曲线颜色均可自由设定。

上位机软件主界面如图 3.22 所示。

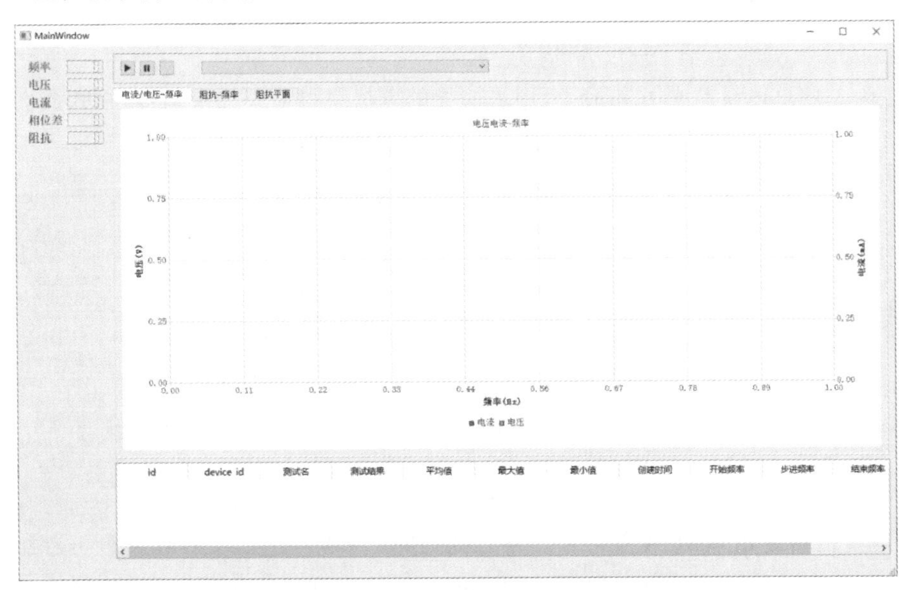

图 3.22　上位机软件主界面

3. 交流阻抗计算

上位机软件对交流电流激励信号和交流电压响应信号的离散化序列进行分析处理，得到交流电压和交流电流的有效值和相位差。实际测量的两路信号中除了基波之外，还存在一定的噪声以及高次谐波成分。为了获得较为精准的幅值和相位，采用最小二乘法进行阻抗计算。

假设燃料电池交流电压响应信号的表达式为 $u(t)=U_m\sin(\omega t+\phi_u)$，交流电流激励信号的表达式为 $i(t)=I_m\sin(\omega t+\phi_i)$，通过 A/D 同步采集后得到离散化信号序列，利用最小二乘法分别求得 U_m、I_m、ϕ_u 和 ϕ_i。

将交流电压和交流电流信号表达式展开如下：

$$u(t)=B_0\sin(\omega t)+B_1\cos(\omega t) \tag{3.11}$$

$$i(t)=C_0\sin(\omega t)+C_1\cos(\omega t) \tag{3.12}$$

式中：$B_0=U_m\cos\phi_u$；$B_1=U_m\sin\phi_u$；$C_0=I_m\cos\phi_i$；$C_1=I_m\sin\phi_i$。

假设 A/D 转换电路以采样率 f_s 在某一时刻同时对 $u(t)$ 和 $i(t)$ 进行采样，得到 N 对离散化序列 $u(t_k)$ 和 $i(t_k)$。用最小二乘法求取 B_0、B_1、C_0、C_1 时，离散序列应该满足的条件：拟合信号和实际离散信号的总体误差的平方和最小。令总体误差的平方和为

$$X=\sum_{k=0}^{n-1}\left[B_0\sin(\omega t_k)+B_1\cos(\omega t_k)-u(t_k)\right]^2 \tag{3.13}$$

$$Y=\sum_{k=0}^{n-1}\left[C_0\sin(\omega t_k)+C_1\cos(\omega t_k)-u(t_k)\right]^2 \tag{3.14}$$

为了使总体误差平方和最小，用求偏导的方法获得最小二乘估计，下式成立：

$$\partial X/\partial B_0=0,\quad \partial X/\partial B_1=0,\quad \partial Y/\partial C_0=0,\quad \partial Y/\partial C_1=0$$

由以上公式可得到线性方程组：

$$\mathbf{A}^{\mathrm{T}}\mathbf{A}\boldsymbol{B}=\mathbf{A}^{\mathrm{T}}\mathbf{E} \tag{3.15}$$

$$\mathbf{A}^{\mathrm{T}}\mathbf{A}\mathbf{C}=\mathbf{A}^{\mathrm{T}}\mathbf{F} \tag{3.16}$$

上式中：

$$\boldsymbol{A}=\begin{pmatrix}\sin(\omega t_0) & \cos(\omega t_0)\\ \sin(\omega t_1) & \cos(\omega t_1)\\ \vdots & \vdots\\ \sin(\omega t_N) & \cos(\omega t_N)\end{pmatrix},\boldsymbol{E}=\begin{pmatrix}u(t_0)\\ u(t_1)\\ \vdots\\ u(t_N)\end{pmatrix},\boldsymbol{F}=\begin{pmatrix}i(t_0)\\ i(t_1)\\ \vdots\\ i(t_N)\end{pmatrix},\boldsymbol{B}=\begin{pmatrix}B_0\\ B_1\end{pmatrix},\boldsymbol{C}=\begin{pmatrix}C_0\\ C_1\end{pmatrix}$$

$\mathbf{A}^{\mathrm{T}}$ 是 $\mathbf{A}$ 的转置矩阵，$\mathbf{A}^{\mathrm{T}}\mathbf{A}$ 是一个二乘二的矩阵。求解上述二元一次线性方程组即可解出 B_0、B_1、C_0、C_1 的值。软件每次进行计算的序列长度为 10 个信号周期的序列。最小二乘法计算出来的阻抗模量和相角分别为

$$\phi_0=\phi_i-\phi_u=\arctan\left(\frac{C_1}{C_0}\right)-\arctan\left(\frac{B_1}{B_0}\right) \tag{3.17}$$

$$|Z_0^i|=\frac{U_m}{I_m}=\frac{B_0}{C_0}=\frac{B_1}{C_1} \tag{3.18}$$

3.3　交流阻抗检测系统测试与分析

3.3.1　交流电流激励源频率输出测试

交流电流激励源是燃料电池交流阻抗测试系统中的重要部分，激励源输出的信号质量直接影响燃料电池交流阻抗测试的准确度，因此应对交流电流激励源的输出性能进行严格测试。

以下是在不同频率点下（低频、中频、高频都涉及）交流电流激励源输出激励信号的频率的测试结果。在室温下，给交流电流激励源设定6组从低到高的输出频率，采用示波器进行测量。表3.1为交流电流激励源设定频率与输出频率的对照表，可以看出交流电流激励源输出频率精度在0.1%以内。

表3.1　交流电流激励源设定频率与输出频率的对照表

设定频率/Hz	输出频率/Hz	误　　差
50	50.0016	0.002%
100	99.9999	0.001%
1 k	1 k	0.1%以内
10 k	10 k	0.1%以内
50 k	50.05 k	0.1%
100 k	100 k	0.1%以内

图3.23所示为设定频率值为50 Hz、100 Hz、1 kHz、10 kHz、50 kHz、100 kHz时交流电流激励源输出的正弦信号波形。需要注意的是，交流电流激励信号经过了I/V变换电路变换成电压信号，然后进行A/D采集，所以3.3.1节、3.3.2节和3.3.3节输出的波形都是电压信号波形。

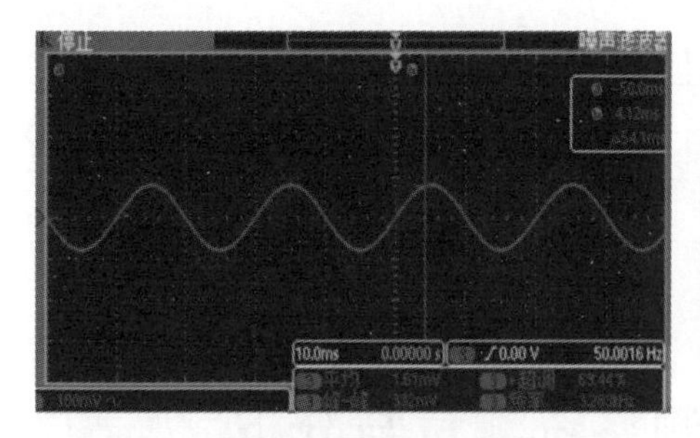

（a）50 Hz 时交流电流激励源输出信号

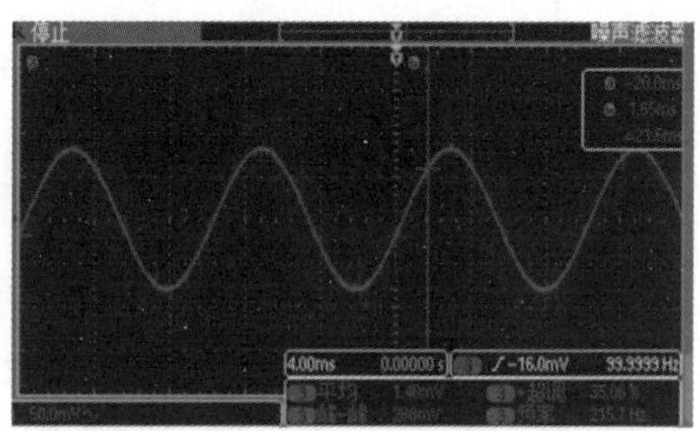

（b）100 Hz 时交流电流激励源输出信号

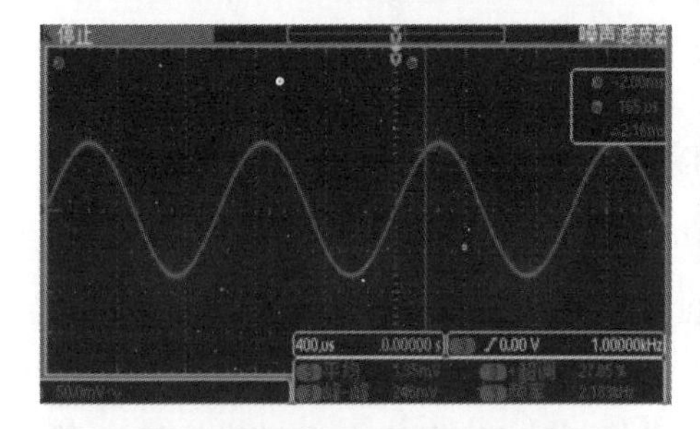

（c）1 kHz 时交流电流激励源输出信号

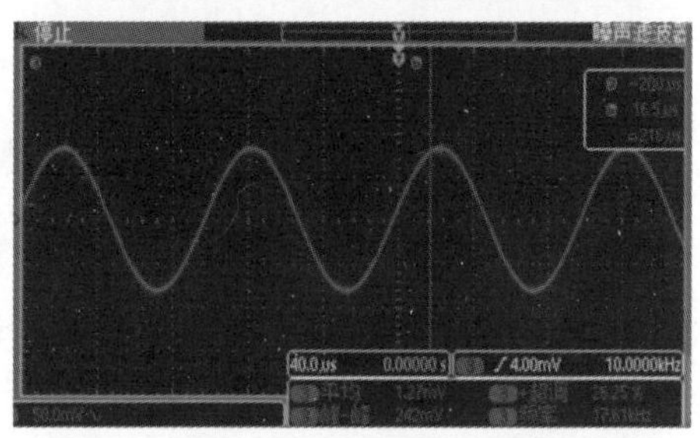

（d）10 kHz 时交流电流激励源输出信号

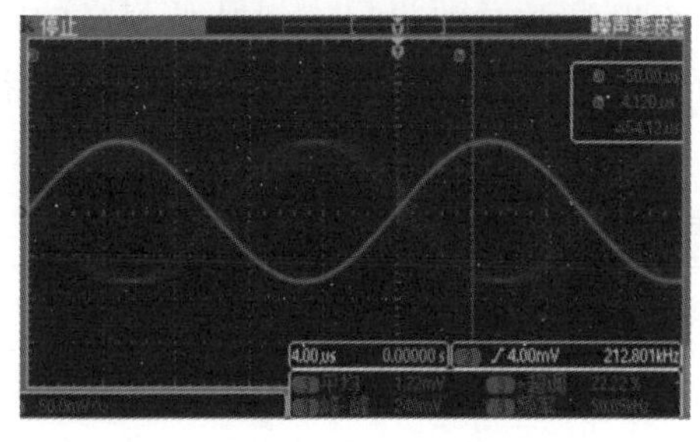

（e）50 kHz 时交流电流激励源输出信号

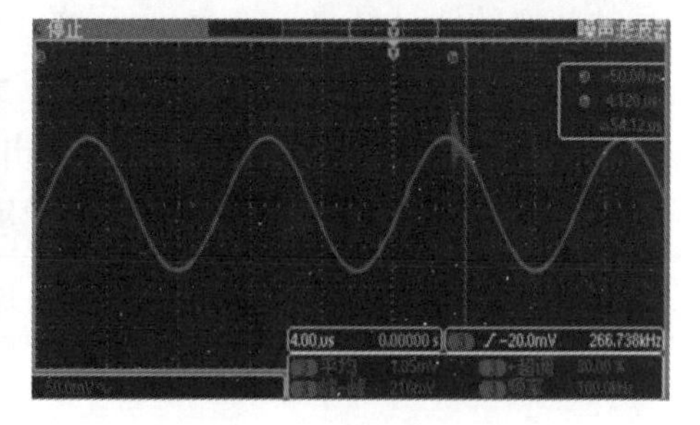

（f）100 kHz 时交流电流激励源输出信号

图 3.23　不同频率时交流电流激励源输出的正弦信号波形

3.3.2　信号放大模块测试

由于交流电流激励源输出信号幅值有限，需要采用放大模块对激励源输出信号进行放大。下面对运放模块的放大倍数功能和频率跟随功能进行测试，在室温下进行了 4 组由高频率到低频率的对比测试，表 3.2 为不同频率时放大电路的放大倍数与频率跟随对照表。

图 3.24 所示是频率设定值为 50 Hz、100 Hz、10 kHz、100 kHz 时交流电流激励源直接输出波形与经过放大模块放大后输出波形对比。可以看出，在不同频率点下放大模块的放大效果和频率跟随效果均良好。

表 3.2　不同频率时放大电路的放大倍数与频率跟随对照表

原始频率/Hz	原始幅值/mV	放大后幅值/mV	放大后频率/Hz	放大倍数
50.0016	332	3200	50.0007	9.64
99.9999	288	3240	1.001 k	11.25
10 k	242	3160	10 k	13.06
100 k	216	3120	100 k	14.44

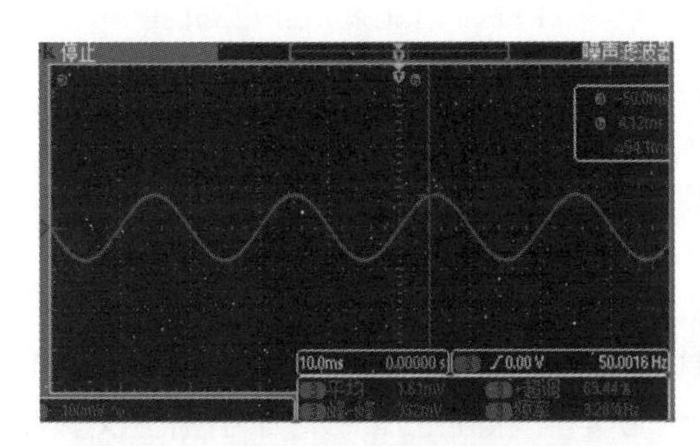

(a) 50 Hz时交流电流激励源输出信号

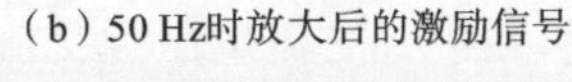

(b) 50 Hz时放大后的激励信号

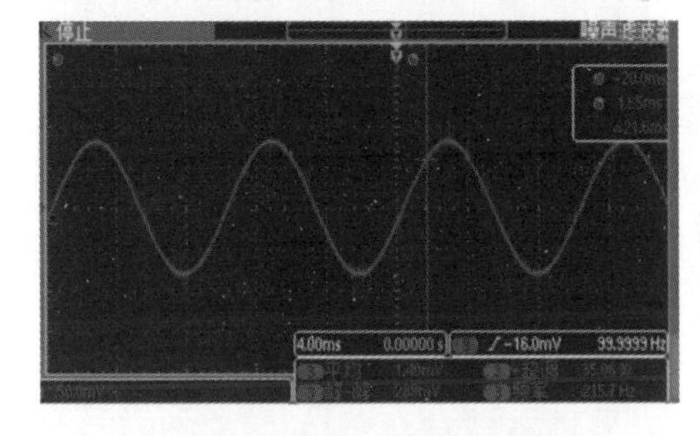

(c) 100 Hz时交流电流激励源输出信号

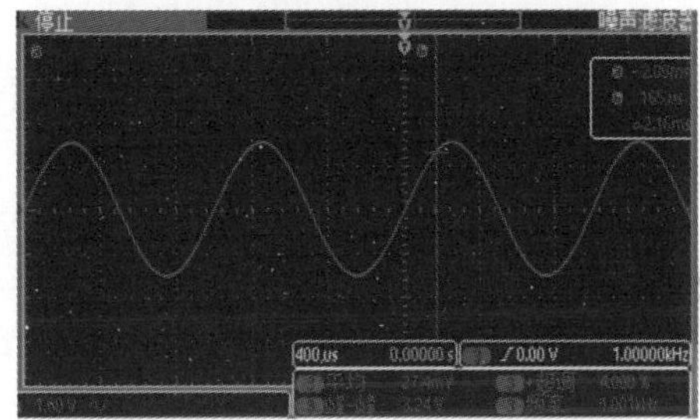

(d) 100 Hz时放大后的激励信号

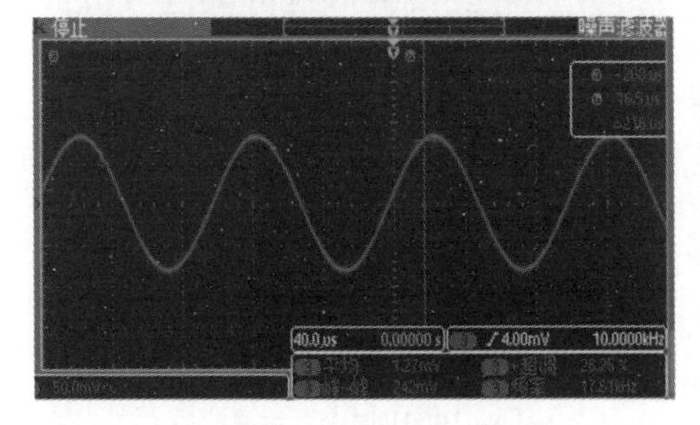

(e) 10 kHz时交流电流激励源输出信号

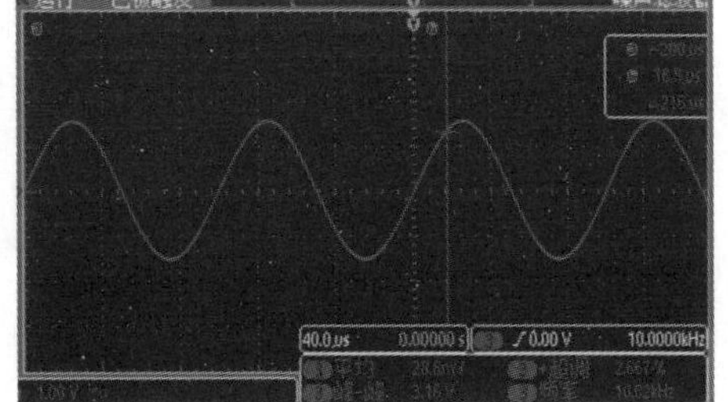

(f) 10 kHz时放大后的激励信号

图 3.24　不同频率时交流电流激励源直接输出波形与经过放大模块放大后输出波形对比

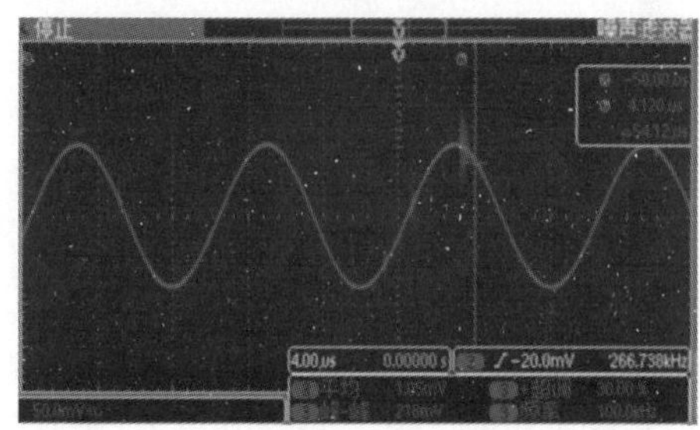

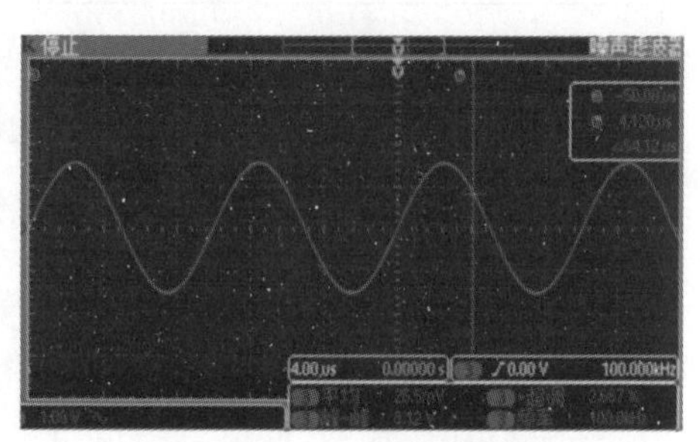

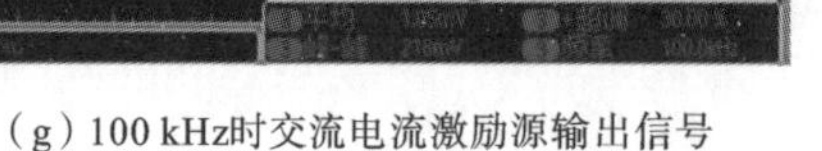
(g) 100 kHz时交流电流激励源输出信号　　(h) 100 kHz时放大后的激励信号

续图 3.24

3.3.3 交直流滤波模块测试

由于燃料电池本身的工作电流是大直流，其上叠加的交流电流激励源为小幅值的交流电流信号，因此燃料电池的输出信号是大直流电压并叠加小幅值交流电压。因此，在进行交流电压和交流电流信号采集之前，需要采用交直流滤波模块进行隔直流、通交流处理。

对交直流滤波模块进行测试，选取 3 组频率点(100 Hz、10 kHz 和 100 kHz)下的交流电流激励信号叠加一个直流信号，通过交直流滤波模块前后波形对比如图 3.25 所示。可以看出，经过交直流滤波模块后，信号的直流成分被滤掉，剩下交流成分的波形光滑且无失真。

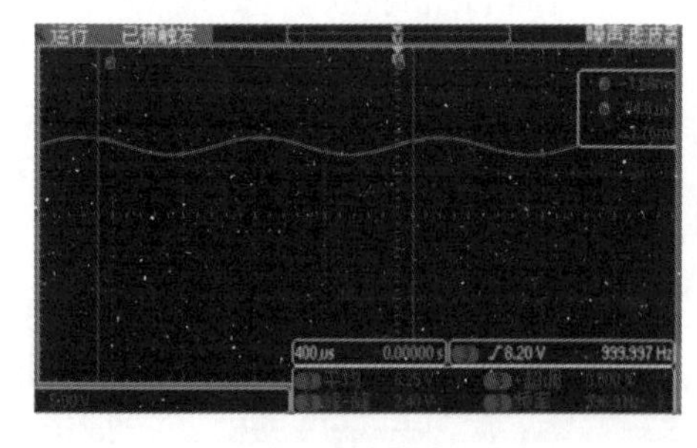

(a) 100 Hz时交直流滤波前

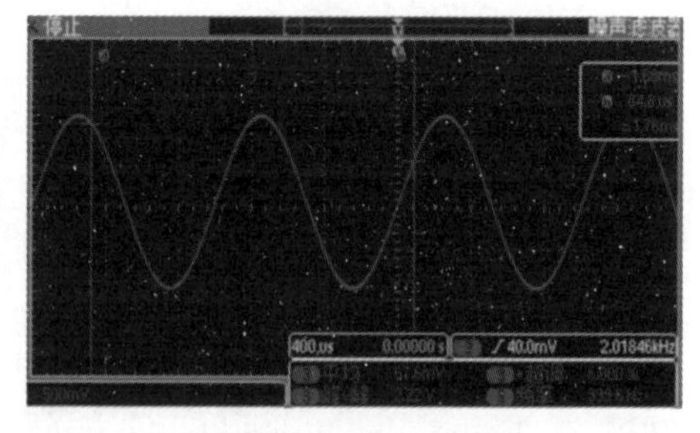

(b) 100 Hz时交直流滤波后

图 3.25　不同频率时通过交直流滤波模块前后波形对比

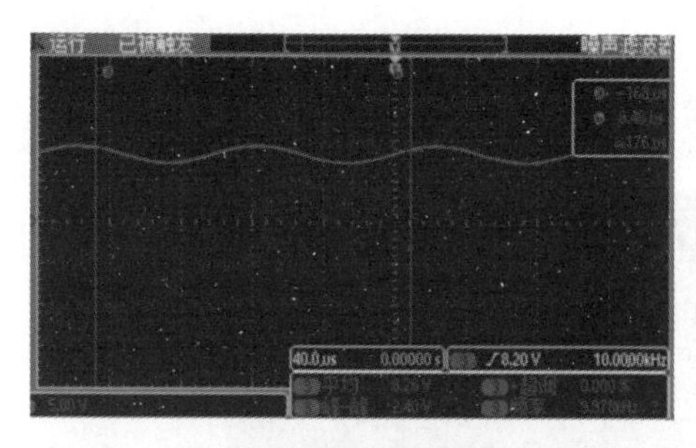

（c）10 kHz时交直流滤波前

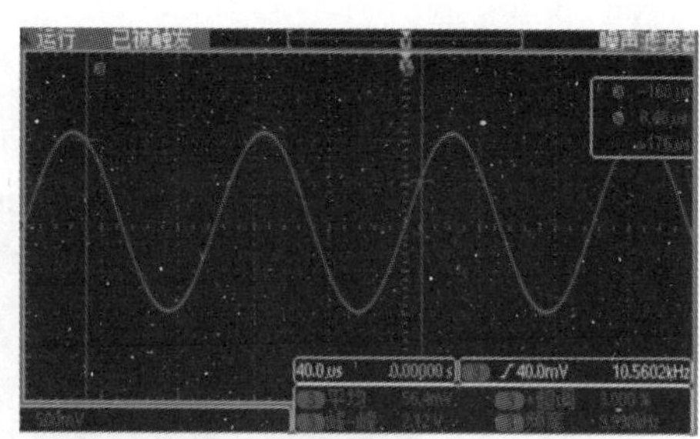

（d）10 kHz时交直流滤波后

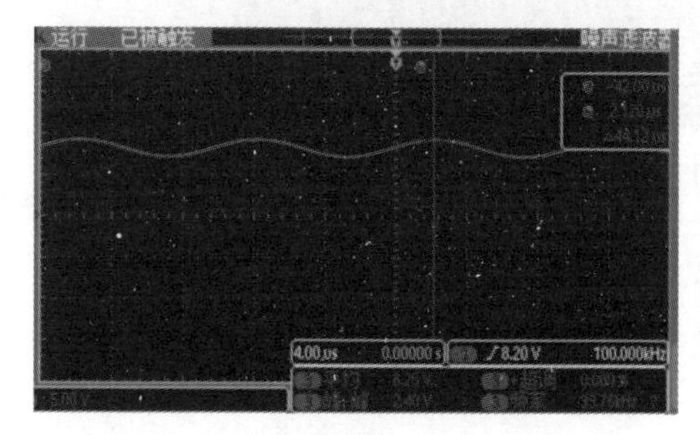

（e）100 kHz时交直流滤波前

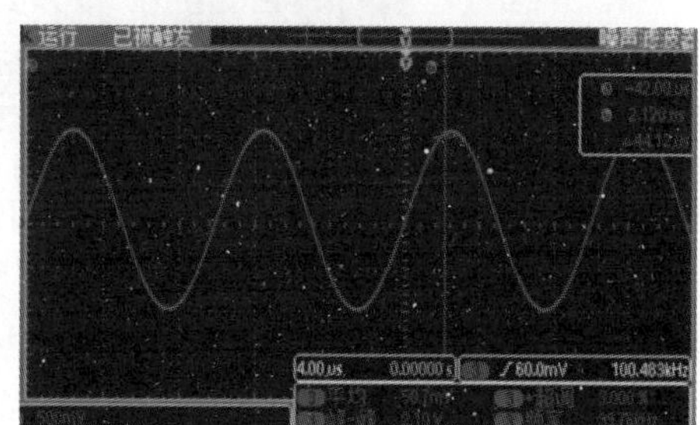

（f）100 kHz时交直流滤波后

续图 3.25

3.3.4　交流电压采集模块测试

交流电压采集模块的性能直接关系到燃料电池电堆交流阻抗测试结果的准确性。

在室温下，设定交流电流激励信号频率分别为 1 kHz、10 kHz 和 100 kHz 时，交流电压采集模块测量值与实际值对比如表 3.3 所示。

表 3.3　交流电压采集模块测量值与实际值对比

设定频率/Hz	采集值/mV	实际值/mV	误　差
1 k	1027	1060	3.2%
10 k	1496	1540	2.9%
100 k	1264	1240	1.8%

图 3.26 所示为不同频率时上位机软件显示的交流电压波形和示波器测量的 A/D 模块输出电压波形。

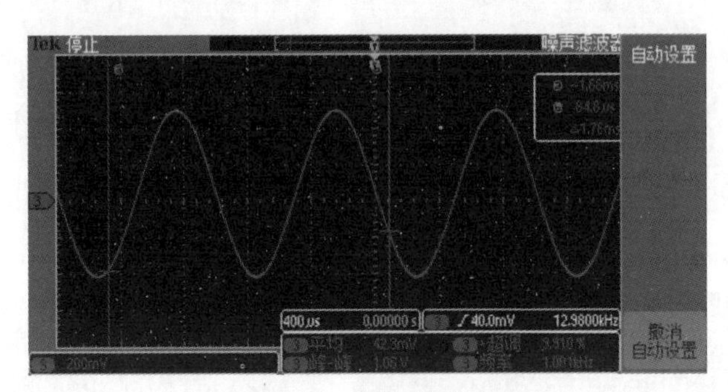

(a) 1 kHz激励信号

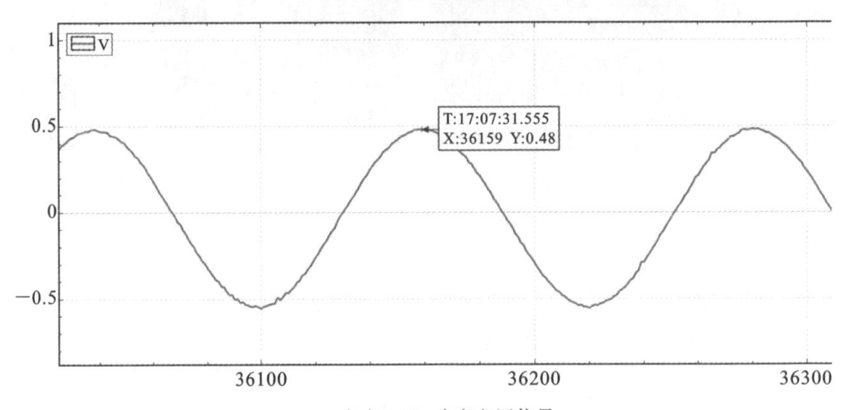

(b) 1 kHz响应电压信号

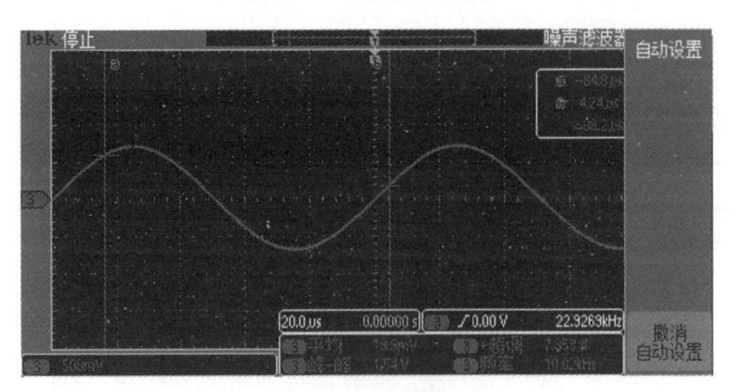

(c) 10 kHz激励信号

图 3.26　不同频率时上位机软件显示的交流电压波形和示波器测量的 A/D 模块输出电压波形

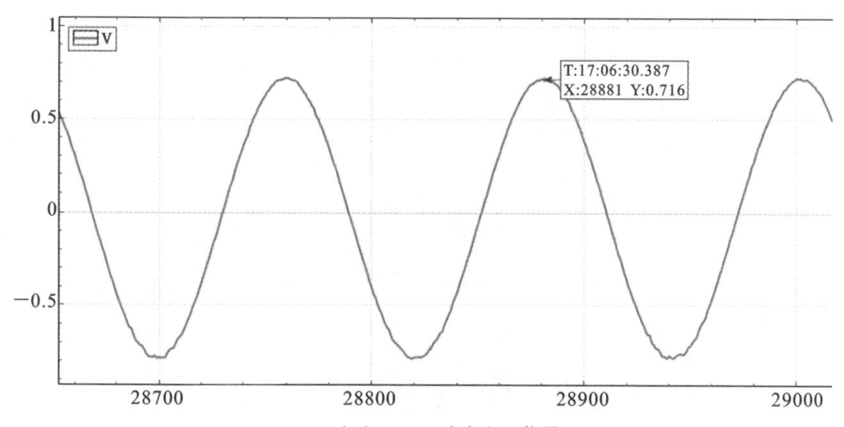

（d）10 kHz响应电压信号

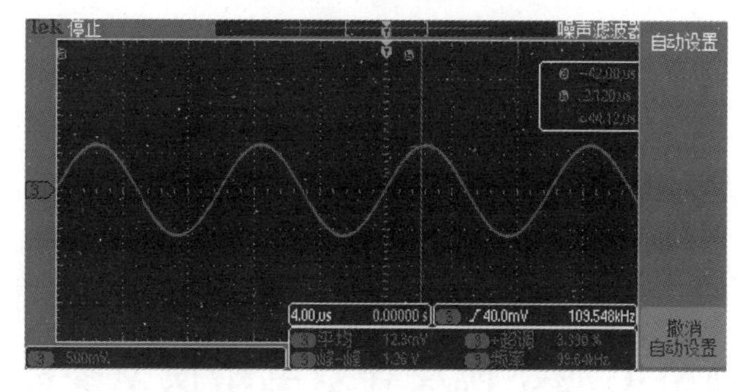

（e）100 kHz激励信号

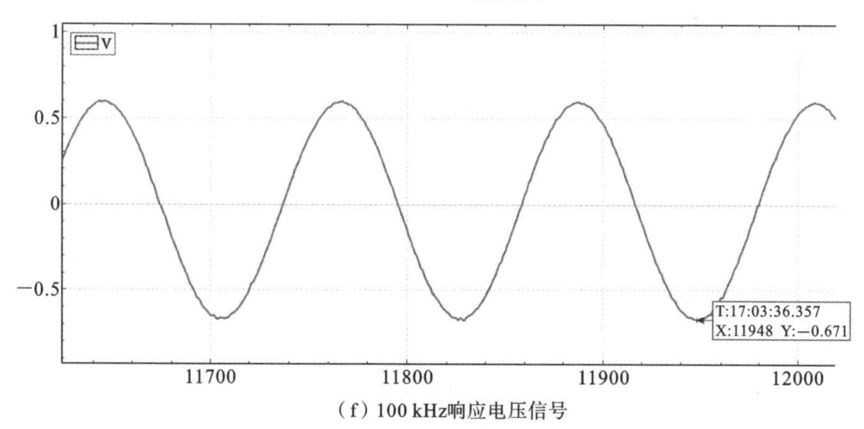

（f）100 kHz响应电压信号

续图 3.26

第4章 燃料电池水管理故障诊断方法

4.1 燃料电池建模及等效电路模型参数辨识

4.1.1 燃料电池建模

PEMFC是一个复杂的非线性系统，涉及电化学、流体力学、热力学等多个物理领域的耦合，针对PEMFC相应问题所展开的建模研究方向较多、范围较广。为了清晰地理解各种模型的特点和适用场景，有必要对其进行概括和总结。一般而言，PEMFC模型具有不同的层级和维度特征。一方面，有针对组件、单体、电堆和系统等不同层级进行的建模；另一方面，模型的空间维度可以是零维、一维、二维和三维。基于这些特征，根据所采用的建模方法的不同，可以将PEMFC模型分为四类：机理模型、半经验模型、经验模型和数据驱动模型。此外，随着PEMFC建模技术的不断更新和发展，数字孪生等技术也开始在PEMFC建模研究中得到应用。本节将重点介绍PEMFC建模研究，从模型的层级和维度这两个主要特征对现有的PEMFC建模研究进行总结，并对常见的建模方法进行归纳。

1. 按模型层级分类

PEMFC 单体在反应生成液态水的情况下，理论标准电动势较低。因此，常通过串联多个单体提高电动势，以满足实际工作中所需的输出电压和输出功率。每个电池单体又可以分为多个具有不同功能的组件。这些组件包括冷却通道层、流道支撑层、气体流道层、气体扩散层、催化层和质子交换膜。其中，冷却通道层、流道支撑层和气体流道层统称为双极板。

气体流道层、气体扩散层、催化层、质子交换膜等组件与 PEMFC 的发电效率密切相关，故在组件的层级范围内，PEMFC 建模研究主要集中在以下四个方面。

(1) 双极板(流道)的结构和材料对 PEMFC 导电、导热及反应气体传输性能的影响。

(2) 扩散层的厚度和孔隙率等因素对 PEMFC 气体扩散及水传输的影响。

(3) 催化剂的材料、分散度和颗粒大小对电化学反应速率的影响。

(4) 质子交换膜的传导率、厚度、渗透性和稳定性等因素对 PEMFC 性能的影响。

上述关于建模的研究主要集中在 PEMFC 组件层级范围内，针对其材料和结构、物质传输与分布及其内部电化学反应进行分析。此外，材料和结构的设计直接影响 PEMFC 物质传输、电化学反应及其内部水热平衡等物理和化学特性，而这些过程最终决定了单体或电堆输出性能的优劣。

综上所述，PEMFC 模型层级包括组件、单体、电堆等 3 个维度。其中，组件层级的相关建模研究主要是为了验证材料和结构设计问题的有效性以及对相关物理过程进行机理性的描述。针对电堆层级的相关建模研究工作通常是围绕 PEMFC 输出特性分析、系统控制策略制定、PEMFC 输出性能优化等方面展开。单体层级介于组件和电堆之间，此处不作过多赘述。

2. 按模型维度分类

从模型中研究物理量的空间分布情况来看，PEMFC 模型的维度可以分为零维、一维、二维和三维。其中一维模型通常沿 z 轴单方向构建，二维模型的建立可以沿 x-y、y-z 以及 x-z 任一平面，三维模型考虑包含 x-y-z 的整个坐标空间。

零维模型也称为集总参数模型，不包含具有空间向量的方程，建模过程假设相关物理量在空间上均匀分布，仅考虑系统输入/输出物理量的平均值，如电堆平均温度、流道内气体平均分压等。在 PEMFC 零维模型构建过程中，需假设被研究的物理量(如温度、流量、压力等)在空间上均匀分布，其建模方程相对简单，计算量较小。但这种假设过于理想，无法反映出各物理量在空间中的实际分布状态。相比于零维模型，一维模型能够对 PEMFC 内部反应气体(或水、热等物理量)沿气体扩散方向的传输过程及其分布情况进行分析，如膜水含量分布、气体传输与分布、热量传输与分布等相关问题。PEMFC一维模型是发展二维、三维模型的基础，它忽略了相关物理量在不同扩散方向上的差异，是一种简化模型。对于研究反应气体在流道内的传输过程，或需要详细描述相关物理量在PEMFC内部的分布情况，需要建立更高维度模型对相关问题进行具象化分析。二维模型是对一维模型的扩展，由于在建模过程中将直线方向上的问题扩展到平面内进行研究，所以较一维模型更加准确，也更为复杂。零维、一维和二维模型都是在一定程度上对实际问题简化模拟，三维模型考虑PEMFC相关问题中待研究物理量在整个空间内的传输与分布情况，是最完整、最复杂的模型。利用三维模型，可以建立更精确的数学模型对相关物理过程进行描述。例如，反应气体在流道内横向传输的同时会往垂直传输方向的平面进行扩散。除了电场中的电流密度分布外，三维模型也被广泛应用于流场和热场问题的研究。PEMFC三维模型可精确地描述PEMFC系统的普遍性问题，不过所需计算量相对较大。

总而言之，低维模型简单、计算量小，适合应用在系统控制策略研究等方面。高维模型复杂、难以计算，但能够对PEMFC内部的传热、传质和电化学反应过程进行详细的说明，在新材料开发和新结构设计等方面应用广泛。

3. 按建模方法分类

根据PEMFC模型特征所反映出的具体问题和不同需求考虑所需要的PEMFC建模方法，从而有利于选取较为恰当的建模方法对相关问题展开建模研究。根据现有PEMFC常用的建模方法，可将用不同建模方法构建的PEMFC模型分为机理模型、半经验模型、经验模型和数据驱动模型。

1）机理模型

机理模型是在一定假设条件下通过基本的物理和化学方程构建的，能够详细描述PEMFC内部传热传质及电化学反应等过程。当所要研究的工作过程需要分析PEMFC内部机理特性时，需要建立相应的机理模型。机理建模过程涉及扩散定理、热传导和热对流定理以及电化学动力学等基本理论。在高维、多物理域等问题研究过程中，基于上述定理所建模型的求解需要借助计算流体动力学的程序工具，这种软件采用高级数值方法，结合力学、热力学、电化学和流体力学的特性仿真，能够实现任何系统的完全建模，包含PEMFC内部所有组件。

围绕PEMFC输出特性将其内部机理过程归纳为五方面，分别为反应气体在流道内的传输过程、反应气体在扩散层的扩散过程、电化学反应过程、水的传输过程和热的传输过程。前三个过程分别对应PEMFC中气体流道层、气体扩散层和催化层等组件结构，而水、热的产生、传输与分布是伴随电化学反应发生而出现的物理现象。其中，PEMFC 电堆内部水热平衡极大地依赖于 PEMFC 气体流道。PEMFC 气体流道的设计对于电堆排水和散热性能至关重要，直接影响电堆的输出性能，所以在研究 PEMFC 水热传输与分布过程中，往往需要考虑相关组件结构和材料的选择。

综上所述，机理建模是对 PEMFC 内部物理和化学过程的详细描述，包括电化学反应、传热传质等过程，在特性分析、结构设计、材料优化等方面得到广泛应用，模型精度较高。不过，机理建模所用到的物理和化学方程较为复杂且难以求解，所需计算时间长、成本高，难以在系统控制设计和实时仿真中得到应用。

2）半经验模型

半经验模型是在机理特性的基础上，利用经验公式代替部分复杂机理构建而成，可以看作是完全机理建模过程的简化。当 PEMFC 内部机理难以直接建模，或者所研究问题不需要对背后机理进行详细描述时，可以采用半经验模型。半经验模型主体上是基于机理模型，它将机理模型中的一部分解析方程式用经验公式代替，并通过参数辨识的方法获得其中难以确定的参数。半经验模型方程可以用传统的数值方法（数值积分和数值微分等）求解，如果模型过于复杂，则需要借用更高级的数值求解方法。在实际应用中，如果能够用经验公式替代的部分很少，则半经验模型和经验模型差别也会很小。半经验模型能够简化部分复杂机理，同时相较于经验模型又有更高的精度。因此，半经验模型被广泛应用于 PEMFC 的水管理故障诊断和输出特性相关问题的研究。下面列出四种常见的等效电路模型。

（1）Randles 模型：Randles 模型是最常见的燃料电池等效电路模型，如图 4.1 所示，由欧姆电阻 R_m、极化电阻 R_{ct} 和双层电容 C_{dl} 组成，燃料电池阻抗可表示为

$$Z=R_m+\frac{1}{\frac{1}{R_{ct}}+j\omega C_{dl}} \tag{4.1}$$

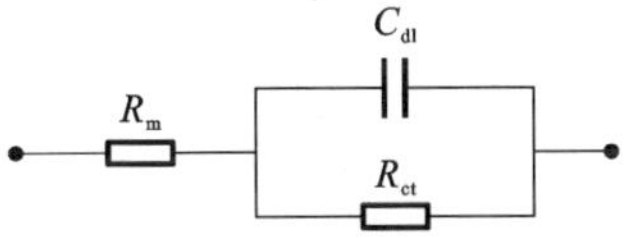

图 4.1　Randles **模型**

（2）Fouquet 模型：PEMFC 多孔电极表面粗糙，电流密度沿孔长度分布不均匀，导致 Randles 模型实际交流阻抗谱的两个半圆之间存在凹陷部分。用恒相位元件 CPE 代替 Randles 模型中的双层电容 C_{dl}，并在极化电阻支路串联表示电堆内部传质过程的 Warburg 电阻，将这种改进的 Randles 模型称为 Fouquet 模型，如图 4.2 所示。Fouquet 模型表示的燃料电池总阻抗为

$$Z=R_m+\frac{1}{(j\omega)^{\alpha}Q+\frac{1}{R_{ct}+R_d\cdot\frac{\tanh\sqrt{j\omega\tau_d}}{\sqrt{j\omega\tau_d}}}} \tag{4.2}$$

式中：$R_d=RT\sigma/(n^2F^2SCD)$，R 为理想气体常数，T 为温度，σ 为扩散层宽度，n 为电子数，F 为法拉第常数，S 为燃料电池活性面积，C 为阴极活性层氧浓度，D 为扩散系数；τ_d 为扩散相关时间常数。

(3) Ivan 模型：为了解释低频回路的起源，并将等效电路与电堆内部的反应过程相关联，提出了图 4.3 所示的 Ivan 模型。在 Ivan 模型中，R_1 为欧姆电阻；双层电容 C_2 表征电极与电解质构成的等效电容，R_2 表征氧化还原反应强度的极化电阻；由反应物扩散电阻 R_3、反应物溶解电感 L_2 和双层电容 C_1 并联的 RLC 谐振电路表示低频段的电子和质子传导过程。相比于 Fouquet 模型，Ivan 模型丰富了电堆低频段的电化学反应信息，燃料电池总阻抗可表示为

$$Z=R_1+\frac{1}{\frac{1}{R_2}+j\omega C_2}+\frac{1}{\frac{1}{R_3}+\frac{1}{j\omega L_2}+j\omega C_1} \tag{4.3}$$

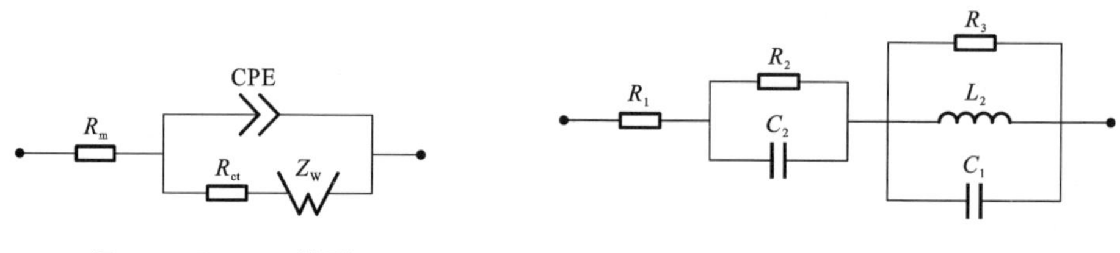

图 4.2　Fouquet 模型

图 4.3　Ivan 模型

(4) 二阶 RQ-RLC 模型：已有研究中，已经论证了低频电阻和高频电阻分别对燃料电池水淹和膜干故障敏感。为进一步分析水淹和膜干状态下燃料电池内部的传质过程，提出了二阶 RQ-RLC 模型，如图 4.4 所示。该模型在 Ivan 模型的基础上，用恒相位元件 CPE 替换双层电容 C_2，以模拟多孔电极表面分布不均匀引起的阻抗弧变形现象；而高频感应效应引起的阻抗弧与燃料电池的连接元件(如外部导线)有关，通过在欧姆电阻支路串联电感 L_m 能描述电堆在高频段的电化学反应过程。在燃料电池催化剂层结构中发生催化反应之前的物理过程表面上是反应物气体通过聚合物或水扩散到催化剂表面，实际上是电子和质子在电堆内部传导。相比于 Ivan 模型，二阶 RQ-RLC 模型能够更加全面地描述电堆内部电化学反应过程，燃料电池总阻抗可表示为

$$Z=R_m+j\omega L_m+\frac{1}{\frac{1}{R_{ct}}+Q(j\omega)^{\alpha}}+\frac{1}{\frac{1}{R_{mt}}+\frac{1}{j\omega L_{mt}}+j\omega C_{dl}} \tag{4.4}$$

式中：Z 表示燃料电池总阻抗；R_m 表示欧姆电阻；R_{ct} 表示极化电阻；R_{mt} 表示反应物扩散电阻；L_m 表示支路串联电感；L_{mt} 表示反应物溶解电感；C_{dl} 表示双层电容；Q 和

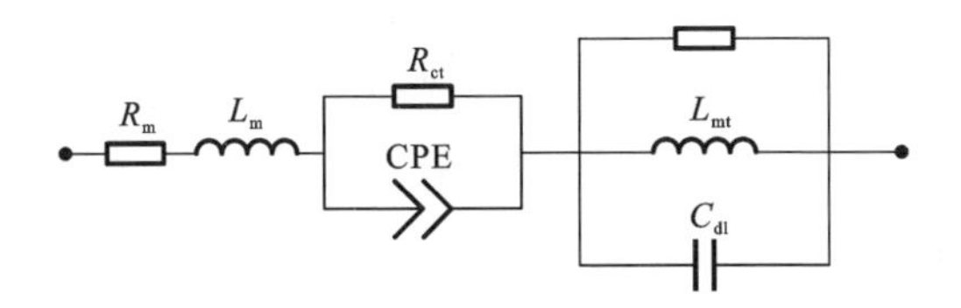

图 4.4　二阶 RQ-RLC 模型

α 表示恒相位元件 CPE。

3）经验模型

机理模型和半经验模型主要是基于机理分析构建的模型，而经验模型是基于实验数据构建的。经验模型以经验公式为主体框架，根据不同型号的 PEMFC 实验数据对相关参数进行辨识，从而建立相应的 PEMFC 经验模型。

经验模型的构建通常基于已有的实验数据和预设模型，该模型对 PEMFC 内部反应过程不做机理层面的分析。经验模型中相关参数较少，模型方程简单、容易计算，多应用于系统控制策略和实时仿真研究方面。但由于经验模型缺乏机理特性的分析，且对实际物理过程简化较多，不够精确，在用于验证新材料、新结构的有效性等问题上存在一定的局限性。

4）数据驱动模型

机理模型、半经验模型和经验模型是三大传统模型，都有明确的模型方程，而数据驱动模型是基于大量数据集所建立的，没有预设模型，是通过对已有实验数据的机器学习构造出来的、无限逼近实验数据的“黑箱”模型。常用的数据驱动 PEMFC 建模方法包括人工神经网络和模糊逻辑等算法。

因为数据驱动模型只需要通过实验数据训练而成，忽略燃料电池的内部反应机理，摆脱了物理参数的限制，故能够较好地应用于系统控制等领域。但为获得高精度模型，所需的数据量庞大且训练时间较长等也使数据驱动模型的应用具有一定的局限性。另外，实验数据的采集过程也会对电池本身产生一些不可逆的损伤，使得研究成本进一步增加。

综合考虑以上几种建模方法的优缺点，能够较为精确地反映 PEMFC 内部水传输迁移机理过程，且能通过参数辨识方法获得经验参数以降低模型计算成本的半经验模型成为 PEMFC 水管理故障诊断问题中的常见选择。

4.1.2　燃料电池等效电路模型参数不确定性评估

为了提高 PEMFC 水管理故障诊断的准确性，有必要建立能够精确反映 PEMFC 实际性能的等效电路模型。然而，由于质子交换膜燃料电池系统本身的复杂性，部分模型参数的确定也相对困难。另外，在实际燃料电池模型参数辨识过程中，往往存在许多不可控因素对辨识造成影响，机械、设备、人为、电气和环境因素都可能导致模型参数表现出高度的随机性和不确定性。设备故障或异常、环境干扰、传感器测量误差和其他因素引起的不确定性可能导致测量噪声和燃料电池电压和电流数据中的极化曲线不稳定。为了评估不确定性对燃料电池输出性能的影响，考虑不确定性量化的参数辨识方法成为解决上述问题的对策。

马尔科夫链蒙特卡洛（Markov chain Monte Carlo，MCMC）算法将马尔科夫链引入蒙特卡洛模拟中，通过模拟抽样近似求解的方式解决贝叶斯估计中的高维积分求解问题，能够为模型参数提供精确的后验分布。该方法的优势在于能够量化评估系统中噪声和干扰引起的模型参数的不确定性，对质子交换膜燃料电池模型的参数识别过程完成了优化，从而提高了所构建模型的精度。

1. 算法原理与实施流程

1）MCMC算法原理

设$\{X^{(t)},t\geqslant 0\}$是取值在$E=\{0,1,2,\cdots,N\}$上的一个随机过程，若对任意自然数n及任意n个时刻点$0\leqslant t_1<t_2<\cdots<t_n<+\infty$，均有$P\{X^{(t_n)}=i_n \mid X^{(t_1)}=i_1, X^{(t_2)}=i_2,\cdots, X^{(t_{n-1})}=i_{n-1}\}=P\{X^{(t_n)}=i_n \mid X^{(t_{n-1})}=i_{n-1}\}$，则称$\{X^{(t)},t\geqslant 0\}$为时间连续状态离散的马尔科夫过程。从定义可以看出马尔科夫过程是“无记忆性”的，t_n时刻的状态只依赖于t_{n-1}时刻的状态，与之前的状态无关。

若马尔科夫过程$\{X^{(t)},t\geqslant 0\}$满足：

$$P[X(t+\Delta t)=j \mid X(t)=i]=P[X(\Delta t)=j \mid X(0)=i]=p_{ij} \tag{4.5}$$

则称该马尔科夫过程为齐次的，p_{ij}为转移概率，表示系统从状态i出发，经过Δt时间到达状态j的转移概率。

对于由n个状态组成的状态空间，转移概率可以表示为如下矩阵形式：

$$\boldsymbol{P}(\Delta t)=\begin{bmatrix} p_{11}(\Delta t) & p_{12}(\Delta t) & \cdots & p_{1n}(\Delta t) \\ p_{21}(\Delta t) & p_{22}(\Delta t) & \cdots & p_{2n}(\Delta t) \\ \vdots & \vdots & & \vdots \\ p_{n1}(\Delta t) & p_{n2}(\Delta t) & \cdots & p_{nn}(\Delta t) \end{bmatrix} \tag{4.6}$$

该转移概率矩阵显然满足如下数量关系：

$$\begin{cases} p_{ij}(\Delta t)\geqslant 0 & i,j\in E \\ \sum_{j=1}^{n} p_{ij}(\Delta t)=1 & i,j\in E \end{cases} \tag{4.7}$$

若采样时间间隔相同，根据马尔科夫链的齐次性可以将式(4.6)简记为

$$
\boldsymbol{P}=\begin{bmatrix} p_{11} & p_{12} & \cdots & p_{1n} \\ p_{21} & p_{22} & \cdots & p_{2n} \\ \vdots & \vdots & & \vdots \\ p_{n1} & p_{n2} & \cdots & p_{nn} \end{bmatrix} \tag{4.8}
$$

可以看出，每增加一个样本，$\boldsymbol{P}$ 中最多会有一行的值发生变化。当样本数量→∞时，若再增加一个样本，转移概率矩阵 $\boldsymbol{P}$ 不再发生改变，则称该马尔科夫链收敛，此时的 $\boldsymbol{P}$ 又称为稳态分布，可以用稳态分布 $\pi(x)$ 表示。

在进行蒙特卡洛抽样时，根据收敛情况可以将抽样过程分为预抽样和正式抽样两个阶段。在马尔科夫链未达到收敛时，其状态密度分布并不符合稳态分布的阶段称为预抽样。去掉前 m 个采样值后，将剩下的采样值$\{X^{(t)}, t=m+1, m+2, \cdots, n\}$作为样本空间，才近似等于从稳态分布 $\pi(x)$ 中进行抽样，这个阶段称为正式抽样。以上两个阶段也可以称为“退火”过程，若要计算某函数 $f(x)$ 关于分布$\pi(x)$的期望，应该经过“退火”过程后，再用后面$(n-m)$个值进行估算，即

$$
E[f(x)]=\frac{1}{n-m}\sum_{t=m+1}^{n} f(X^{(t)}) \tag{4.9}
$$

2）MCMC 算法的收敛条件

对于 MCMC 算法的收敛性，可以将马尔科夫链平均分割成 k 个部分，假设每个部分都有 l 个元素，$n=lk$，根据概率统计学的原理可知

$$
\frac{\bar{f}-E[f(x)]}{\sqrt{\hat{V}(f)/n}} \sim t_{k-1} \tag{4.10}
$$

式中：$\hat{V}(f)$为 $E[f(x)]$方差的估计值。

$$
\begin{cases} \bar{f}=\dfrac{1}{k}\displaystyle\sum_{i=1}^{k}\bar{f}_i \\ \bar{f}_i=\dfrac{1}{l}\displaystyle\sum_{j=1}^{l} f(X^{[(i-1)l+j]}), \quad i=1,2,\cdots,k \end{cases} \tag{4.11}
$$

对于置信度 α，存在：

$$
|\bar{f}-E(f)|<t_{\alpha}^{k-1}\sqrt{\frac{\hat{V}(f)}{n}} \tag{4.12}
$$

当 $k-1\to\infty$，t 趋向于标准正态分布时，MCMC 算法的收敛性主要取决于估计的方差，而估计的误差可以表示为

$$
\beta=\frac{\sqrt{V[\hat{E}(f)]}}{\hat{E}(f)} \tag{4.13}
$$

式中：β 为误差系数。

从式(4.13)可以看出,在误差确定的情况下,提高计算速度的唯一方式就是减小方差。同时,误差系数 β 也是评估是否收敛的重要判据。

3) MCMC 算法的抽样方法

采用 MCMC 算法时,构造马尔科夫链转移核至关重要,目前比较常用的 MCMC 算法的抽样方法为 Metropolis-Hastings 方法。

设 $p(x)$是需要进行抽样的目标分布函数,并且 $p(x)=\widetilde{p}(x)/Z_p$,$q(x)$是建议分布。对于当前状态变量 x_t,由条件分布 $q(x|x_t)$产生候选样本 x^*。候选样本被接受作为 $t+1$ 时刻的状态概率为

$$A(\boldsymbol{x}^*,\boldsymbol{x}_t)=\min\left[1,\frac{\widetilde{p}(\boldsymbol{x})^*q(\boldsymbol{x}_t|\boldsymbol{x}^*)}{\widetilde{p}(\boldsymbol{x}_t)q(\boldsymbol{x}^*|\boldsymbol{x}_t)}\right] \tag{4.14}$$

利用 Metropolis-Hasting 算法对目标分布进行抽样,至关重要的一个环节就是建议分布 $q(x)$的选择,各种各样的 MCMC 算法主要不同点就是选择了不同的建议分布。在 Metropolis-Hasting 算法中,概率转移函数为

$$T(\boldsymbol{x}_{t+1}|\boldsymbol{x}_t)=q(\boldsymbol{x}_{t+1}|\boldsymbol{x}_t)A(\boldsymbol{x}_t,\boldsymbol{x}_{t+1}) \tag{4.15}$$

由于存在如下等式:

$$p(\boldsymbol{x})q(\boldsymbol{x}|\boldsymbol{x}')A(\boldsymbol{x}',\boldsymbol{x})=\min(p(\boldsymbol{x}')q(\boldsymbol{x}'|\boldsymbol{x}),p(\boldsymbol{x})q(\boldsymbol{x}|\boldsymbol{x}')) \tag{4.16}$$

即概率转移函数的平衡等式为

$$p(\boldsymbol{x}_t)T(\boldsymbol{x}_{t+1}|\boldsymbol{x}_t)=p(\boldsymbol{x}_{t+1})T(\boldsymbol{x}_t|\boldsymbol{x}_{t+1}) \tag{4.17}$$

所以目标概率分布 $p(x)$是 Markov 链的平稳分布。

独立抽样和 Metropolis 抽样是 MH 算法的两种特殊情况。独立抽样算法中建议分布函数与当前状态无关,即 $q(x^*|x_t)=q(x^*)$,这时接受概率函数为

$$A(\boldsymbol{x}^*,\boldsymbol{x}_t)=\min\left[1,\frac{\widetilde{p}(\boldsymbol{x})^*q(\boldsymbol{x}_t)}{\widetilde{p}(\boldsymbol{x}_t)q(\boldsymbol{x}^*)}\right] \tag{4.18}$$

在 Metropolis 抽样算法中,建议分布函数是一个对称的随机游走函数 $q(x^*|x_t)=q(x_t|x^*)$,因此,接受比例函数可表示为

$$A(\boldsymbol{x}^*,\boldsymbol{x}_t)=\min\left(1,\frac{\widetilde{p}(\boldsymbol{x})^*}{\widetilde{p}(\boldsymbol{x}_t)}\right) \tag{4.19}$$

这里给出一个基于 MCMC 算法的模型参数辨识实例,作为燃料电池等效电路模型参数不确定性评估的流程参考。根据 PEMFC 内部电化学反应过程,构建质子交换膜燃料电池的二阶 RQ-RLC 等效电路模型。通过运用 MCMC 算法完成所建立等效电路模型的参数辨识,得到各参数较为精确的概率分布区间,并对辨识结果进行验证。这种基于不确定度量化评估的燃料电池模型参数识别方法主要包括以下步骤,总体流程图如图 4.5 所示。

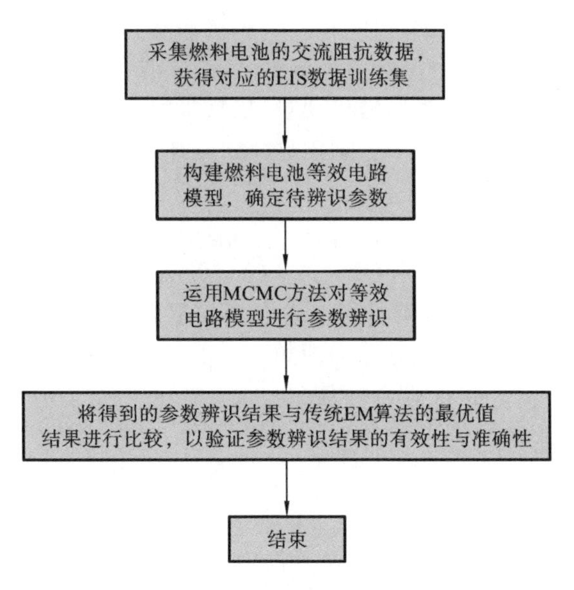

图 4.5　燃料电池模型参数辨识总体流程图

(1) 采集实际工况下燃料电池在不同频率条件下的交流阻抗数据，拟合成电化学阻抗谱(EIS)以用于模型参数辨识。

(2) 基于所建立的燃料电池等效电路模型，确定模型待辨识参数。

(3) 基于采集到的 EIS 数据，引入 MCMC 方法，针对待辨识参数的后验分布 $\pi(q|x)$，通过构建一个平稳分布为 $\pi(q|x)$ 的马尔可夫链获得样本，并基于这些样本得到所构建等效电路模型中待辨识参数较为精确的概率分布区间。

(4) 将 MCMC 方法所得到的参数辨识结果与期望最大化(expectation maximization, EM)算法的最优值结果进行比较，验证参数辨识结果的有效性与准确性。

首先构建 PEMFC 的二阶 RQ-RLC 等效电路模型，即对 PEMFC 内部的气体、质子和水热传输过程进行建模，利用能量守恒方程、传质传热方程和电化学反应方程描述相关参数对 PEMFC 输出特性的影响。二阶 RQ-RLC 等效电路模型中燃料电池总阻抗可表示为

$$Z=R_{\mathrm{m}}+\mathrm{j}\omega L_{\mathrm{m}}+\frac{1}{\dfrac{1}{R_{\mathrm{ct}}}+Q(\mathrm{j}\omega)^{\alpha}}+\frac{1}{\dfrac{1}{R_{\mathrm{mt}}}+\dfrac{1}{\mathrm{j}\omega L_{\mathrm{mt}}}+\mathrm{j}\omega C_{\mathrm{dl}}}\tag{4.20}$$

式中：Z 表示燃料电池总阻抗；R_{m} 表示欧姆电阻；R_{ct} 表示极化电阻；R_{mt} 表示反应物扩散电阻；L_{m} 表示支路串联电感；L_{mt} 表示反应物溶解电感；C_{dl} 表示双层电容；Q 和 α 表示恒相位元件 CPE。

在所建立的燃料电池等效电路模型中，由模型公式可知，模型中的待估计参数为(R_m, L_m, Q, α, R_{ct}, C_{dl}, L_{mt}, R_{mt})。将待估计的参数集合向量 $\boldsymbol{q}=(R_m, L_m, Q, \alpha, R_{ct}, C_{dl}, L_{mt}, R_{mt})^T$ 当作随机变量，根据采集到的 k 时刻与 $k-1$ 时刻 EIS 数据作为样本输入 $X_{1:k}$ 与 $X_{1:k-1}$，利用贝叶斯原理可以将待估计参数的目标后验概率密度函数表示为

$$\pi(q_k|X_{1:k})=\frac{\pi(X_k|q_k)\pi(q_k|X_{1:k-1})}{\pi(X_k|X_{1:k-1})} \tag{4.21}$$

式中：$\pi(q_k|X_{1:k-1})$为参数的先验概率密度，$\pi(X_k|q_k)$为输出数据的条件概率密度。另外，基于蒙特卡洛原理，从高维空间的目标概率密度函数 $\pi(q_k|X_{1:k})$中随机抽取 n 个样本构成样本集合，则证据概率 $\pi(X_k|X_{1:k-1})$可近似表示为

$$\pi(X_k \mid X_{1:k-1})=\int\pi(X_k \mid q_k)\pi(q_k \mid X_{1:k-1})\mathrm{d}q_k \approx \frac{1}{n}\sum_{i=1}^{N}\delta_{q^{(i)}}(q) \tag{4.22}$$

式中：$\delta_{q^{(i)}}$ 表示为定义在 $q^{(i)}$ 上的 delta-Dirac 函数。

基于哈密顿蒙特卡洛方法完成上述抽样过程。构建一个平稳分布为目标分布 $\pi(q|x)$的马尔可夫链，经过状态转移矩阵迭代计算以产生接近目标分布的新样本集，根据式(4.21)、式(4.22)，可得到模型中待估参数空间 q 的稳态分布，完成参数辨识过程。MCMC 方法的实现步骤如下，实施流程图如图 4.6 所示。

(1) 初始化待估计参数，在参数空间 $\boldsymbol{q}=(R_m, L_m, Q, \alpha, R_{ct}, C_{dl}, L_{mt}, R_{mt})^T$ 中给定参数的初始值 $q^{(0)}=(R_m, L_m, Q, \alpha, R_{ct}, C_{dl}, L_{mt}, R_{mt})^T$，其中目标分布(即参数的后验概率)可表示为 $\pi(q|x)\propto\exp(-U(q))$。

(2) 根据哈密顿原理，引入一个辅助变量 p，构造一个易模拟的正态分布 $\exp(-K(q))/Z_p$，根据正态分布采样得到初始值 $p^{(0)}$。

(3) 以 $q^{(0)}$ 和 $p^{(0)}$ 为初值，代入如下哈密顿方程计算备选值 q' 和 p'，作为马尔可夫链的候选抽样点：

$$H(q,p)=U(q)+K(p) \tag{4.23}$$

$$\begin{cases}\dfrac{\partial K(p)}{\partial p'}=\dfrac{\partial H}{\partial p'}=\dfrac{\partial q'}{\partial t}\\[2ex] -\dfrac{\partial U(q)}{\partial q'}=\dfrac{\partial H}{\partial q'}=\dfrac{\partial p'}{\partial t}\end{cases} \tag{4.24}$$

(4) 备选值 q' 和 p' 以概率 $\alpha(q', p')$被接受，接受概率计算公式可表示为

$$\alpha(q',p')=\min\left\{1,\frac{\pi(q',p'|x)}{\pi(q^{(0)},p^{(0)}|x)}\right\} \tag{4.25}$$

(5) 重复前面的步骤，完成 n 次迭代，得到关于参数空间 $\boldsymbol{q}=(R_m, L_m, Q, \alpha, R_{ct}, C_{dl}, L_{mt}, R_{mt})^T$ 的一个样本序列，从而获得待估计参数的稳态后验分布。

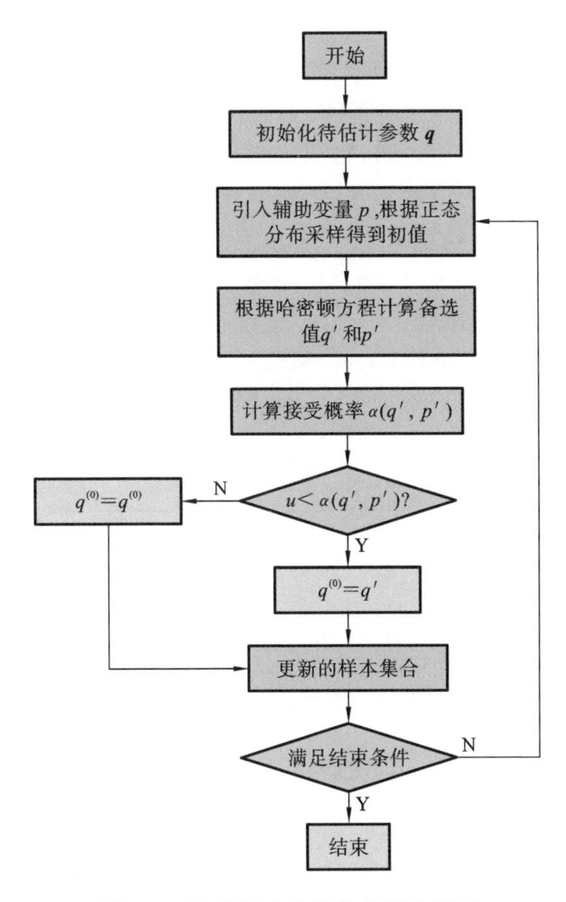

图 4.6　MCMC 方法具体实现流程图

2. 案例介绍与验证结果

选用 Avista 实验室的 PEMFC SR-12 500W 燃料电池电堆来验证基于 MCMC 的参数不确定性评估方法的效果，该电堆由 48 个串联的燃料电池组成，总功率为 500 W，在 323 K 的环境温度条件下运行。单个燃料电池的有效面积为 62.5 cm^2，电堆采用的是 Nation 质子交换膜，厚度为 25 mm；其最大电流密度为 0.86 A/cm^2，阳极和阴极进气压力范围分别为 1.0～3.0 bar 和 1.0～5.0 bar，阳极相对进气湿度（RH_a）和阴极相对进气湿度（RH_c）均为 1。

图 4.7 显示使用 MCMC 方法得到的 8 个待估计模型参数的后验分布以及 EM 算法优化的最优值结果。通过比较两种算法结果，我们可以总结出：MCMC 算法的优化结果与 EM 趋于一致，两种方法所得的参数分布的平均值误差较小，这证明了 MCMC 算法参数估计性能的可行性；另外一个值得注意的问题是，

MCMC 算法所得参数分布的方差普遍较低，往往在均值相差不大的情况下方差更低，因此可知 MCMC 算法得到的模型估计参数具有较低的不确定性。EM 算法得到的估计参数大多数处于 MCMC 获得的参数分布较高的置信区间内，但少数参数也会处于较低的置信区间，这很可能是因为 EM 算法陷入了局部最优解。另外 EM 算法也对初值的设置异常敏感，因此其估计结果带有较高的不确定性。显然，与忽略参数不确定性的传统 EM 算法相比，MCMC 算法在参数估计方面展现了更优异的性能。

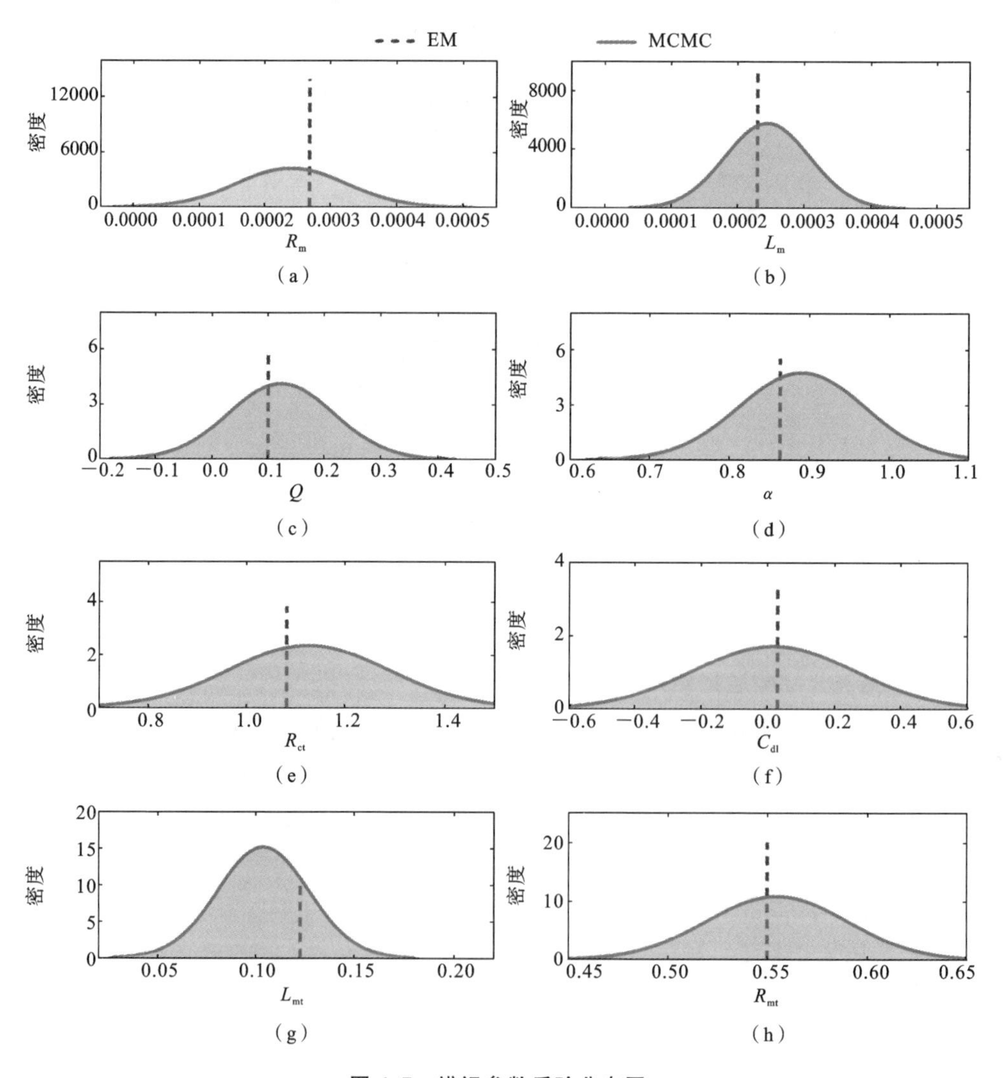

图 4.7 辨识参数后验分布图

4.2　基于 FCM 与 OB 算法的燃料电池水管理故障分类

基于模糊 C-均值(fuzzy C-means，FCM)聚类与优化贝叶斯(optimization Bayesian，OB)算法的质子交换膜燃料电池水管理故障分类主要涉及等效电路模型参数最小二乘法辨识、FCM 聚类算法和 OB 算法分类，下面对水管理故障分类所涉及的三种方法的原理进行详细介绍。

4.2.1　最小二乘法参数辨识

系统参数辨识指通过一个既定准则，用外部信息去判别系统的内部规律，从而辨识系统模型的内部参数。著名科学家高斯提出的最小二乘法(least square，LS)是一种参数估计方法，常用于动态或静态系统、线性或非线性系统的参数估计问题。LS 算法通过最小化误差进行参数估计，原理简单，广泛应用于参数辨识问题中。最小二乘法参数辨识的原理如下。

首先，使用加权误差准则函数平衡实部与虚部贡献，表达式为

$$\text{obj\_F} = \sum_{i=1}^{n} (W_{\text{Re}} * e_{\text{Re},i}^2 + W_{\text{Im}} * e_{\text{Im},i}^2) \tag{4.26}$$

其中

$$e_{\text{Re},i} = \text{Re}\{Z_{\exp}(w_i)\} - \text{Re}\{Z_{\text{mod}}(w_i)\} \tag{4.27}$$

$$e_{\text{Im},i} = \text{Im}\{Z_{\text{exq}}(w_i)\} - \text{Im}\{Z_{\text{mod}}(w_i)\} \tag{4.28}$$

式中：$e_{\text{Re},i}$表示阻抗实部误差；$e_{\text{Im},i}$表示阻抗虚部误差；W_{Re}表示实部误差权值；W_{Im}表示虚部误差权值；Re 表示实部变量；Im 表示虚部变量；$Z_{\exp}(w_i)$表示在 i 频率点下的实验测试阻抗值；$Z_{\text{mod}}(w_i)$表示在 i 频率点下的等效模型阻抗值。

选择估计值 θ_{Re}、θ_{Im}，表达式为

$$V_{\text{LS}}(\theta_{\text{Re}}) = \frac{1}{n}\sum_{i=1}^{n} W_{\text{Re}} * e_{\text{Re},i}^2 = \frac{1}{n} W_{\text{Re}} * e_{\text{Re},i}^{\text{T}} e_{\text{Re},i} \tag{4.29}$$

$$V_{\text{LS}}(\theta_{\text{Im}}) = \frac{1}{n}\sum_{i=1}^{n} W_{\text{Im}} * e_{\text{Im},i}^2 = \frac{1}{n} W_{\text{Im}} * e_{\text{Im},i}^{\text{T}} e_{\text{Im},i} \tag{4.30}$$

将加权误差准则函数最小化，式(4.29)、式(4.30)可改写为

$$V_{\text{LS}}(\theta_{\text{Re}}) = \frac{1}{n} * W_{\text{Re}} (Z_{\text{Re}} - \boldsymbol{\Phi}_{\text{Re}}\theta_{\text{Re}})^{\text{T}} (Z_{\text{Re}} - \boldsymbol{\Phi}_{\text{Re}}\theta_{\text{Re}}) \tag{4.31}$$

$$V_{\mathrm{LS}}(\theta_{\mathrm{mm}})=\frac{1}{n}*W_{\mathrm{Im}}(Z_{\mathrm{Im}}-\boldsymbol{\Phi}_{\mathrm{Im}}\theta_{\mathrm{Im}})^{\mathrm{T}}(Z_{\mathrm{Im}}-\boldsymbol{\Phi}_{\mathrm{Im}}\theta_{\mathrm{Im}}) \tag{4.32}$$

对 $V_{\mathrm{LS}}(\theta_{\mathrm{Re}})$ 求关于 θ_{Re} 的一次导数，令其等于 0，得

$$\left.\frac{\partial V_{\mathrm{LS}}(\theta_{\mathrm{Re}})}{\partial\theta_{\mathrm{Re}}}\right|_{\theta_{\mathrm{Re}}=\hat{\theta}_{\mathrm{Re}}}=\frac{1}{n}*W_{\mathrm{Re}}(-2\boldsymbol{\Phi}_{\mathrm{Re}}^{\mathrm{T}}Z_{\mathrm{Re}}+2\boldsymbol{\Phi}_{\mathrm{Re}}^{\mathrm{T}}\boldsymbol{\Phi}_{\mathrm{Re}}\hat{\theta}_{\mathrm{Re}})=0 \tag{4.33}$$

对 $V_{\mathrm{LS}}(\theta_{\mathrm{Im}})$ 求关于 θ_{Im} 的一次导数，令其等于 0，得

$$\left.\frac{\partial V_{\mathrm{LS}}(\theta_{\mathrm{Im}})}{\partial\theta_{\mathrm{Im}}}\right|_{\theta_{\mathrm{Im}}=\hat{\theta}_{\mathrm{Im}}}=\frac{1}{n}*W_{\mathrm{Im}}(-2\boldsymbol{\Phi}_{\mathrm{Im}}^{\mathrm{T}}Z_{\mathrm{Im}}+2\boldsymbol{\Phi}_{\mathrm{Im}}^{\mathrm{T}}\boldsymbol{\Phi}_{\mathrm{Im}}\hat{\theta}_{\mathrm{Im}})=0 \tag{4.34}$$

由此可得

$$\begin{cases}\boldsymbol{\Phi}_{\mathrm{Re}}^{\mathrm{T}}\boldsymbol{\Phi}_{\mathrm{Re}}\hat{\theta}_{\mathrm{Re}}=\boldsymbol{\Phi}_{\mathrm{Re}}^{\mathrm{T}}Z_{\mathrm{Re}}\\ \boldsymbol{\Phi}_{\mathrm{Im}}^{\mathrm{T}}\boldsymbol{\Phi}_{\mathrm{Im}}\hat{\theta}_{\mathrm{Im}}=\boldsymbol{\Phi}_{\mathrm{Im}}^{\mathrm{T}}Z_{\mathrm{Im}}\end{cases} \tag{4.35}$$

式中：Z_{Re} 表示实验测试的实部阻抗值；Z_{Im} 表示实验测试的虚部阻抗值；$\boldsymbol{\Phi}_{\mathrm{Re}}$ 表示 i 个频率点等效模型阻抗值实部矩阵；$\boldsymbol{\Phi}_{\mathrm{Im}}$ 表示为 i 个频率点等效模型阻抗值虚部矩阵。

4.2.2 FCM 聚类算法

在将实测数据送入 FCM 算法聚类之前，需要对所有数据做归一化处理：

$$y_i=\frac{x_i-x_{\min}}{x_{\max}-x_{\min}} \tag{4.36}$$

式中：x_i 为选取的诊断变量；y_i 为归一化后的变量；$i=1,2,\cdots,N$，N 为数据长度。

模糊 C-均值聚类算法是一种数据聚类方法。如式(4.36)所示，算法把 n 个向量分为 c 组，求每组的聚类中心 C_i，使非相似性(或距离)指标的目标函数进行最小化迭代运算，从而确定样本分类。计算每一个数据对聚类中心的隶属程度。c 是聚类个数；n 是样本个数；m 为模糊化程度，默认值为 2。U 是隶属度矩阵，C_i 是聚类中心。假设数据集为 $x=(x_1, x_2, \cdots, x_n)$，样本 x_j 与聚类中心 $C_i(i=1,2,\cdots,c;j=1,2,\cdots,n)$ 的隶属度为 u_{ij}，则目标函数 J 及其约束条件为

$$\begin{cases}\min J_{\mathrm{FCM}}(U,C_i)=\sum_{i=1}^{c}\sum_{j=1}^{n}u_{ij}^{m}\parallel x_j-C_i\parallel^2\\ \text{s.t.}\ \sum_{i=1}^{c}u_{ij}=1,u_{ij}=[0,1]\end{cases} \tag{4.37}$$

式中：$\parallel x_j-C_i\parallel^2$ 表示样本 x_j 到聚类中心 C_i 的欧氏距离。

4.2.3 优化贝叶斯算法分类

传统分类方法流程图如图 4.8 所示，传统分类方法首先会对原始数据进行预

处理，然后选取特征值作为分类模型的诊断依据，计算特征值的贡献率后进行特征降维，最终使用分类模型得出所属故障类型。

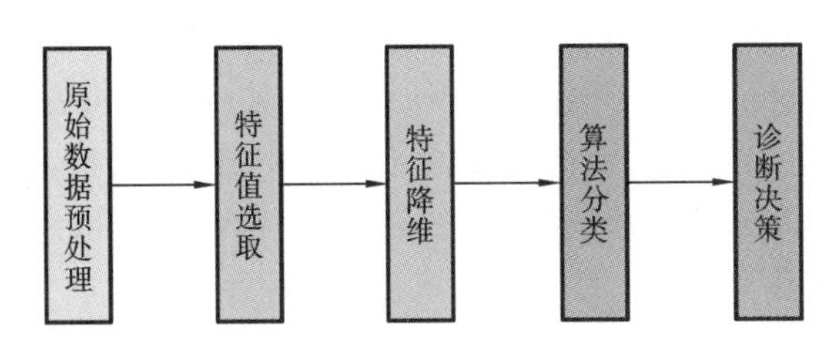

图 4.8　传统分类方法流程图

经典贝叶斯分类算法需要利用贝叶斯公式计算先验概率和后验概率，选择最大后验概率作为分类结果。当属性是离散型时，统计样本出现次数作为类的先验概率。用 X 表示自变量合集，用 C 表示待测数据类别。N 表示条件属性，m 代表样本数，$X=[X_1,\ X_2,X_n]$，用 $t=[x_1,\ x_2,\cdots,x_n,\ c_l]$ 表示训练样本，用 $a=[\ x_1,\ x_2,\cdots,x_n]$ 表示测试样本，则数据类型 c_j 的条件概率可以写为

$$P(x_1,x_2,\cdots,x_n|c_j)=\prod_{i=1}^{n}P(x_i\mid c_j) \tag{4.38}$$

可以得出样本 a 归于 c_j 的后验概率为

$$P(c_j\mid x_1,x_2,\cdots,x_n)=\frac{P(c_j)\prod_{i=1}^{n}P(x_i\mid c_j)}{P(x_1,x_2,\cdots,x_n)} \tag{4.39}$$

式中：$\prod P(x_i\mid c_j)$ 为数据类型 c_j 的条件概率；$P(c_j)$ 计算结果为研究对象数据类型 c_j 的先验概率；$P(x_1,\ x_2,\ \cdots,\ x_n)$ 为$(x_1,\ x_2,\ \cdots,\ x_n)$ 的先验概率。

根据式(4.38)计算出测试样本归于各个数据类型 C_i 的后验概率，选择众多后验概率中数值最高的作为最终分类结果。这里研究对象属性为连续型变量，通常采用优化贝叶斯算法进行分类。优化贝叶斯算法是一种基于模型的序贯优化方法，运行目标函数评估就可以获取最优解，侧重于减少评估代价，中间涉及概率代理模型和采集函数的选取，是一种有效的全局优化方法。贝叶斯优化的目的是在一定范围内，求一个函数的最大值或最小值：

$$x^*=\mathrm{argmax}f(x) \tag{4.40}$$

式中：f 为由概率代理模型拟合的目标函数。贝叶斯优化通过从 f 获取的信息，有效找到下一个评估位置，从而迅速找到最优解。优化贝叶斯算法从以下两点进行优化改进：一是使用概率模型替换冗长的目标函数；二是利用代理模型的后验信息构造采集函数。优化贝叶斯算法用高斯分布表示连续属性的类条件概率分布，高

斯过程是一种观测值出现在一个连续域的统计随机过程，是一系列服从正态分布的随机变量的联合分布，且该联合分布服从多元高斯分布。核函数是高斯过程的核心概念，决定了一个高斯过程的基本性质。在高斯过程中，核函数会产生一个协方差矩阵，协方差矩阵用于计算随机两点距离，同时捕捉不同输入点之间的位置关系，将这种位置关系映射至后续的样本高维空间中，用于预测新的未知数据的值。常用的核函数包括高斯核函数（径向基核函数）、常数核函数、线性核函数、Matern核函数和周期核函数等。

高斯核函数形式为

$$K(x_i, x_j) = \sigma^2 \exp\left(-\frac{\| x_i - x_j \|_2^2}{2l^2}\right) \tag{4.41}$$

优化贝叶斯算法需求取目标函数取最大值时的参数值，因此，作为一个序列优化问题，贝叶斯优化需要在每一次迭代时选取一个最佳观测值。高斯分布需计算出样本数据的两个参数，均值 μ 和方差 σ^2，对每个类 y_i，其属性 x_i 的类条件概率等于

$$P(X_i = x_i \mid Y_i = y_i) = \frac{1}{\sqrt{2\pi\sigma_{ij}^2}} \mathrm{e}^{-\frac{(x_i - \mu_{ij})^2}{2\sigma_i^2}} \tag{4.42}$$

均值 μ 可以反映数据集中趋势，方差 σ^2 可以衡量随机变量的离散程度，最终算出的概率 P 值作为最终的分类结果。

4.2.4 基于 FCM 与 OB 算法的水管理故障分类实例

这里提供一个基于 FCM 与 OB 算法的燃料电池水管理故障分类的实施案例，作为该故障诊断方法实现流程的参考。

1. 实验故障数据采集

选择一个活化面积为 150 cm^2 的六单池组件，燃料电池直接与负载相连，在直流电流上叠加一个交流扰动函数，频率范围在 0.1 Hz～1 kHz 变化。通过改变 PEMFC 系统进口气体的相对湿度，在线触发燃料电池水淹和膜干故障。

2. 故障分类流程

故障分类总体流程图如图 4.9 所示。分析燃料电池等效电路模型中可以用于故障诊断的诊断变量，选取与正常含水量相比区分度最高的阻抗参数作为特征值。选择含 CPE 的 Randles 等效电路模型，使用最小二乘法对不同故障状态下的 EIS 数据进行参数辨识，得到 Randles 等效电路模型的参数。

3. 参数辨识

使用 EIS 的阻抗实部、虚部、频率作为最小二乘法的输入，输出为等效电路模

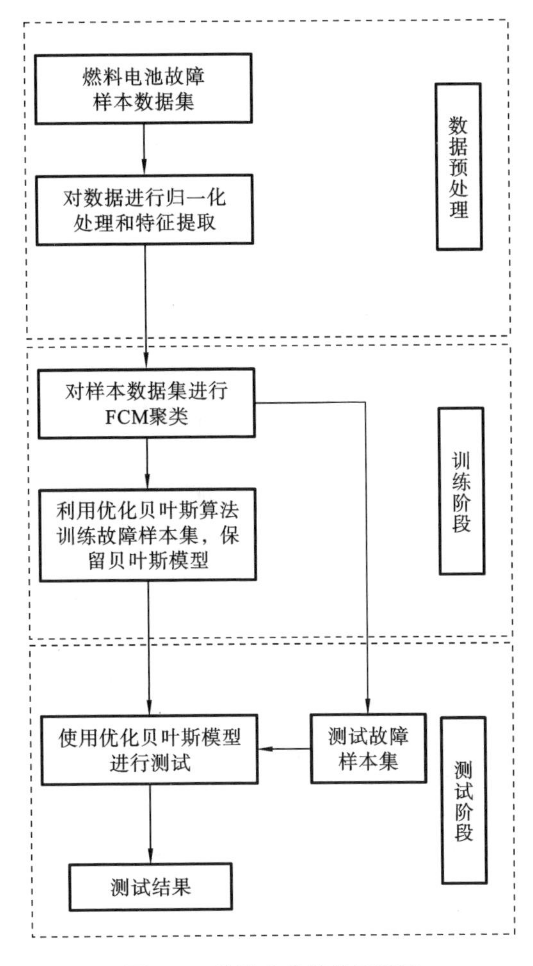

图 4.9　故障分类总体流程图

型的参数，选取 R_m、R_p 和 R_d 这三个变化明显的模型参数作为故障诊断的特征向量数据集。首先对数据做归一化处理，将预处理后的数据送入 FCM 聚类中，剔除部分奇异数据后作为故障样本集。将故障样本集按一定比例分为训练集和测试集，把训练样本送入优化贝叶斯模型中进行训练学习，输出精度高的优化贝叶斯分类模型。最后将测试样本送入模型进行最终分类，得出最终的故障分类结果。

4. FCM 聚类结果

表 4.1 为 FCM 参数缺省值设置，为提高准确度，在使用优化贝叶斯算法进行故障分类前对原始数据进行初步聚类，剔除隶属度不足的样本点，将筛选出的非奇异数据作为优化贝叶斯模型的数据集。

表 4.1 FCM 参数缺省值设置

参数名称	缺省值
隶属度矩阵指数	2.0
最大迭代次数	97.85
隶属度最小变化量(收敛精度)	1e-6
迭代是否输出信息标志	1

PEMFC 阻抗数据在 FCM 算法中的隶属度矩阵值如图 4.10 所示，从质子交换膜燃料电池三类阻抗数据在 FCM 算法中的隶属度矩阵值中可以看出，不同类型阻抗隶属度矩阵数据具有明显的区分度，剔除隶属度不足的样本点，划分类别，使得样本数据分类更为精确。

FCM 算法的迭代次数及目标函数变化值如图 4.11 所示。从图 4.11 中可以看出，FCM 算法迭代了 7 次左右，目标函数开始收敛，继续迭代下去，隶属程度没有发生较大的变化，即认为隶属度不变，已经达到局部最优状态。因此可以选择等效电路中的 R_m、R_p 和 R_d 这三类阻抗参数作为质子交换膜燃料电池故障诊断的特征向量。

5. 水管理故障分类结果

经过 FCM 聚类后剔除 10 个异常样本，数据集共 200 组样本，按照 3∶7 的比例分为训练集和测试集，训练集共 60 组样本用于上述优化贝叶斯分类训练模型。图 4.12 显示的是训练集 60 组数据样本的三维分布图，图 4.13 所示为训练集数据应用优化贝叶斯算法的分类结果，其中，分类类别“1”“2”“3”分别代表燃料电池正常、膜干、水淹三种状态。

如图 4.13 所示，所使用的优化贝叶斯算法可以得到每一组数据的分类结果，其中 2 组样本数据诊断值与实际值不符，训练集判别结果准确率为 96.67%，燃料电池正常状态下的数据诊断正确率为 100%。

图 4.14 显示的是测试集 140 组数据样本的三维分布图，图 4.15 所示为测试集数据应用优化贝叶斯算法的分类结果，其中共 3 组样本数据诊断值与实际值不符，通过计算，优化贝叶斯分类模型对燃料电池三种状态的判别结果准确率为 97.86%，其中，燃料电池正常状态下的数据诊断正确率同样为 100%。

为验证此方法分类结果的准确性和优势，这里分别采用支持向量机(support vector machine, SVM)算法和 K-最邻近分类(K-nearest neighbor, KNN)算法这两种传统机器学习方法与之进行对比。

支持向量机算法在样本空间求取一个最佳分类超平面，使得超平面中不同样

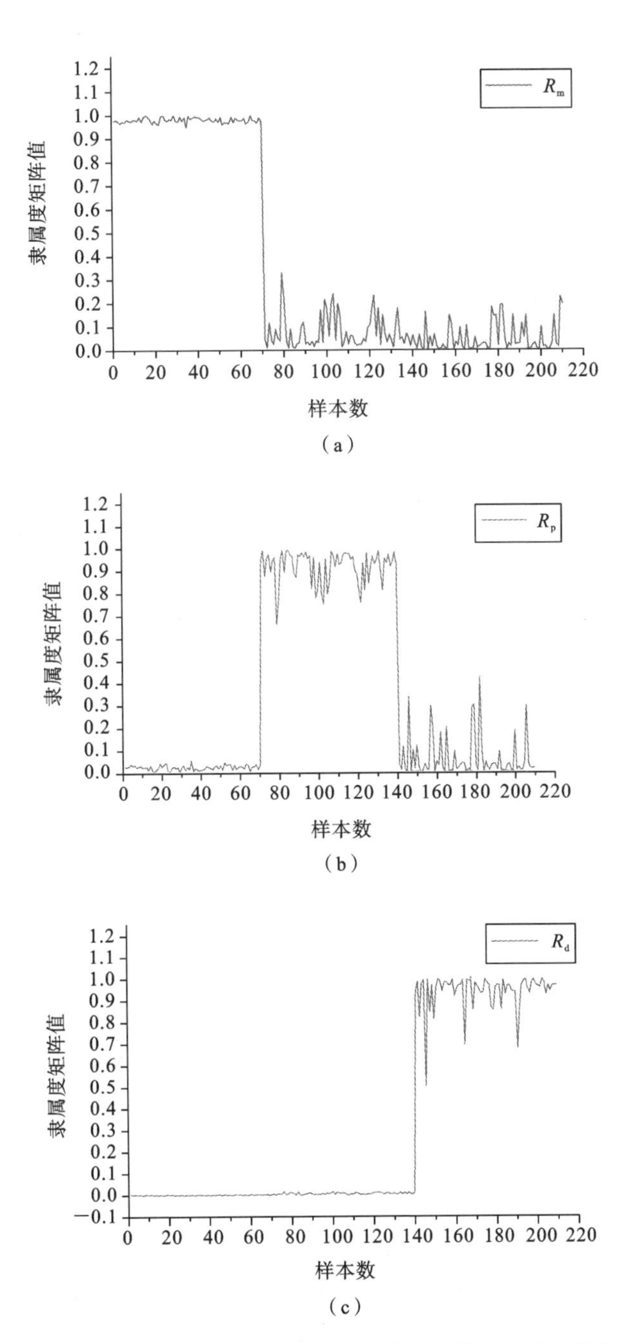

图 4.10　PEMFC 阻抗数据在 FCM 算法中的隶属度矩阵值

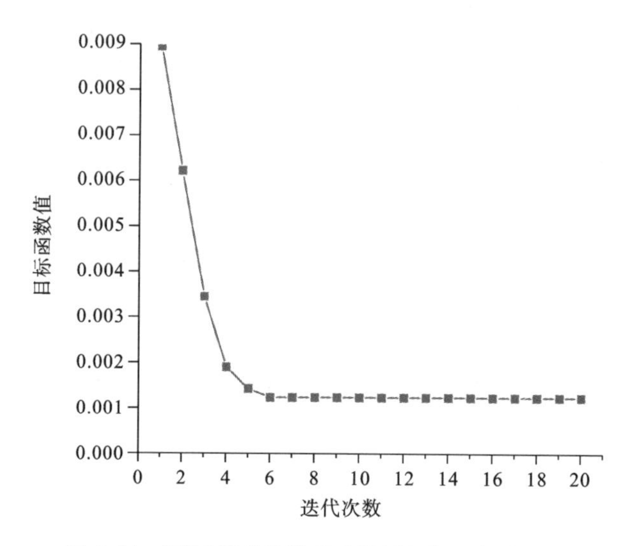

图 4.11　FCM 算法的迭代次数及目标函数变化值

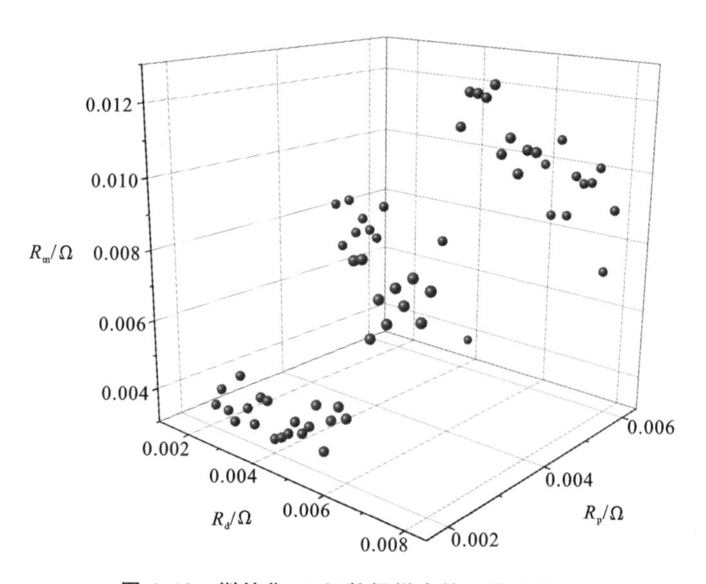

图 4.12　训练集 60 组数据样本的三维分布图

本之间的距离最大，以此实现最优分类性能。SVM 多分类方法的思想之一是直接求解法，即构建多分类模型求解多分类问题。间接求解法指的是将多分类问题拆分成多个二分类问题，再利用二分类模型进行求解。SVM 算法采用一对一多分类策略，一对一分类法对于 N 类样本构建 $N(N-1)/2$ 个二分类模型，构建完分类模型后判定待测样本的类别。SVM 算法核函数选择 RBF 核函数，泛化能力强，训练

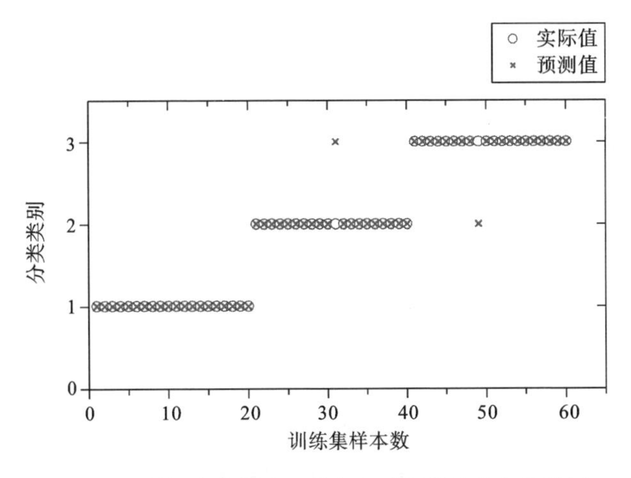

图 4.13　训练集数据应用优化贝叶斯算法的分类结果

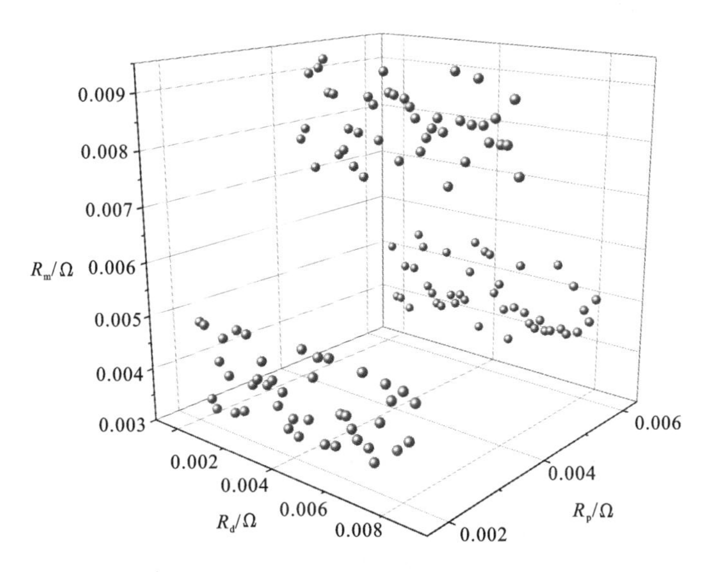

图 4.14　测试集 140 组数据样本的三维分布图

速度快,应用最为广泛。

应用 SVM 算法对训练集 60 组数据进行分类,分类结果如图 4.16 所示,共 7 组数据预测结果与实际结果不符,分类准确率达 88.33%。应用 SVM 算法对测试集 140 组数据进行分类,分类结果如图 4.17 所示,共 15 组数据预测结果与实际结果不符,分类准确率达 89.29%。

KNN 算法以已知类别样本的位置作为目标依据,在区域中计算每个待测样本与目标样本的距离,选取与未知样本距离最近的 K 个样本,利用少数服从多数原

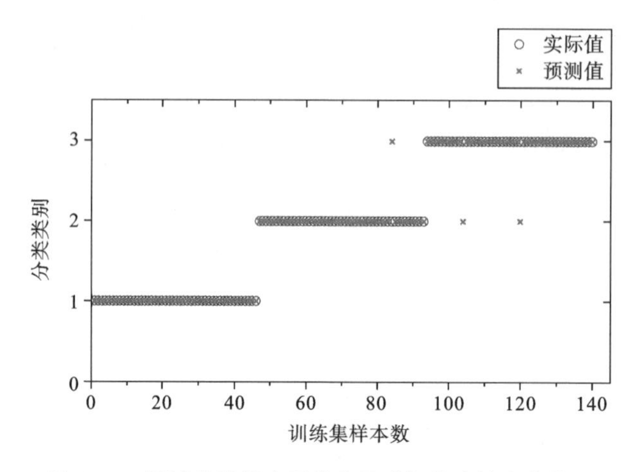

图 4.15 测试集数据应用优化贝叶斯算法的分类结果

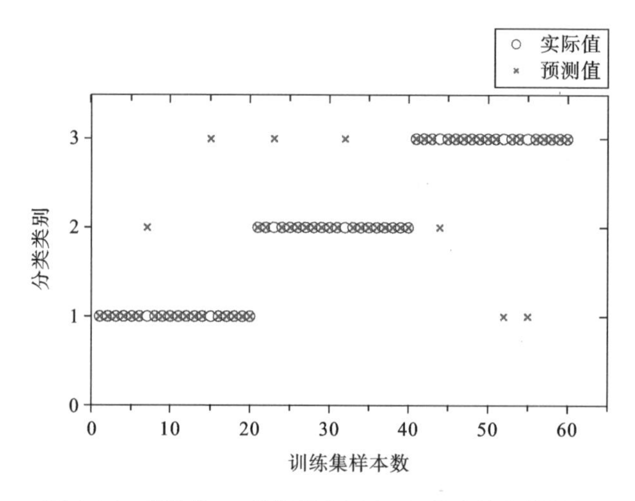

图 4.16 训练集 60 组数据应用 SVM 算法的分类结果

则，将待测未知样本与 K 个最邻近样本逐一对比，将所属类别占最多的自动归为一类。KNN 算法需要一个距离函数以计算两个样本之间的距离，通常使用的距离有曼哈顿距离、欧氏距离等。本书利用欧氏距离计算样本间距，并通过网格搜索方法对邻近值寻优之后进行故障诊断。图 4.18 为训练集 60 组数据应用 KNN 算法的分类结果，共 4 组数据预测结果与实际结果不符，分类准确率为 93.33%。图 4.19 为测试集 140 组数据应用 KNN 算法的分类结果，共 10 组数据预测结果与实际结果不符，分类准确率为 92.86%。

三类数据样本应用不同算法的诊断率对比图如图 4.20 所示，为了说明优化贝叶斯算法的优越诊断性，列出了测试三类数据样本分别应用不同算法的诊断率

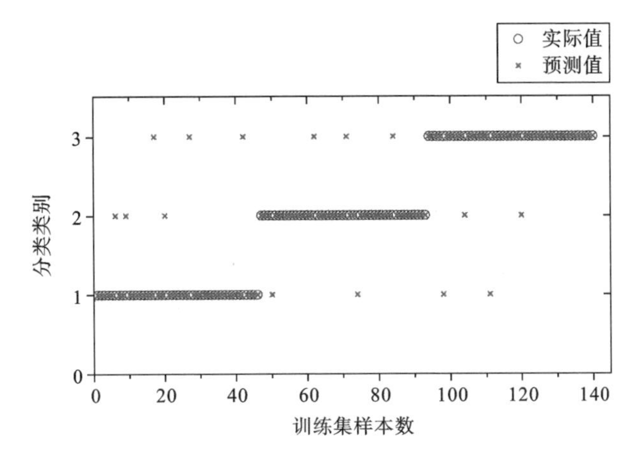

图 4.17　测试集 140 组数据应用 SVM 算法的分类结果

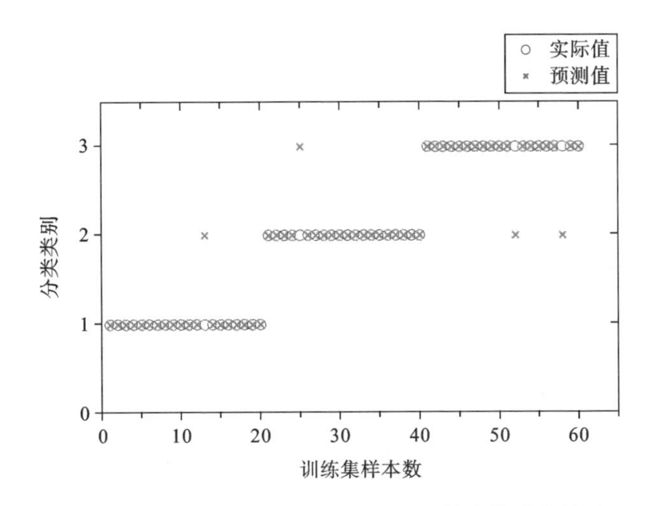

图 4.18　训练集 60 组数据应用 KNN 算法的分类结果

对比，在 46 组正常数据样本中，SVM 算法存在 6 组数据诊断结果与实际结果不符，诊断率为 86.96%；KNN 算法存在 4 组数据诊断结果与实际结果不符，诊断率为 91.30%；OB 算法对于正常数据的分类结果全部正确，诊断率为 100%；OB 算法的诊断正确率比 SVM 算法和 KNN 算法分别增长了 13.04%和 8.7%。在 46 组膜干数据样本中，SVM 算法存在 5 组数据诊断结果与实际结果不符，诊断率为 89.13%；KNN 算法存在 3 组数据诊断结果与实际结果不符，诊断率为 93.48%；OB 算法存在 1 组数据诊断结果与实际结果不符，诊断率为 97.82%；OB 算法的诊断正确率比 SVM 算法和 KNN 算法分别增长了 8.96%和 4.34%。在 48 组水淹数据样本中，SVM 算法存在 4 组数据诊断结果与实际结果不符，诊断率为

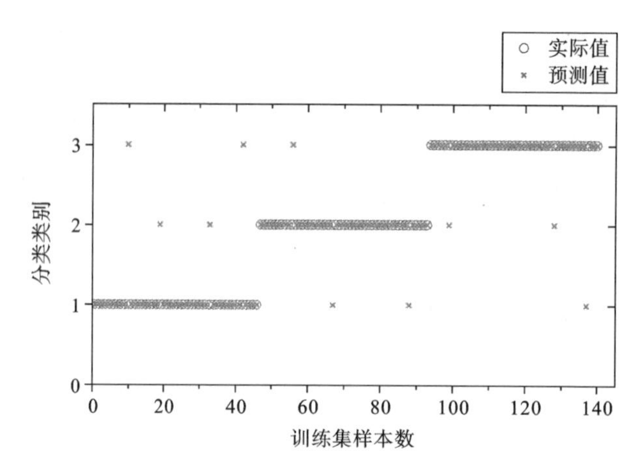

图 4.19　测试集 140 组数据应用 KNN 算法的分类结果

91.67%；KNN 算法存在 3 组数据诊断结果与实际结果不符，诊断率为 93.75%；OB 算法存在 2 组数据诊断结果与实际结果不符，诊断率为 95.83%；OB 算法的诊断正确率比 SVM 算法和 KNN 算法分别增长了 4.14%和 2.08%。

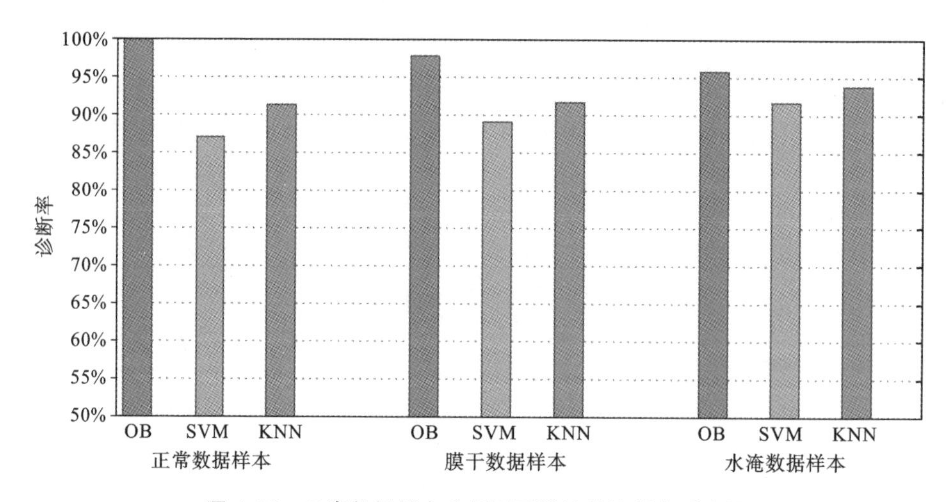

图 4.20　三类数据样本应用不同算法的诊断率对比图

表 4.2 和图 4.21 为 3 种方法的对比结果，FCM 和 OB 算法的训练集诊断正确率相较于 SVM 算法提高了 8.34%，相较于 KNN 算法提高了 3.34%。FCM 和 OB 算法的测试集诊断正确率相较于 SVM 算法提高了 8.57%，相较于 KNN 算法提高了 5%。结果显示 FCM 和 OB 算法的分类方法对燃料电池故障的分类准确率要高于传统 SVM 算法和 KNN 算法，且该算法计算复杂度较低，易于进一步扩展、优化，为燃料电池水管理故障诊断提供思路。

表 4.2 对比结果

故障诊断算法	训练集诊断正确率/%	测试集诊断正确率/%
SVM 算法	88.33	89.29
KNN 算法	93.33	92.86
FCM 和 OB 算法	96.67	97.86

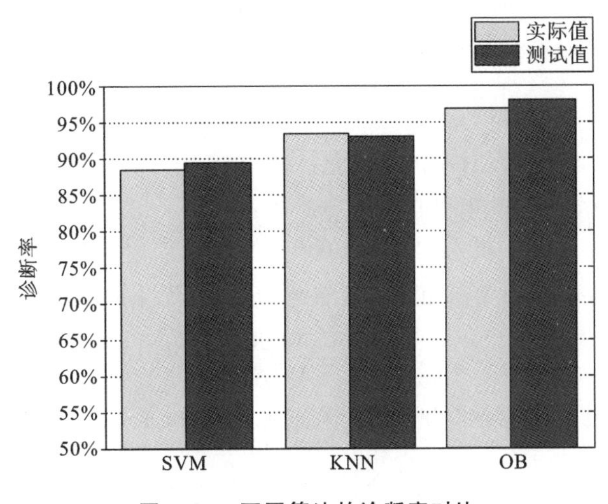

图 4.21 不同算法的诊断率对比

4.3 基于自适应差分算法优化支持向量机的水管理故障诊断

基于 4.1 节提出的二阶 RQ-RLC 等效电路模型和 MCMC 参数估计算法，本节提供一种基于自适应差分进化算法优化支持向量机（ADE-SVM）的 PEMFC 水管理故障诊断方案，该方法将线性判别分析（linear discriminant analysis, LDA）和自适应差分进化优化支持向量机算法结合，并应用于 PEMFC 水管理故障诊断。

4.3.1 数据降维方法

线性判别分析方法是一种经典的有监督数据降维的方法，将带标签的高维数据映射到维度更低的空间，使得映射空间中相同类别的数据更加接近，而不同类别的数据更加远离。用于水故障诊断的原始数据集维度较高，故需要 LDA 方法对高维数据集进行降维，减少特征量之间的冗余信息，得到故障诊断特征样本集。LDA 数据降维原理如下所述。

设 $\boldsymbol{\mu}_j$ 为第 $j(j=1, 2, \cdots, k)$类数据样本的均值向量，可定义为

$$\boldsymbol{\mu}_j = \frac{1}{N_j}\sum_{x\in X_j} x \tag{4.43}$$

式中：$k(k=3)$为样本数据类型个数，分别代表不同标签的数据类型；N_j表示第 j 类样本的个数；X_j表示第 j 个样本的集合。$\boldsymbol{R}_j$表示类样本的协方差矩阵，定义为

$$\boldsymbol{R}_j = \sum_{x\in X_j}(x-\boldsymbol{\mu}_j)(x-\boldsymbol{\mu}_j)^{\mathrm{T}} \tag{4.44}$$

若投影空间维数为 q，对应的基向量$[w_1, w_2, \cdots, w_q]$组成投影矩阵 $\boldsymbol{W}$，使得原始高维故障数据集 X 映射到低维数据集 Y：

$$Y' = \boldsymbol{W}^{\mathrm{T}} \cdot X \tag{4.45}$$

为了使得投影后类内距离最小、类间距离最大，优化准则函数可定义为

$$\underset{W}{\operatorname{argmax}} \frac{\boldsymbol{W}^{\mathrm{T}}\boldsymbol{S}_{\mathrm{b}}\boldsymbol{W}}{\boldsymbol{W}^{\mathrm{T}}\boldsymbol{S}_{\mathrm{w}}\boldsymbol{W}} \tag{4.46}$$

式中：$\boldsymbol{S}_{\mathrm{w}}$ 为类内散射矩阵；$\boldsymbol{S}_{\mathrm{b}}$ 为类间散射矩阵。$\boldsymbol{S}_{\mathrm{w}}$ 和 $\boldsymbol{S}_{\mathrm{b}}$ 分别表示为

$$\boldsymbol{S}_{\mathrm{w}} = \sum_{j=1}^{k}\sum_{x\in X_j}(x-\boldsymbol{\mu}_j)(x-\boldsymbol{\mu}_j)^{\mathrm{T}} \tag{4.47}$$

$$\boldsymbol{S}_{\mathrm{b}} = \sum_{j=1}^{k} N_j(\boldsymbol{\mu}_j-\boldsymbol{\mu})(\boldsymbol{\mu}_j-\boldsymbol{\mu})^{\mathrm{T}} \tag{4.48}$$

式中：$\boldsymbol{\mu}$ 表示所有样本的平均向量。

为便于计算，将式(4.46)处准则函数转为标量：

$$J(W) = \prod_{i=1}^{q}\frac{w_i^{\mathrm{T}}S_{\mathrm{b}}w_i}{w_i^{\mathrm{T}}S_{\mathrm{w}}w_i} \tag{4.49}$$

转化为标量后的目标函数可被视为广义 Rayleigh 商，因此 $J(W)$最大值是矩阵 $\boldsymbol{S}_{\mathrm{w}}^{-1}\boldsymbol{S}_{\mathrm{b}}$ 的前 q 个最大特征值的乘积。

4.3.2 水管理故障分类算法

1. 支持向量机

支持向量机(support vector machine，SVM)是一种监督学习算法，可用于分类或回归任务。支持向量机的主要思想是找到一个超平面，从而最大限度地分离训练数据中不同类别的特征样本。为实现精准分类，可以通过找到具有最大裕度的超平面实现，裕度定义为超平面与每个类中最近的数据点之间的距离。一旦确

定了超平面，就可以通过确定数据落在超平面的哪一侧来对新数据进行分类。

对于 n 维样本集 $D=\{(x_1,y_1),(x_2,y_2),\cdots,(x_m,y_m)\}$，其中 x_i 是 n 维样本输入量（$x_i=(x_{i1},x_{i2},\cdots,x_{in})$），$y_i$ 为 x_i 对应的输出量，$y_i\in\mathbf{R}$。支持向量机最基本的思想就是在样本集空间中找到一个分界面，使得样本集数据点划分为两种不同的类型。

超平面可以用下式表示：

$$\boldsymbol{\omega}^{\mathrm{T}}x+b=0 \tag{4.50}$$

式中：$\boldsymbol{\omega}$ 为与超平面垂直的列向量。

实际过程中，会存在一些点，这些点不可能完美地被分类。我们引入惩罚因子 C 与松弛变量 ξ_i 和 ξ_i^*，对这些异类的点放宽要求，最优化问题为

$$\min\frac{1}{2}\boldsymbol{\omega}^{\mathrm{T}}\boldsymbol{\omega}+C\sum_i(\xi_i+\xi_i^*) \tag{4.51}$$

$$\text{s.t.}\begin{cases}y_i-\boldsymbol{\omega}^{\mathrm{T}}x_i-b\leqslant\varepsilon+\xi_i\\ y_i-\boldsymbol{\omega}^{\mathrm{T}}x_i-b\geqslant-\varepsilon-\xi_i^*\end{cases}\quad \xi_i>0,\xi_i^*>0 \tag{4.52}$$

式中：ε 为不敏感损失函数，用来刻画经验误差。

同样引入拉格朗日因子 α_i、α_i^*、μ_i、μ_i^*，把不等式约束优化转化为凸优化：

$$\begin{aligned}L_{\mathrm{P}}=&\frac{1}{2}\|\boldsymbol{\omega}\|^2+C\sum_{i=1}^{l}(\xi_i+\xi_i^*)-\sum_{i=1}^{l}\alpha_i(\boldsymbol{\omega}\cdot x_i+b-y_i+\varepsilon+\xi_i)\\&-\sum_{i=1}^{l}\alpha_i^*(-\boldsymbol{\omega}\cdot x_i-b+y_i+\varepsilon+\xi_i)-\sum_{i=1}^{l}(\mu_i\xi_i+\mu_i^*\xi_i^*)\end{aligned} \tag{4.53}$$

式(4.53)分别对 ω、b、ξ_i 和 ξ_i^* 求偏导，得到

$$L_{\mathrm{P}}=\sum_{i=1}^{l}(\alpha_i-\alpha_i^*)y_i-\sum_{i=1}^{l}(\alpha_i-\alpha_i^*)\varepsilon-\frac{1}{2}\sum_{i=1}^{l}\sum_{j=1}^{l}(\alpha_i-\alpha_i^*)(\alpha_j-\alpha_j^*)x_ix_j \tag{4.54}$$

式中：$\sum_{i=1}^{l}(\alpha_i-\alpha_i^*)=0,0\leqslant\alpha_i\leqslant C,0\leqslant\alpha_i^*\leqslant C$。

最终得到数据点的决策函数：

$$g(x)=\sum_{i=1}^{l}(\alpha_i-\alpha_i^*)x_i\cdot x+\frac{1}{N_S}\sum_{s\in S}\left(y_s-\sum_{m\in S}\alpha_m y_m x_m\cdot x_s\right) \tag{4.55}$$

2. 径向基核函数

核函数能够将数据从低维空间映射到高维空间，实现对非线性数据的最优分类。然而，这种数据转换的计算复杂度较高，每次映射可能会产生新的维度，每个维度都涉及繁重的计算工作量。因此，找到一种高效的核函数对提高支持向量机的分类精度至关重要。现有的核函数有线性核函数、多项式核函数、sigmoid 核函

数和径向基核函数等。

线性核函数在计算速度上具有较大优势，但由于只涉及计算输入特征之间的线性组合运算，因此这种核函数对非线性决策边界的建模能力有限，在处理更高维、更复杂的数据集时表现出极大的局限性。多项式核函数可以将线性不可分离的数据转化为高维空间中的线性可分离数据，这有助于 SVM 创建非线性决策边界。多项式核函数的性能对多项式函数阶数较为敏感，高阶多项式可能会带来极大的计算成本，甚至导致过度拟合，而低阶多项式可能无法捕捉到数据中的潜在模式。sigmoid 核函数在非线性可分离的数据上表现良好，并且由于较高的计算效率，这使得它适合于很多大数据集。然而，sigmoid 核函数的性能对其超参数的值异常敏感，超参数选择不正确，SVM 的性能就会受到影响。径向基核函数是支持向量机分类和回归任务的有力工具，特别适用于输入数据变量之间有非线性关系的情况。相比其他核函数，径向基核函数不要求用户在偏差和方差之间做出权衡。这意味着当数据具有高度变异性时，径向基核函数是一个较好的选择。

对于两个特征样本的径向基核，可表示为输入空间的特征向量：

$$K(\boldsymbol{x}_i,\boldsymbol{x}_j)=\exp\left(-\frac{\|\boldsymbol{x}_i-\boldsymbol{x}_j\|_2^2}{2\sigma^2}\right) \tag{4.56}$$

式中：$\|\boldsymbol{x}_i-\boldsymbol{x}_j\|_2^2$ 为两个特征向量之间的平方欧氏距离，σ 为自由参数。为简化公式，令 $\gamma=1/(2\sigma^2)$。

径向基核函数的值随距离的增大而减小，并且介于 0 和 1 之间。核特征空间有无穷多维，当 $\sigma=1$ 时，展开式为

$$\begin{aligned}K(\boldsymbol{x}_i,\boldsymbol{x}_j)&=\exp\left(-\frac{1}{2}\left\|\boldsymbol{x}_i-\boldsymbol{x}_j\right\|_2^2\right)\\&=\sum_{k=0}^{\infty}\frac{(\boldsymbol{x}_i^{\mathrm{T}}\boldsymbol{x}_j)^k}{k!}\exp\left(-\frac{1}{2}\left\|\boldsymbol{x}_i\right\|_2^2\right)\exp\left(-\frac{1}{2}\left\|\boldsymbol{x}_j\right\|_2^2\right)\end{aligned} \tag{4.57}$$

3. 基于差分进化优化的支持向量机

径向基核参数 γ 和惩罚参数 C 直接影响支持向量机的分类性能，参数寻优是改进算法的重要途径。自适应差分进化算法是在差分进化算法的基础上，针对常数型变异算子容易出现局部收敛的情况，以径向基核函数为优化对象，采用自适应变异算子来避免最优解遭到破坏。

假设第 g 代种群$\{x_{g1}\ x_{g2}\ x_{g3}\cdots x_{gN}\}$，其中第 i 个个体表示为 $x_{gi}=\{x_{gi1}\ x_{gi2}\ x_{gi3}\cdots x_{giD}\}$，$N$ 代表种群规模，D 代表个体维数，群体初始化为

$$x_{ij}(0)=r_{ij}(0,1)\cdot(x_{ij}^U-x_{ij}^L)+x_{ij}^L \tag{4.58}$$

式中：x_{ij}^U、x_{ij}^L 为第 j 个个体的上界和下界。

从群体中随机选择 3 个不同的个体 x_{p1}、x_{p2} 和 x_{p3}，变异得到的新个体为 h_i，对

当前群体通过下面的变异操作得到下一进化代的个体：

$$h_{ij}(t+1)=x_{p1j}(t)+F\cdot(x_{p2j}(t)-x_{p3j}(t)) \tag{4.59}$$

式中：j 为对应个体的染色体序号；t 为进化代数；$x_{p2}(t)-x_{p3}(t)$ 为差异化变量；F 为变异因子。

采用如下自适应变异算子：

$$\lambda=e^{1-\frac{G_m}{G_m+1-G}} \tag{4.60}$$

$$F=F_0\times 2^{\lambda} \tag{4.61}$$

为了增加群体的多样性，在变异操作的基础上进行交叉操作，操作如下：

$$v_{ij}(t+1)=\begin{cases}h_{ij}(t+1), & r\leqslant \mathrm{CR}\\ x_{ij}(t+1), & r>\mathrm{CR}\end{cases} \tag{4.62}$$

式中：r 为[0,1]的随机数；CR 为交叉概率，CR∈[0,1]。

将前代进行变异和交叉操作后的个体 $v_i(t+1)$ 与前代个体 $x_i(t)$ 进行竞争，选择适应度更好的个体作为子代，具体操作如下：

$$x_i(t+1)=\begin{cases}v_i(t+1), & f(v_i(t+1))<f(x_i(t))\\ x_i(t), & f(v_i(t+1))\geqslant f(x_i(t))\end{cases} \tag{4.63}$$

式中：$f(x)$ 为适应度函数，适应度定义为交叉验证中每次迭代的最高训练正确率。

自适应差分进化算法优化支持向量机伪代码如下。

```
输入：参数辨识数据集 w×1
输出：数据集的分类结果
1. Begin 初始化参数 NP, D, G, F0,
Xmin, Xmax, v
2. 在可行域中随机产生可行解
3. for j ← 1 to NP
4. 计算目标函数
5. obj(j) ← function(x)
6. end
7. for gen ← 1 to G //差分进化循环
8. lamda ← exp(1-G/(G+1-gen))
9. F ← F0* 2^lamda
// 变异操作
10. for i ←1 to NP
11. diversify r1, r2, r3,m
12. 更新种群位置
13. end
14. for n ← 1 to D
15. 交叉操作
16. end
17. for d ← 1 to NP
18. 选择操作
19. end
20. for k ← 1 to NP
21. obj(j) ← function(x)
//更新适应度函数
22. end
23. end
24. //返回最佳个体极值(Xbest)
25. end
```

4.3.3 基于 ADE-SVM 算法的水管理故障诊断实例

这里提供一个基于自适应差分算法优化支持向量机的燃料电池水管理故障诊断实例，作为该故障诊断方法实现流程的参考。

水管理故障诊断总体实现流程为：首先根据 4.1 节的 MCMC 方法估计得到燃料电池电堆在正常、水淹和膜干下的等效电路模型参数，获得原始高维故障数据集。然后，利用 LDA 方法对高维数据集进行降维，减少特征量之间的冗余信息，得到故障诊断特征样本集。最后，利用自适应差分进化算法优化支持向量机的核参数来提升故障诊断率，并通过不同数量的故障样本来验证所提方法的可行性与准确性。

设计水管理故障模拟实验，测得燃料电池电堆正常、水淹和膜干状态下 EIS 数据 $D=[f,\ \mathrm{Re},\ \mathrm{Im}]$，通过二阶 RQ-RLC 等效电路模型参数辨识得到初始数据集 $X=[R_{\mathrm{m}i},\ L_{\mathrm{m}i},\ Q_i,\ \alpha_i,\ R_{\mathrm{ct}i},\ C_{\mathrm{dl}i},\ L_{\mathrm{mt}i},\ R_{\mathrm{mt}i}]$。利用线性判别分析方法进行数据降维后，得到故障特征样本集 $Y=[\sigma_1,\ \sigma_2,\ \cdots,\ \sigma_i]$，$\sigma_i$ 是第 i 个样本的特征向量。LDA 计算流程如图 4.22 所示。

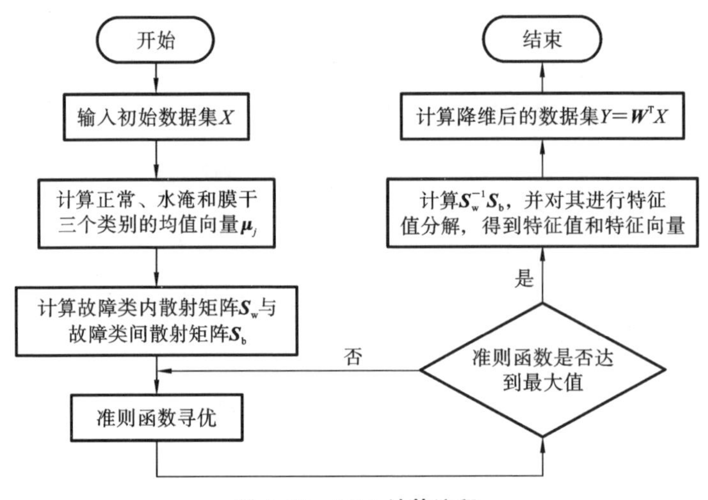

图 4.22　LDA 计算流程

对等效电路模型参数进行线性判别分析，特征参数的贡献率代表每个特征值的影响权重，然后根据累计贡献率表示前 n 个特征量在所有特征量中所占的影响权重，结果如图 4.23 所示。

由降维结果可知，在映射的低维空间数据集中，特征量$[\sigma_1,\sigma_2,\sigma_3,\sigma_4]$的累计贡献率达到了 97.57%，这说明这四个主元特征量涵盖了等效电路参数的主要信息。绘制 LDA 映射的低维空间前三维样本分类图，前三维样本可视化图如图 4.24 所示。

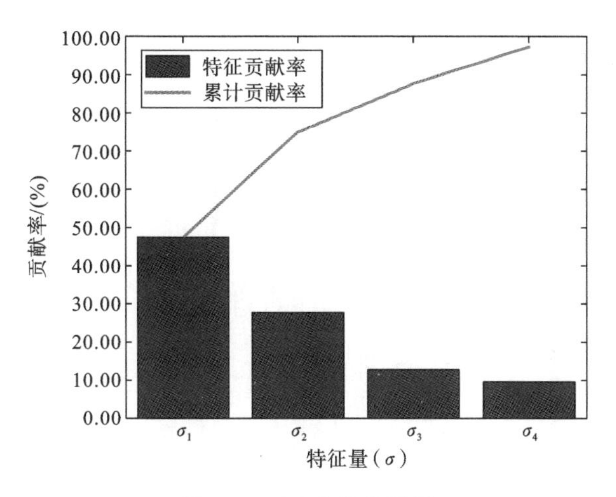

图 4.23 LDA 降维结果

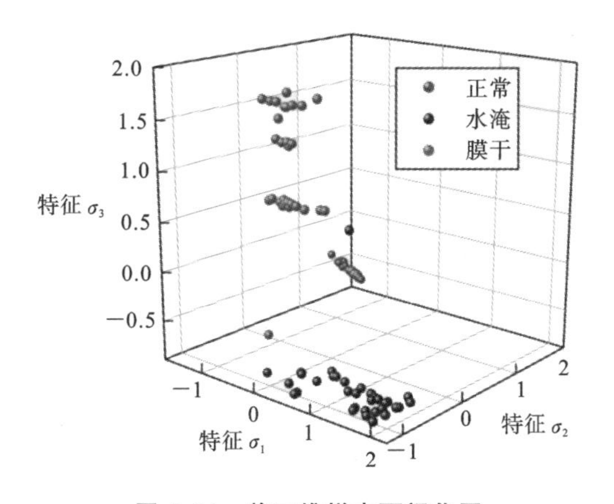

图 4.24 前三维样本可视化图

除少数异常样本数据点外，绝大多数故障样本都能被清晰地分类，并且类间故障样本中心距离相距较远、类内故障样本分布紧凑，使得水管理故障状态容易区分。由此可知，当取前四维特征量作故障诊断量时，不同类别的故障状态诊断精度会进一步提高。

根据电堆不同状态下的 EIS 实验数据，每隔 80 组等间距提取不同数量的诊断样本，分别为 50 组、130 组和 210 组。初始 EIS 数据经过参数辨识，转化为含有电化学反应特征的八维数据集，在经过 LDA 特征提取后，最终转化为四维故障诊断特征量。每组样本按照 7∶3 的比例随机分为训练集和测试集，诊断结果如图 4.25 所示。

为说明 ADE-SVM 方法的可行性，在相同数据集下将所提方法与 SVM、PSO-

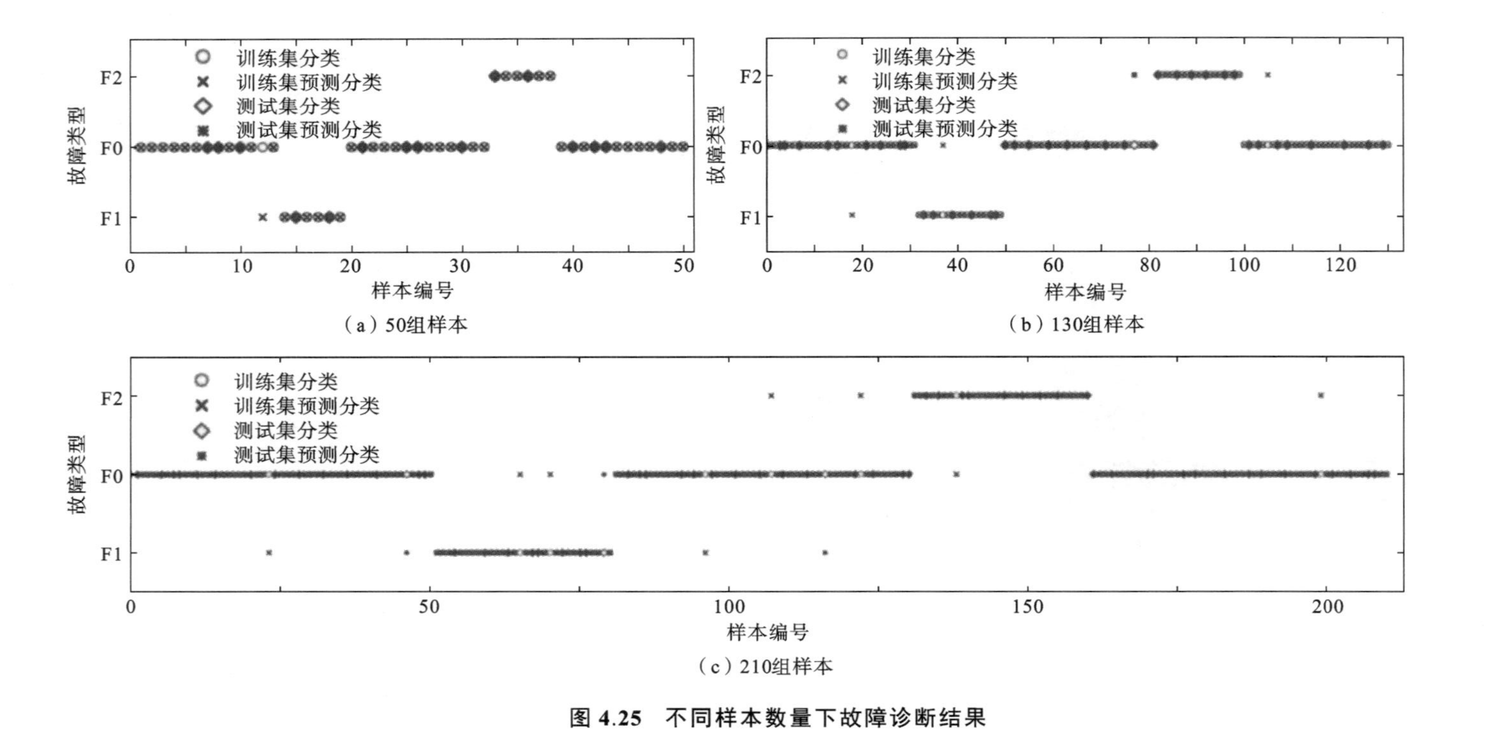

图 4.25 不同样本数量下故障诊断结果

SVM 方法进行对比，结果如表 4.3 和图 4.26 所示。在三种不同数量样本集中，ADE-SVM 算法的训练集分类正确率分别为 97.14%、96.70%和 97.96%，测试集分类正确率分别为 100%、97.44%和 98.41%。与 SVM 相比，训练集精度分别提高了 6.25%、3.52%和 3.60%，测试集精度分别提高了 15.38%、5.56%和8.76%，诊断精度提升明显。与 PSO-SVM 相比，训练集精度分别提高了 3.02%、1.15%和 2.13%，测试集精度分别提高了 7.15%、2.71%和 5.08%。可以看出，ADE-SVM 方法比 SVM 和 PSO-SVM 方法拥有更高的诊断精度。在诊断速度方面，将采用 LDA 方法进行故障数据集降维的时间考虑在内，在 50 组、130 组和 210 组故障特征样本集下，采用 ADE-SVM 算法进行故障诊断的总时间分别为 7.95 s、17.67 s 和 23.59 s，比采用 SVM 算法分别节省了 1.23 s、3.68 s 和 6.23 s，比采用 PSO-SVM 算法分别节省了 3.34 s、8.81 s 和 23.12 s。

表 4.3　不同诊断方法的诊断精度

样本数	诊断算法	数据集		计算时间/s
		训练集/(%)	测试集/(%)	
50	SVM	91.43	86.67	9.18
	PSO-SVM	94.29	93.33	11.29
	ADE-SVM	97.14	100	7.95
130	SVM	93.41	92.31	21.35
	PSO-SVM	95.60	94.87	26.48
	ADE-SVM	96.70	97.44	17.67
210	SVM	94.56	90.48	29.82
	PSO-SVM	95.92	93.65	46.71
	ADE-SVM	97.96	98.41	23.59

网格搜索法是影响 SVM 故障诊断率的主要原因，由于网格内大多参数组对应的分类准确率都比较低，只在一个比较小的区间内的参数组所对应的分类准确率较高。目标参数一般是非凸的，因此容易陷入局部最优解。PSO 属于启发式算法，它不必遍历区间内所有的参数组合也能找到全局最优解。与 SVM 相比，PSO-SVM 算法诊断正确率明显提高。但粒子群算法缺乏速度的动态调节，也容易陷入局部最优解，导致寻优参数不易收敛。综合考虑样本大小、计算时间、训练集诊断率和测试集诊断率四个性能指标，ADE-SVM 算法诊断性能最佳。相比于 SVM 和 PSO-SVM 算法，ADE-SVM 算法诊断精度较高并且诊断速度更快。

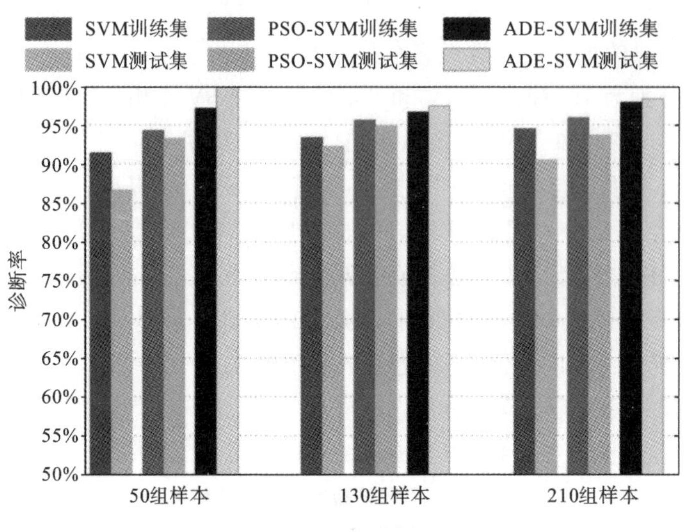

图 4.26　诊断率对比图

4.4　结合线性判别分析和 Xception 网络的水管理故障诊断方法

基于燃料电池故障数据，结合线性判别分析和 Xception 网络可以对 PEMFC 故障进行分类诊断。Xception 网络是一种基于深度可分离卷积层的卷积神经网络架构，它假设特征图中的跨通道相关性和空间相关性可以完全解耦，可以有效提取多尺度特征，并且具有很强的泛化能力。为了研究该方法的适应性，基于实验测量的水管理故障数据，先使用线性判别分析对原始故障数据进行降维，然后输入 Xception 网络模型中进行训练和故障分类。

4.4.1　燃料电池故障概述

燃料电池系统故障主要包括 PEMFC 电堆、氢气供气、空气供气和水热管理四个部分的故障。PEMFC 电堆故障主要有两种：一种是不可逆的，是由于材料损耗、腐蚀等因素造成的电池输出能力降低或者失效，例如膜电极破裂、双极板变形等；另一种是可逆的，是由于运行环境突变或者控制方法不合理造成的电池性能不稳定或暂时停止，例如水淹和膜干等。接下来就对燃料电池系统中一些常见的故障进行简要分析。

水管理故障是指质子交换膜的含水量会影响其传导性能，而含水量又与电堆温度、气体湿度、电流密度等因素有关。如果含水量异常，会造成电堆输出能力降低，甚至损坏电堆。水故障的产生主要有以下几个原因：① 电堆温度过高会使膜内水分汽化，造成膜干，电堆温度过低会使反应速度变慢，造成水淹；② 气体湿度过低会使膜内水分不足，造成膜干，气体湿度过高会使液态水增多，造成水淹；③ 电流密度增大会使反应速度和热量增加，造成膜干，电流密度减小会使反应速度和热量减少，造成水淹。

冷却系统故障是指冷却系统中的某个元件或参数异常，导致冷却液流动不顺畅或温度过高，影响发动机或冷水机组的正常运行。冷却系统故障主要有以下几个原因：① 冷却液含有杂质、气泡，或缺乏抗腐蚀剂，降低其传热效率和防锈性能；冷却液不足或过量，造成流动不顺畅或压力过高；② 冷却系统发生渗漏、堵塞或裂纹，导致冷却液损失或进入气缸；③ 冷却系统不能根据发动机或冷水机组的负荷变化，不能及时调节水泵、风扇、节温器等元件的工作状态，导致温度过低或过高。

氢气饥饿故障是指燃料电池中阳极氢气不足，导致阳极电位上升；空气饥饿故障是指阴极氧气不足，导致阴极电位下降。两种故障都会导致析氢、碳腐蚀、铂溶解等，对燃料电池的寿命造成影响。饥饿故障的产生主要有以下几个原因：① 在开路/怠速、高负荷、低温等工况下，容易发生氢气/氧气供应不足或消耗过快的情况；② 在燃料电池中，催化剂层、扩散层、双极板等部件对氢气的分布和传输有重要作用，如果设计不合理或制造不良，会造成局部区域出现氢空/氧空界面；③ 燃料电池存在泄漏或渗透现象，导致阳极与阴极之间出现混合气体，在阳极/阴极发生副反应。

加湿故障是指燃料电池系统中的增湿器或相关传感器出现问题，导致进入电堆的空气湿度不符合要求。增湿器是燃料电池的重要组件，它通过膜水传递的方式，将水分从高压氢气侧转移到低压空气侧，以保持电堆内部的水平衡。加湿故障的原因有以下几种：① 增湿器自身存在结构缺陷或损坏，使得膜水传递率降低或失效；② 增湿器上的温度、压力、流量等传感器出现故障，使得系统不能正确控制和监测空气和氢气的状态；③ 系统中有杂质或异物，如灰尘、油脂、金属碎片等，影响增湿器的性能和寿命；④ 系统中有冻结或结露现象，使得增湿器堵塞或漏水。

4.4.2　Xception 网络

首先对 Xception 网络的相关原理进行介绍，并在此基础上介绍基于 Xception 算法的燃料电池故障分类的流程。

Xception是一种由Google的研究员Francois Chollet于2017年提出的强大的卷积神经网络,它是Inception网络的一种极端形式,它利用深度可分离卷积层和残差连接来提高特征提取能力和减少参数量。Xception网络由36层卷积层组成,分为14个模块,除了第一个和最后一个模块外,其他模块之间都有线性残差连接。Xception模块结构如图4.27所示,Xception网络中的每个模块都包含一个大小为1×1的卷积层和3×3的深度可分离卷积层。这样可以将跨通道相关性和空间相关性完全解耦,从而提高特征表达能力。

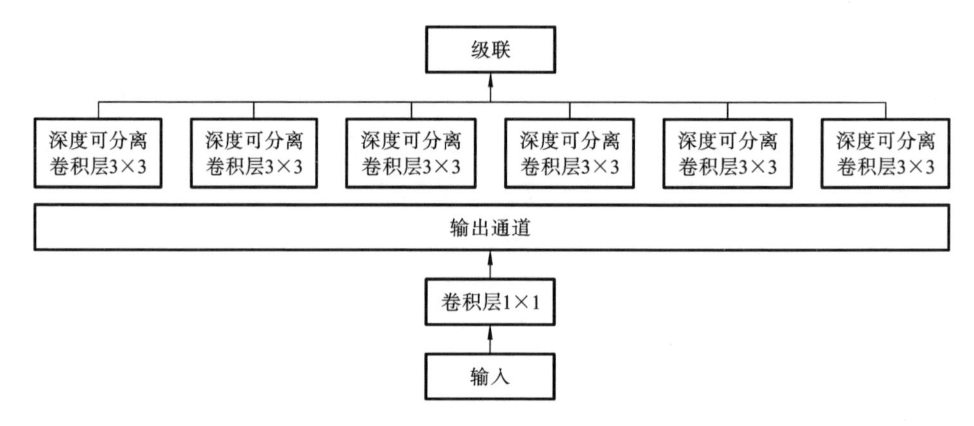

图4.27 Xception **模块结构**

下面分别介绍Xception网络中的模块。

1. 卷积层

为了生成特征图,卷积核被分成了不同的输入数据区域。不同的卷积核生成特征图的绝对结果,这样在第k层特征图中位置为(i, j)的特征值就表示第l层的值,即

$$S_{i,j,k}^{l}=B_{v_k}^{l}+\boldsymbol{W}_{v_k}^{l}C_{i,j}^{l} \tag{4.64}$$

式中:$\boldsymbol{W}_{v_k}^{l}$和$B_{v_k}^{l}$分别代表第l层的第k个卷积核的权重向量和偏置;$C_{i,j}^{l}$代表第l层输入数据中以位置(i, j)为中心的区域。

$\boldsymbol{W}_{v_k}^{l}$卷积核是在共享$S_{i,j,k}^{l}$特征图的基础上生成的。这个过程降低了生成难度,且构建了用于模型训练的网络。使用批量归一化插入Xception模块的卷积层,激活函数采用RELU,其表达式为

$$\text{RELU}=\begin{cases}x, & x\geqslant 0\\ 0, & x<0\end{cases} \tag{4.65}$$

RELU激活函数在数学上不复杂,但它为卷积神经网络提供了非线性特性,这

对识别非线性特征非常重要。RELU 激活函数可以使网络收敛更快、预测更准确、过拟合更少。

2. 深度可分离卷积层

深度可分离卷积层是 Xception 模块的主要部分。它们可以减少计算量和模型参数,因为它们是在颜色通道的深度维度和空间维度上进行的。深度可分离卷积对输入数据集的每个通道 M 应用一个滤波器,生成一个定义为 DF×DF×M 的特征图。基于输入通道滤波器的深度可分离卷积为

$$\hat{G}_{k,p,m}=\sum_{i,j,m}\hat{K}_{i,j,m}\times F_{k+i-1,p+j-1,m} \tag{4.66}$$

式中:$\hat{G}$ 表示由 F 作为输入特征图产生的特征图输出的备选方案;$\hat{K}$ 表示深度卷积核。深度卷积是深度可分离卷积的第一步,其中每个输入通道与不同的核(称为深度核)进行卷积。

在 $\hat{K}$ 中,卷积核 m 用于对 F 中的第 m 个通道进行卷积,以估计特征图输出。然后,图像被呈现在多个通道中,每个颜色的通道都可以被取用。接着,使用 1×1 卷积滤波器生成输出,并输入到下一层。在深度可分离卷积层之后,使用批量归一化,并且使用最大池化层降低计算复杂度。

3. 残差连接

为了实现残差连接,采用 ResNet 架构,其中内部网络直接将恒等快捷连接应用到最终层中。假设参数为 P_i,残差块可以表示为

$$\boldsymbol{v}_{\mathrm{o}}=\boldsymbol{v}_{\mathrm{i}}+f(v_i,[p_i]) \tag{4.67}$$

式中:$\boldsymbol{v}_{\mathrm{i}}$ 和 $\boldsymbol{v}_{\mathrm{o}}$ 分别代表该层的输入和输出向量。

残差连接的好处是避免了多层非线性变换导致的信号衰减,其训练过程也更快。图 4.28 显示了 Xception 中使用残差连接的方法,X 的输入可以通过恒等块的捷径来指导一个后面的层。从图 4.28 可以看出,1×1 卷积操作通过 2×2 的步长将数据传递给后面的一个层。Xception 是一个包含 36 个卷积层的网络,用于提取特征。它生成了 14 个模块,除了第一个和最后一个模块之外,其他模块都与残差连接交错。在 Xception 预训练网络中,输入图像的大小应为 299×299×3。

4.4.3 基于 Xception 网络的燃料电池故障诊断实例

考虑到水管理对 PEMFC 的稳定运行非常重要,当电堆内部的液态水过量聚集时,会阻碍反应气体的进入,导致反应速率下降;当电堆内部的含水量过低时,质子交换膜的膜电阻上升,影响质子的通过率,严重时甚至会对质子交换膜造成物理损伤。这里提供一个基于线性判别分析和 Xception 网络的燃料电池水管理故障

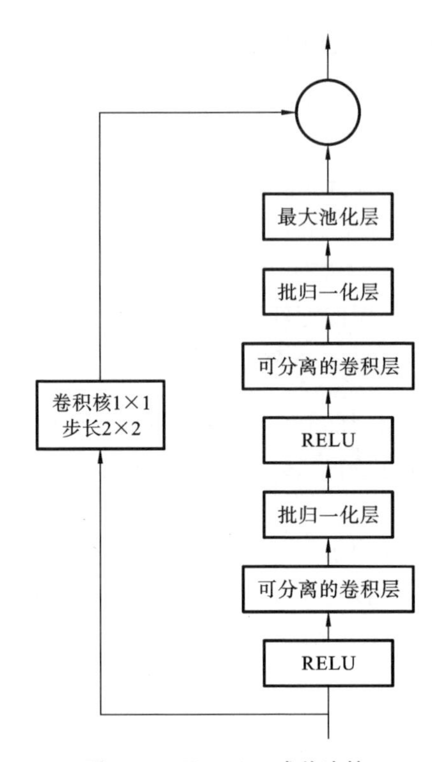

图 4.28 Xception 残差连接

诊断实例，作为该故障诊断方法实现流程的参考。

首先，基于燃料电池电堆测试平台，得到水淹、膜干和正常三种状态的实验故障数据，用于验证本节提出的故障诊断方法。故障诊断实验基于有效活化面积为 100 cm^2 的 PEMFC 电池完成，使用的技术与现有商用燃料电池完全相同，包括 Nafion 聚合物电解质膜、铂纳米粒子催化剂、碳扩散材料、硅酮密封垫圈和石墨双极板等结构，其具体的参数如表 4.4 所示。

表 4.4 PEMFC 电堆的参数

参 数	取 值	单 位
有效活化面积	100	cm^2
额定功率	80	W
膜厚度	25	mm
铂含量	0.2	mg/cm^2
气体扩散层厚度	415	mm

为了充分采集 PEMFC 的运行数据，测试平台在质子交换膜燃料电池的入口和出口安装了多个传感器，采集参数包括电压、电流、压力、相对湿度等。在上述实验平台上进行了水淹和膜干两种不同故障的实验，测试过程中电流密度恒定，每种状态持续约 30 分钟，以获得充足的故障数据。通过降低燃料电池的工作温度模拟水淹故障，电堆液态水的聚集会导致反映速率变慢，PEMFC 输出电压降低。当提高燃料电池的工作温度时，燃料电池逐渐恢复正常。在正常工作一段时间后，继续降低温度，重复水淹过程，PEMFC 电压如图 4.29(a)所示，由于传感器在阶段 3 和阶段 4 出现了故障，因此采用阶段 1 的数据作为水淹故障数据，阶段 2 的数据作为正常状态数据。膜干故障的模拟是向燃料电池通入干燥的空气，随着 PEMFC 温度升高，质子交换膜呈现脱水的状态，其阻抗升高，从而导致 PEMFC 的输出电压降低，如图 4.29(b)所示。由于测试初期电池工作不稳定，可以观察到 2500 s 之前的电压存在跃变，后续电压趋于稳定。从原始的数据集中选取总共 12648 组数据，包含 14 维特征变量，监测的特征变量如表 4.5 所示。其中膜干状态数据 5377 组，水淹状态数据 4083 组，正常状态数据 3188 组。

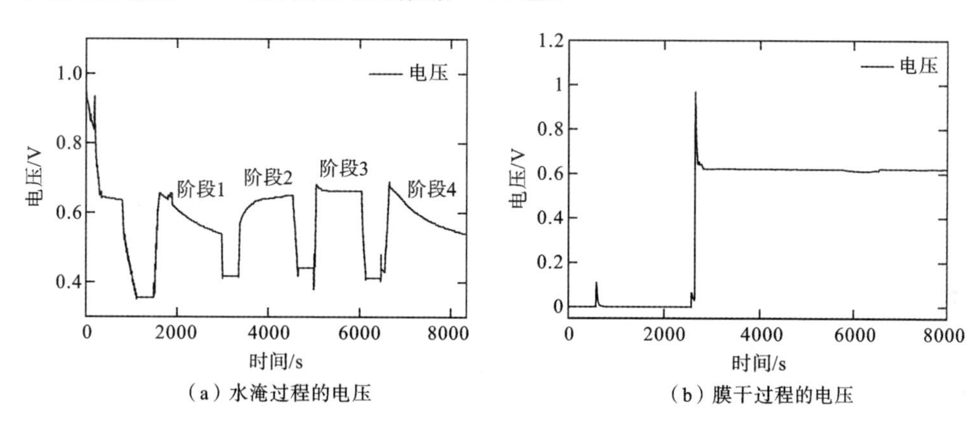

(a) 水淹过程的电压　　(b) 膜干过程的电压

图 4.29　水淹和膜干故障过程的电压

表 4.5　实验监测的特征变量

序　号	变　量	单　位
1	电压	V
2	电流	A
3	阴极入口流速	SPLM
4	阳极入口流速	SPLM
5	阴极相对湿度	%RH
6	阳极相对湿度	%RH

续表

序　号	变　量	单　位
7	阴极入口压力	bar
8	阳极入口压力	bar
9	阴极出口压力	bar
10	阳极出口压力	bar
11	阴极入口温度	℃
12	阳极入口温度	℃
13	电堆温度	℃
14	加热器温度	℃

基于采集到的燃料电池故障实验数据，基于线性判别分析和 Xception 网络的故障诊断流程如图 4.30 所示，具体步骤如下。

(1) 数据采集过程：对于测量故障数据，从原始数据集中选定合适的特征量，并筛选出不同状态的故障数据；然后给原始数据贴上对应的故障标签，对于实验故障数据，其标签为 D0、D1、D2，分别对应正常、水淹和膜干三种状态。

(2) 特征提取过程：使用 LDA 对原始实验数据进行降维，首先分别计算类间散度矩阵和类内散度矩阵，然后求解 $\boldsymbol{S}_{\mathrm{w}}^{-1}\boldsymbol{S}_{\mathrm{b}}$ 的特征向量和特征值，并计算累积贡献率，选取累积贡献率达到 95%的前几个维度对应的特征向量作为降维矩阵，与原始数据矩阵相乘得到降维数据。然后对数据进行归一化处理，以降低不同维度数据的量纲不同所带来的影响。

(3) Xception 诊断过程：按照比例划分训练数据和测试数据，并对数据进行随机排序，使得样本的类别特征分布均匀，防止模型的过拟合或者欠拟合。然后调整网络的批训练大小、最大训练轮次、梯度下降速率等超参数，并将训练数据输入 Xception 网络训练。经过充分训练后，将测试数据输入 Xception 网络得到故障诊断结果。

(4) 性能验证过程：根据诊断结果计算评价指标，从而对本书提出的方法进行评估。

选用准确率(Accuracy)、精准率(Precision)、召回率(Recall)和 F1 分数(F1-Score)评价不同类型故障的诊断性能，其中准确率是指预测正确的结果占总样本的百分比，精准率是指所有被预测为正的样本中实际为正的样本的概率，召回率是指在实际为正的样本中被预测为正样本的概率，F1 分数是精准率和召回率的平衡结果。四个指标的计算公式如下：

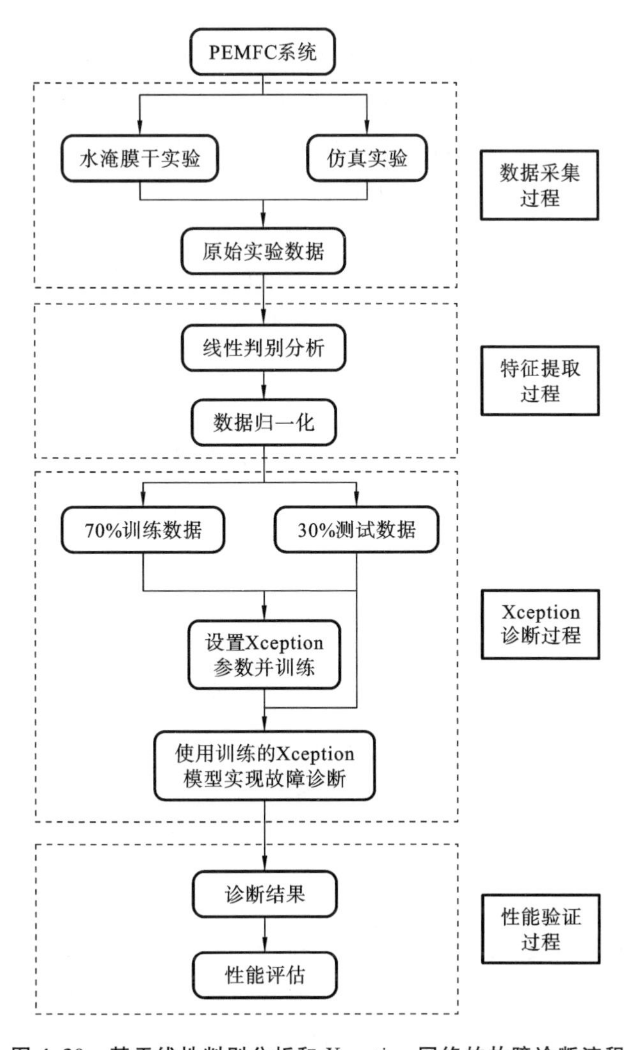

图 4.30　基于线性判别分析和 Xception 网络的故障诊断流程

$$\text{Accuracy}=\frac{\text{TP}+\text{TN}}{\text{TP}+\text{TN}+\text{FN}+\text{FP}}\times 100 \tag{4.68}$$

$$\text{Precision}=\frac{\text{TP}}{\text{TP}+\text{FP}}\times 100 \tag{4.69}$$

$$\text{Recall}=\frac{\text{TP}}{\text{TP}+\text{FN}}\times 100 \tag{4.70}$$

$$\text{F1-Score}=\frac{2\times\text{Precision}\times\text{Recall}}{\text{Precision}+\text{Recall}} \tag{4.71}$$

式中：TP 为实际(1)与预测(1)相符的样本，FN 为实际(1)与预测(0)不相符的样本;FP 为实际(0)与预测(1)不相符的样本;TN 为实际(0)与预测(0)相符的样本。

根据所提出的方法,对测量的水管理故障数据进行验证。为了验证所提出方法的性能,基于相同的测试数据,保持运行环境相同,使用 LSTM 诊断进行对比。权衡考虑训练精度和训练时间,测量数据的批训练大小为 56,梯度下降速率设为 0.001,总迭代轮次为 60,仿真数据的批训练大小为 150,梯度下降速率为 0.001,总迭代轮次为 60,并按照 7∶3 的比例将原始数据划分训练集和测试集。

对于故障实验数据,特征值的累积贡献率如图 4.31 所示,因此考虑贡献率排序靠前的前 3 个特征向量时,累积贡献率达 99.97%,这意味着原始的 14 维数据可用 3 维特征空间表示。

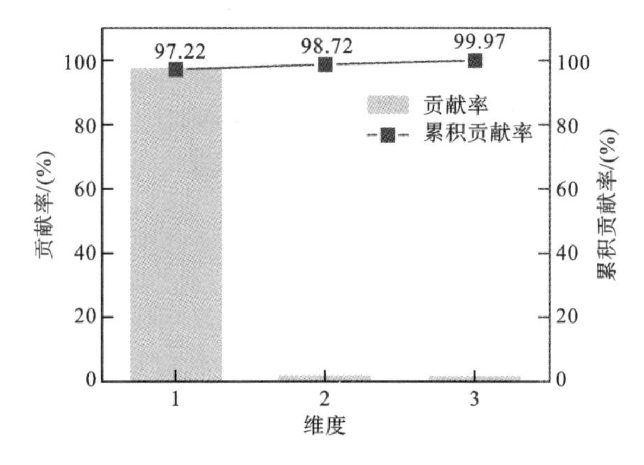

图 4.31　特征值的累积贡献率

对于故障实验数据,Xception 和 LSTM 的诊断结果如分别如图 4.32(a)和图 4.32(b)所示,分类错误点分别如图 4.32(c)和图 4.32(d)所示,评价指标如表 4.6 所示,测试集的混淆矩阵如表 4.7 所示。基于 Xception 和 LSTM 的诊断准确率均为 100%,这是由于实验中三种状态数据的特征差异较为明显,故诊断准确率较高。

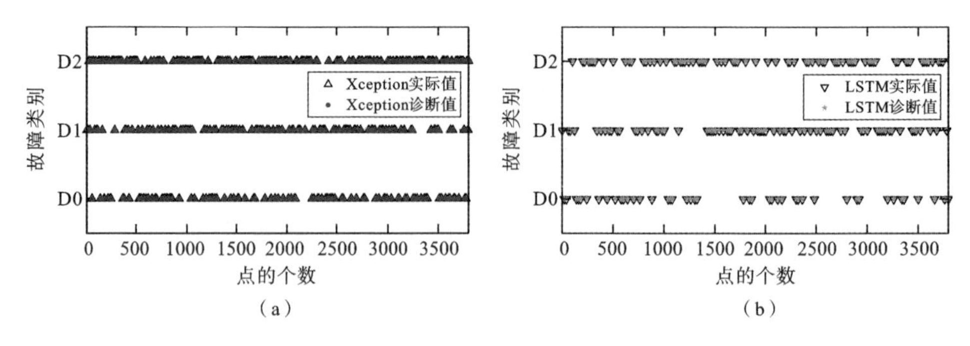

图 4.32　实验数据的诊断结果

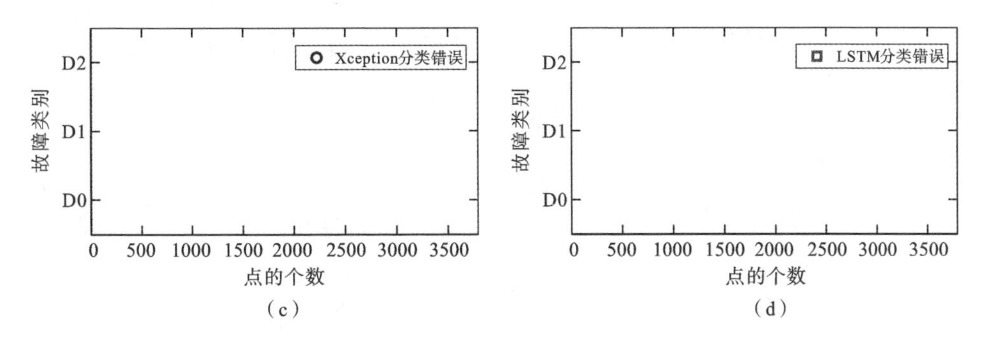

续图 4.32

表 4.6　实验数据的评价指标

诊断方法	故障类型	评价指标			
		精准率/(%)	召回率/(%)	F1 分数/(%)	准确率/(%)
Xception	D0	100	100	100	100
	D1	100	100	100	
	D2	100	100	100	
LSTM	D0	100	100	100	100
	D1	100	100	100	
	D2	100	100	100	

表 4.7　实验数据测试集的混淆矩阵

诊断方法	故障类型	实际结果		
		D0	D1	D2
Xception 诊断结果	D0	3188	0	0
	D1	0	4083	0
	D2	0	0	5377
LSTM 诊断结果	D0	3188	0	0
	D1	0	4083	0
	D2	0	0	5377

在正常、水淹和膜干三种状态下，Xception 模型的精准率和召回率均良好。另外，Xception 模型的训练速度相较于 LSTM 模型更快，再次验证了本节所选用的故障诊断方法的可行性和优越性。

第5章

质子交换膜燃料电池老化分析及预后管理

5.1 质子交换膜燃料电池老化机理与指标

随着燃料电池运行时间的增加,其内部各组件会呈现不同的性能衰退特性,进而造成燃料电池输出性能下降。具体而言,质子交换膜、催化剂层、气体扩散层、双极板及密封垫圈等部件的老化均会导致燃料电池的整体性能衰减。

5.1.1 燃料电池主要部件老化的影响分析

1. 质子交换膜的老化

质子交换膜是 PEMFC 的核心部件,经过燃料电池老化影响分析,发现其中质子交换膜(PEM)是影响 PEMFC 老化最重要的部件。质子交换膜的老化过程可分为五类:化学降解、机械降解、热降解、膜短路和膜污染。最常见的老化指标包括质子交换膜厚度、氟释放速率(FRR)、气体渗透率和离聚物浓度。

质子交换膜中质子传导率的下降和分隔反应物功能的退化会直接导致燃料电池运行性能下降甚至失效。质子交换膜的老化机理主要归为物理老化和化学老化两类。物理老化主要是由于运行时膜的温度和湿度不适、膜电极的制作和装夹操作不当等引起的，化学老化是由于膜对反应气体的隔绝性不好导致气体渗透的，H_2 和 O_2 结合生成了 H_2O_2 和 $\cdot OH$，分解出的自由基导致膜分子链上侧链脱落，从而加速膜的化学老化，这个过程中关键的化学反应式如下。

过氧化氢生成：

$$2H^+ + O_2 + 2e^- \longrightarrow H_2O_2 \tag{5.1}$$

自由基生成：

$$H_2O_2 + M^{2+} \longrightarrow \cdot OH + OH^- + M^{3+} \tag{5.2}$$

自由基生成：

$$H_2O_2 + \cdot OH \longrightarrow H_2O + \cdot OOH \tag{5.3}$$

自由基生成：

$$H_2 + \cdot OH \longrightarrow H_2O + \cdot H \tag{5.4}$$

2. 催化剂层的老化

在 PEMFC 的整个生命周期中，催化剂层的退化是造成输出电压退化的主要原因。催化剂层由 Pt 催化剂和碳载体组成，目前广泛应用的催化剂是将纳米颗粒大小的 Pt 分散到 C 粉载体上形成担载型催化剂。催化剂层是电池发生电化学反应的主要场所，其老化主要因为电化学反应表面积减小，包括 Pt 催化剂衰减、碳载体腐蚀。在非严格把控的场景下，反应气体中易含有 CO 和 SO_2 等气体，这些杂质气体会将 Pt 毒化。Pt 颗粒的表面会被氧化生成 Pt 的氧化物，然后溶解又团聚，Pt 纳米颗粒的总体电化学反应表面积显著减小，导致 Pt 催化剂衰减。在目前的研究中，Pt 催化剂易被毒化，催化性能无法保持，因此如何开发低 Pt 和非 Pt 催化剂是一个重要的研究方向。

相比于 Pt 活性面积的减小，碳载体腐蚀对催化剂层老化带来的影响更重大。催化剂层的碳载体腐蚀主要是因为反向电流机制，由于碳载体的稳定性不高，在燃料电池持续工作过程中很容易被腐蚀。在一些情况下，燃料电池阳极侧的入口和出口处会形成氢-空界面，氢-空界面的形成是碳载体腐蚀的主要原因。氢-空界面通常会在燃料电池启停阶段被引发形成，其大致形成过程：燃料电池在启动或停止时，会有空气进入阳极，而当氢气也进入阳极之后，两者接触就会形成氢-空界面。氢-空界面会导致阳极侧进一步发生化学反应，使阳极电位降低，阴极电位会达到一个较高值(通常会大于 1.5 V)，碳载体的腐蚀在这样大的电位差下就会变得严重。碳载体腐蚀过程的化学反应式为

H^+ 消耗：

$$4H^+ + O_2 + 4e^- \longrightarrow 2H_2O \tag{5.5}$$

C 腐蚀：

$$C + 2H_2O \longrightarrow CO_2 + 4H^+ + 4e^- \tag{5.6}$$

3. 气体扩散层的老化

气体扩散层主要由支撑层和微孔层组成，在燃料电池中，气体扩散层是催化剂层的支撑，为反应气体和水管理提供通道。在高电流密度下，气体扩散层的老化对燃料电池堆栈性能的影响极大，气体扩散层的老化主要是传质阻力增大以及疏水性降低引起的，具体而言有以下五个主要原因：水汽的存在、局部压缩变形、膜电极冻融效应、高气体流速以及物理和化学老化。这些现象都会引起气体扩散层中的碳腐蚀或者结构损坏，又进一步导致气体扩散层的传质阻力加大以及疏水性能降低。

4. 双极板的老化

双极板是影响 PEMFC 老化的第三重要部件，它是堆栈的骨架，并且隔离单个模块，在模块之间传导电流，还提供流入反应物和流出产物的流场，有助于水和热管理。接触电阻是双极板最常用的老化指标，其代表的是气体扩散层和双极板界面处的电阻。根据降解干预机制，双极板上出现的电阻表面层会导致欧姆电阻的增加。同时，由于外部操作因素所引起的温度分布不均匀等情况，也会导致双极板的变形加剧和断裂。除了最常用的接触电阻指标外，其他（如腐蚀）损失也可以作为双极板的老化指标。

5. 密封垫圈的老化

密封垫圈由三种不同的材料组成，即硅橡胶、氟弹性体和乙烯丙烯二烯单体，其两个已有的老化指标是主曲线和密封力。对三种材料不同应变条件下的压缩应力松弛曲线进行预测，然后通过时间温度叠加法生成主曲线，通过该主曲线可以预测其中密封材料的使用寿命，在给定先验失效阈值的条件下，主曲线可作为老化指标来评估密封垫圈的寿命。此外，密封力与燃料电池运行时间长度和温度变化的范围也密切相关，因此，密封力也可以作为老化指标来表征燃料电池中密封垫圈的老化。

5.1.2 燃料电池运行工况对老化的影响分析

在复杂的运行环境下，如启停循环、负载循环、热循环等情况，都会导致 PEMFC 退化速度加快。在质子交换膜燃料电池的应用领域中，车载燃料电池的应用占据了很大的份额，因此，当前针对燃料电池性能退化的研究主要围绕车载场景来开展，本书主要介绍几种常见的工况对燃料电池老化的影响。

1. 启停工况

除了进行长时间稳定工作外，燃料电池一般情况下都会经历很多次的启停工况。如前文所述，燃料电池在启动/停止阶段可能会引发氢-空界面的形成，存在于阳极侧的空气（氧气）会与氢气发生化学反应使得阳极电位下降，导致与阴极侧的电位差变大（超过1.2 V），从而使得阴极催化剂层中的碳载体发生严重的腐蚀，影响催化剂层的性能甚至结构完整。

2. 循环变载工况

相比于恒定负载，动态负载对PEMFC的输出性能影响更加强烈。在不同时刻、不同情境下，由于对燃料电池输出功率的需求不同，燃料电池可能会经历反复的加载-额定-减载工况。在燃料电池的各个运行工况中，动态循环变载是对燃料电池使用寿命影响最大的一种情况。在动态循环变载工况中，负载不断变化，对燃料电池的工作温度、湿度、压力和电压等物理参数引起快速波动。电池在不同负载下循环运行，加速质子交换膜和催化剂的腐蚀。首先，动态负载会使燃料电池中膜电极的含水量产生变化，导致膜穿孔，气体渗透率变大，这样就会严重地加速质子交换膜的老化；另外，动态负载还会导致Pt纳米颗粒不断溶解和团聚，这个过程会使Pt纳米颗粒流失，导致Pt催化剂的电化学反应表面积减小，催化剂层的性能和结构严重退化。

3. 过载工况

燃料电池在特定工况中有时需要超负荷工作，过载工况下燃料电池有着很高的化学反应速率，会生成更多的水和产生大量的热，容易发生水淹和过热等故障问题。过载放电可能会导致燃料电池内出现气体短缺和局部热点现象，影响反应气体的分布。气体短缺会使电池局部无法反应，导致催化剂层老化、电池性能下降；而局部热点可能会导致质子交换膜材料老化甚至结构损坏，对燃料电池有不可逆的损伤。就燃料电池堆而言，反应气体必须尽可能均匀地分布在每个电池中，并且必须确保在同一电池的水平方向均匀分布，以实现均匀的电流密度分布，从而保证燃料电池电压的整体一致性。

5.2　质子交换膜燃料电池的预后管理

随着PEMFC的长时间运行，其性能会逐渐下降，这种现象称为老化现象。为了延长PEMFC的使用寿命和提高其可靠性，预后管理成为研究的重点，本章将介绍不同的预后管理策略和方法，并提供实际案例和应用场景的分析。这些研究成果将为PEMFC的实际应用和工业化推广提供有力的支持，并为清洁能源领域的发展做出重要贡献。

在第5.1节全面综述了质子交换膜燃料电池老化指标的研究现状。然而，仅仅了解老化指标的变化并不足以实现对PEMFC的有效预后管理。因此，本节重点阐述质子交换膜燃料电池的预后管理策略和方法，同时深入探讨如何通过监测和分析老化指标，结合合理的预测模型和算法，实现对PEMFC的健康状态的预测和管理。这将有助于发现燃料电池运行中存在的潜在问题，采取相应的维护和修复措施，延长PEMFC的使用寿命，并提高其可靠性和性能稳定性。预后管理策略的主要过程分为以下四步。

(1) 数据获取及数据预处理。

(2) 健康指标的设定，寿命终止点和剩余使用寿命的定义。

(3) 诊断方法的选择。

(4) 评估指标的定义。

5.2.1 数据获取和预处理

为了促进预后和健康管理(PHM)的发展，IEEE可靠性协会、FCLAB研究联合会、FEMTO-ST研究所和卓越实验室ACTION发起了“IEEE PHM 2014数据挑战赛”(以下简称“数据挑战赛”)，分别采用了两种工况下的质子交换膜燃料电池堆栈进行测试。FC1和FC2耐久性实验电流如图5.1所示，在FC1老化实验中施加70 A的恒载电流，在FC2老化实验中叠加不同频率(如5 kHz)的7 A三角形纹波电流。

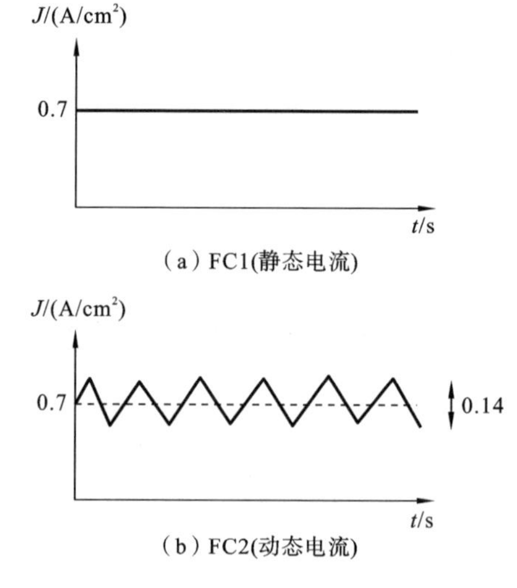

图5.1 FC1和FC2耐久性实验电流

整个燃料电池耐久性实验进行了一千多个小时,记录了十几万组数据。在耐久性测试的实验过程中,还监测了温度、电压、湿度等多个关键参数指标。FC1和FC2关键参数在实验过程中的变化情况如图5.2和图5.3所示。无论是对于FC1还是FC2,相比于其他参数,只有电压是随着时间呈逐渐下降趋势的,因此现有的大部分工作都以电压指标来表征燃料电池的退化情况。

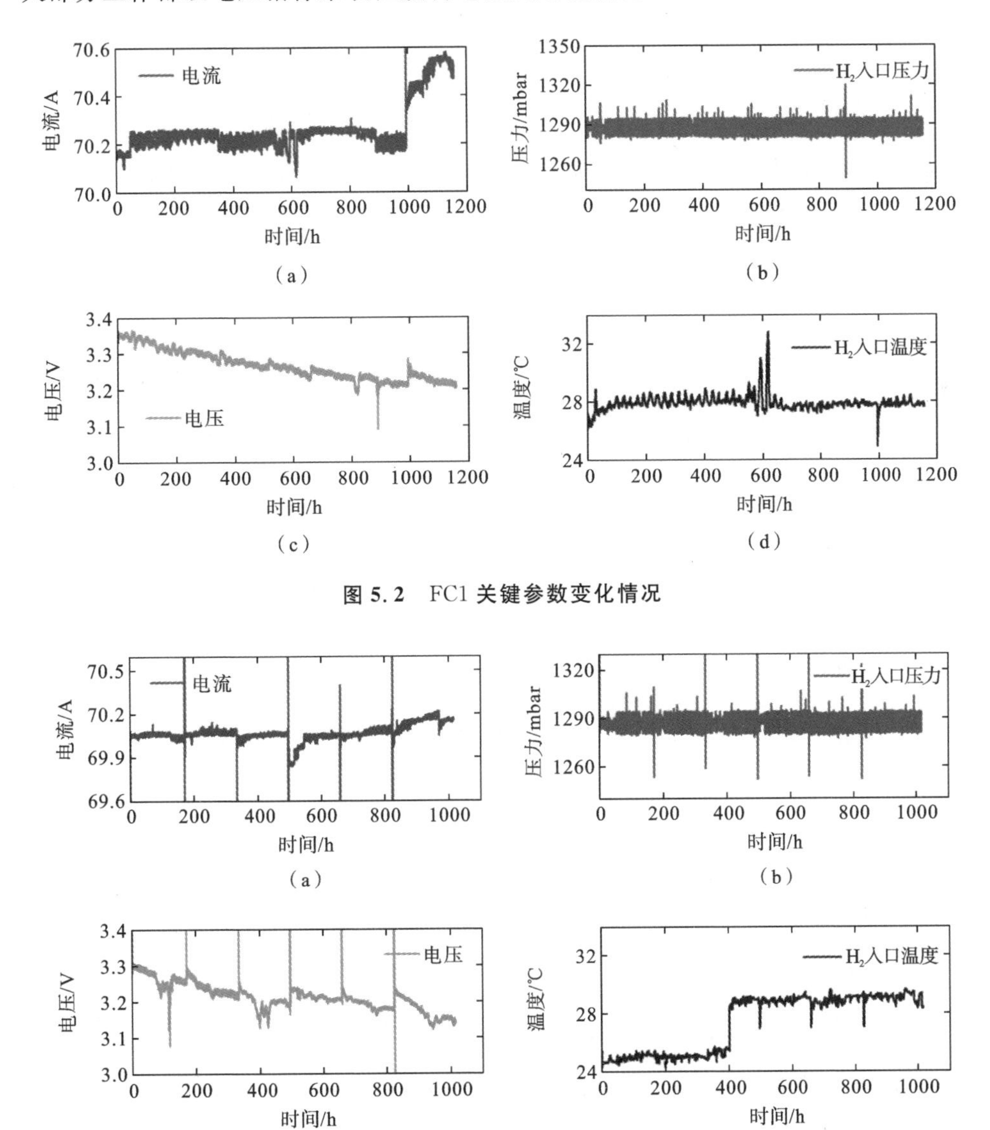

图5.2 FC1关键参数变化情况

图5.3 FC2关键参数变化情况

当前的大部分研究工作都是基于数据挑战赛的两个电池开放数据集，针对这两个开放数据集在实验室和理想环境下进行了测试。在实际使用中，质子交换膜燃料电池常用于交通运输等任务，而这些任务的特征是会随着时间不断变化的。这种变化是由驾驶行为、路况、能源需求等多种因素共同决定的。因此，在模拟实际工况时会面临一定的困难，因为需要考虑到这些因素的时变性。在动态工况下对 PEMFC 系统进行测试，甚至对装有 PEMFC 系统的公路车辆进行测试，更具有实际意义。

从实用性的角度来看，最好在燃料电池堆栈级别进行数据采集。也就是说，在数据采集的实现中，将其置于堆栈(Stack)的层次。通过这种方式能够更加高效地获取数据，提高数据采集的性能和效率。在这个过程中，通过安装的传感器测量电信号(电压、电流、功率等)和物理信号(温度、压力、质量、流量等)。在实际应用中，传感器不可避免地会监测到干扰(如由数据采集设备和剖面振动引起的干扰)和故障信号以及与退化相关的特征。如果基于原始数据直接进行分析，非退化信号会对结果产生很大的影响，在使用前应该对它们进行预处理。其中滤波是常用的数据处理技术之一，如高斯加权移动平均滤波、移动平均滤波(MAF)方法、基于高斯核的平滑方法等，表 5.1 列出了一些滤波方法。

表 5.1　滤波方法

滤波方法	描　述
移动平均滤波	使用滑动窗口计算数据点的平均值
中值滤波	使用滑动窗口计算数据点的中值
加权移动平均滤波	使用滑动窗口计算数据点的加权平均值
指数加权移动平均滤波	使用指数衰减加权计算数据点的加权平均值
低通滤波	通过滤除高频信号成分平滑信号
高通滤波	通过滤除低频信号成分突出细节或快速变化的信号
带通滤波	滤除特定频率范围外的信号
带阻滤波	滤除特定频率范围内的信号
小波滤波	使用小波分析将信号分解成不同频率的子频带

各滤波方法的滤波系数对滤波结果影响较大，在实际应用中难以确定。例如，MAF 的移动窗口太大可能会使原始信号失真，并且可能丢失周期性或全局退化信息。在退化特征提取过程中，MAF 的移动窗口过小可能会保留大量噪声。除滤波技术外，还可以采用局部加权回归(local weighted regression, LWR)等方法进行

数据预处理。

传统的数据预处理技术无法识别出属于特定组件的 PEMFC 堆栈的退化特征，开发先进的方法将退化相关特征分离到不同的时间尺度和空间尺度，以对应不同组分的退化及其相应的物理背景将是未来研究的重点。

5.2.2　健康指标和寿命终止点

1. 健康指标

老化指标通常是衡量部件寿命和性能退化的参数，不同部件（如阳极、阴极、电解质等）会随着使用时间、操作条件和环境因素而逐渐老化。老化指标可以通过实验和测试来测量和监测，并表征部件自身的状况，如电极的表面积、电解质的降解程度等。它们用于评估部件的寿命和性能退化的程度，而健康指标（HI）关注于整个燃料电池系统的状况，用于评估燃料电池系统的性能和可靠性。

健康指标可用于评价 PEMFC 系统的降解状态，高效的 HI 是寿命预测的基础。一些基于测量数据的老化指标经常被作为健康指标分析燃料电池的老化趋势。燃料电池的电压和功率是电池和堆级常用的两种静态 HI，它们是组件级退化的外在表现，易于测量。在负载电流恒定的情况下，输出电压和功率整体上呈现不可逆的单调下降趋势（可能会出现一些恢复期）。

除了单一 HI（电压或功率）外，静态工况下还引入了一些混合 HI。混合 HI 通常由电压、功率、总电阻等参数进行相互组合得到。混合 HI 结合了多种指标，可以更全面地评估燃料电池系统的健康状态，减少单一指标可能带来的误判风险。然而混合 HI 综合多种指标，导致计算和分析过程复杂性增加，可能需要更多的时间和资源来完成评估。由于不同厂家和型号的燃料电池存在系统结构和性能差异，建立统一的混合 HI 标准可能面临挑战，因此可能缺乏通用的、普遍适用的标准。

为了表示动态工况下的降解状态，有学者提出了电化学催化表面积（ECSA）、基于扩展卡尔曼滤波（EKF）的降解因子（DF）、虚拟稳态电压（VSV）、相对功率损耗率（RPLR）等动态 HIs。ECSA 通常与电池电压之间建立关系，采用循环负荷曲线来验证其有效性，研究表明基于 EKF 的 DF 通过周期性测量的极化曲线计算两个单调变量（总电阻和极限电流），然后用线性化方程对其进行改写。然而对于非线性 PEMFC 系统，参数的线性化假设并不精确。在 VSV 中，电压片段用线性参数变化（LPV）模型表示，HI 由 LPV 模型识别。VSV 的提取过程计算量大，这种动态 HI 更适合常规任务剖面。对于 RPLR，它是从极化曲线和测量电信号（电压和电流）中提取的。RPLR 可以减弱负载变化的影响，并具有单调递减的特性。与基于 EKF 的 DF 相比,RPLR 不受 R_{over} 和 i_L 的较大时间间隔(约一周)和线性化近似限制。RPLR 的计算负担比 VSV 轻,因为它的计算只基于算术运算。然而,VSV 的识别是基于高维非线性径向基函数(RBF)的。探索简单、在线、适用于所有运行状态的 HIs 是目前一项具有挑战性的任务。表 5.2 总结了典型 HIs 的分类。

表 5.2　典型 HIs 的分类

负载状态	HIs	优　势	劣　势
静态	电压、功率	易于在线测量;用于控制回路	受负载影响较大;不能用于动态负载
	混合指标	准确;包含物理退化因素	计算复杂度高;权重分配标准难设定
动态	ESCA	建立 ECSA 与电压之间的模型;循环伏安法	无法在线测试;中断燃料电池的工作
	基于 EKF 的 DF	简单(线性化假设);基于极化曲线	不精确;时间间隔大(约一周)
	VSV	准确;可在线实施	计算复杂度高;更适合负载循环
	RPLR	简单;可在线实施,适合不同的工作状态	电流的影响可以减弱,但不能完全消除

2. 燃料电池寿命终止点

PEMFC 系统的实际寿命终止(EoL)阈值并不是恒定标准。美国能源部为评估不同原始设备制造商生产的燃料电池的耐久性,定义了车辆应用电压降 10%的度量标准。在多种应用中,指标也有所不同,例如微型(1～10 kW)热电联产为 20%,中型(100 kW～3 MW)热电联产为 10%,便携式设备为 20%。

因此,不同设备及系统下的 EoL 阈值不相同,它通常由用户自己定义。一方面,大多数实验测试与美国能源部的测试条件不同。另一方面,对于相同的 EoL 阈值,数值大小的不同不会影响退化预测方法进行公平的比较。例如,一些工作中的 EoL 阈值为初始功率的[6%,10%,15%],数据挑战赛中设定初始功率损失的[3.5%,4.0%,4.5%,5.0%,5.5%]为 EoL 阈值。在数据挑战赛中,EoL 阈值和故障阈值是相同的,以便更容易地计算剩余使用寿命(RUL)并简单地验证预测方法。为了阐明这个问题,将与之相关的命名定义如下。

(1) 失效时间:这意味着 PEMFC 损坏,不再产生电力。当 PEMFC 堆叠达到失效阈值时,必须对其进行修复或更换新的 PEMFC 堆叠。

(2) EoL 时间(t_{EoL}):这意味着 PEMFC 堆叠产生的功率不能满足应用需求,但它仍然具有工作能力。考虑到经济因素,在大多数情况下,当堆栈达到 EoL 阈值时应进行更换。t_{aEoL} 和 t_{pEoL} 分别是实际信号和预测信号首次达到 EoL 阈值的时间。

(3) EoT(end of test)时间:指耐久性测试结束的时间。

(4) 预测结束时间(EoP):指预测方法结束的时间。

(5) 预测范围(PH):定义为预测开始时间(t_{pre})和 t_{EoP} 之间的时间间隔。如果预测在 EoL 阈值处停止,则 PH 等于 t_{pre} 和 t_{pEoL} 之间的时间间隔。

EoL 可以看作是 EoT 的一个特殊条件,EoL 预测过程的相关术语定义如图 5.4 所示。PH1 为曲线①的预测层,PH2 为曲线②的预测层。一般来说,较长的 PH 值对用户更有用。

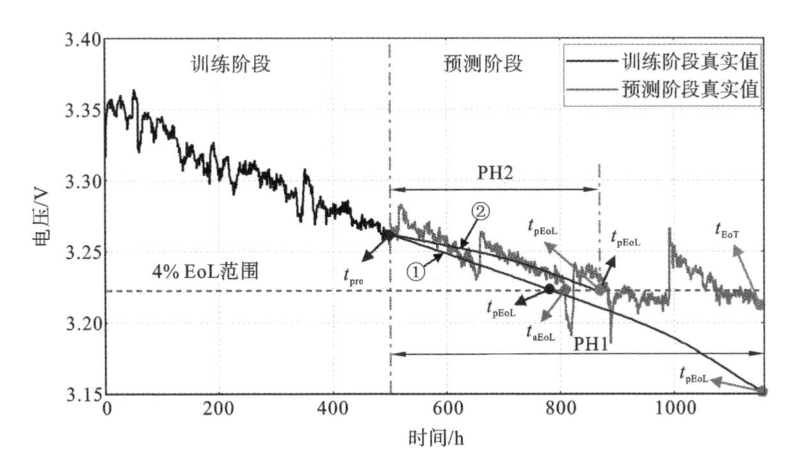

图 5.4　EoL 预测过程的相关术语定义

3. 剩余使用寿命的定义

预后管理中最重要的环节是预测剩余使用寿命(RUL),通常认为 RUL 是燃料电池运行至限定功率或电压之前的一段时间,更具体地说,实际 RUL 可以定义为 t_{pre} 与预测信号首次到达 t_{pEoL} 之间的时间间隔。根据 t_{pEoL} 和 t_{aEoL} 两个时间点的前后位置不同,长期预测结果通常有两种情况。

(1) 早期预警:预测的 RUL 小于实际 RUL。

(2) 晚期预警:预测的 RUL 大于实际 RUL。

在实践中,良好的估计性能意味着对 RUL 的早期预警。早期预警对系统运行的危害较小且更有意义,因为它可以提前警告用户调整运行条件或更换 PEMFC,从而防止致命事故发生。然而,晚期预测不具有提前警告功能,因为预测的 RUL

超过实际值。通过测试不同训练长度下的 RUL,可以得到 RUL 与各时间点之间关系的图像。

5.2.3 预测模式概述

1. 单步预测和多步预测的定义

在燃料电池老化预测中,单步预测和多步预测是两种常见的预测模式,用于预测燃料电池未来的老化状态和性能衰减情况。这些预测方法基于燃料电池的运行数据和历史记录,通过建立数学模型或应用机器学习算法来估计未来的老化趋势。

(1) 单步预测(single-step prediction):单步预测是通过当前的老化指标数据,仅预测下一个时刻的老化状态。这种预测方法基于当前状态信息,利用已有数据和模型来估计未来的老化情况。单步预测方法通常采用回归分析、时序分析或神经网络等统计和机器学习方法。通过单步预测可以了解燃料电池下一个时刻的老化状态,及时采取措施进行维护和管理。

(2) 多步预测(multi-step prediction):多步预测是通过当前的老化指标数据,预测未来多个时刻的老化状态。与单步预测不同,多步预测方法考虑更多的历史数据和趋势信息,通过建立更复杂的模型或算法来预测未来的老化趋势。多步预测方法通常使用时间序列分析、卡尔曼滤波或深度学习等方法。通过多步预测可以获得更长期的老化趋势,为长期维护和决策提供重要参考。

单步预测和多步预测的示例过程如图 5.5 所示。类似地,图中 x_{t_s} 代表在时间点 t_s 下的老化指标真实数据。$\hat{x}_{t_s+1}$ 代表在时间点 t_s+1 下的老化指标预测结果。

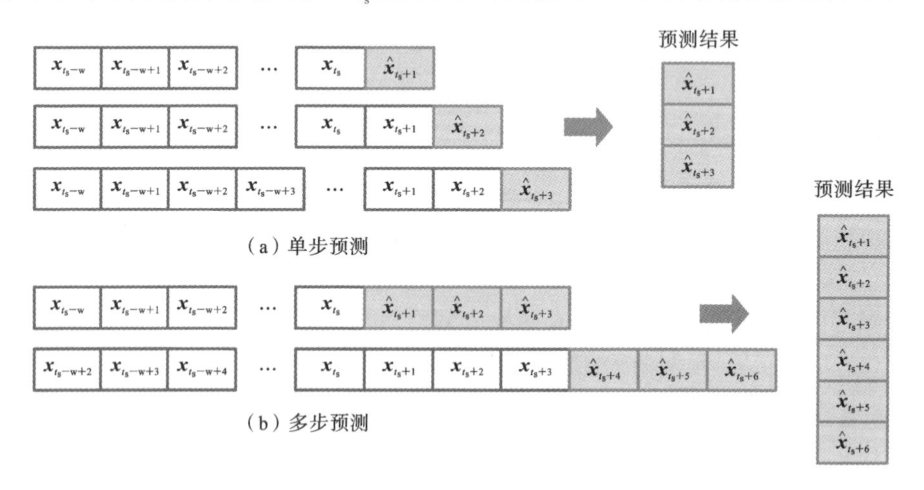

图 5.5 单步预测和多步预测的示例过程

这些预测方法的关键在于建立准确的模型或算法，以及选择合适的老化指标。在燃料电池老化预测中，常用的老化指标包括电压、电流、温度、湿度等运行参数，以及燃料电池的材料属性和结构特征。通过对这些特征进行分析和建模，可以揭示燃料电池老化的机理和规律，从而进行准确的预测。

在实际应用中，单步预测和多步预测方法应该结合使用，以获得更全面、准确的燃料电池老化预测效果。单步预测方法可以提供实时的老化状态监测和控制，及时发现问题并采取相应措施。多步预测方法能够提供更长期的趋势预测，为长期维护和决策制定提供参考。两者相互补充，共同构建一个完整的燃料电池健康监测模式。

2. 短期预测、中期预测和长期预测的定义

通常而言，根据预测的持续时间长短可以分为短期预测、中期预测和长期预测。在多步预测结构中，本书将时间点 t_s 和时间点 t_s+H 之间的时间作为PH值。PH过程不需要新的测量数据。根据PH值的长度将预测分为短期预测、中期预测和长期预测。短期预测表示预测过程是几个步骤或几十个步骤完成的，PH值一般为几分钟到几个小时。中期预测表明预测可能持续数十或数百步，PH值通常从数十小时到100小时以上。长期预测表明总体RUL可以评估，PH值为数百甚至数千小时。在实际应用中，中期预测和长期预测更有用，因为它们可以为用户提供更多的维护时间，以延长PEMFC系统的使用寿命。PH值对预测类型的分类如表5.3所示。

表5.3 PH值对预测类型的分类

类 型	PH值
短期预测	PH≤24 h（一天）
中期预测	24 h(一天)<PH≤168 h（一周）
长期预测	PH>168 h（一周）

3. 单/多输入与单/多输出的定义

在燃料电池老化预测中，单输入、多输入、单输出和多输出是描述模型输入和输出特征的术语，定义如下。

(1) 单输入(single input)：单输入是指在进行燃料电池老化预测时，只考虑一个输入参数的情况。这个输入参数可以是与燃料电池老化相关的任何变量或特征。例如，可以选择燃料电池在过去时间区间内的输出电压作为单一的输入参数，基于该参数预测燃料电池未来输出电压的衰减趋势。在这种情况下，输入参数是单一的，只有一个维度。

(2) 多输入(multiple inputs):多输入是指在进行燃料电池老化预测时,考虑多个输入参数的情况,这些输入参数可以包括燃料电池的运行时间、温度、湿度、电流密度等。多输入情况下,输入参数是多维的,每个参数都可以对燃料电池的老化过程产生影响。通过考虑多个输入参数,可以更全面地描述燃料电池的状态和环境条件,提高对老化过程预测的准确性。

(3) 单输出(single output):单输出是指在进行燃料电池老化预测时,只关注一个输出指标的情况。这个输出指标可以是与燃料电池老化相关的任何性能衰减参数或寿命指标。例如,可以选择预测燃料电池的寿命作为单一的输出指标。在这种情况下,输出指标是单一的,只有一个维度。

(4) 多输出(multiple outputs):多输出是指在进行燃料电池老化预测时,同时考虑多个输出指标的情况。这些输出指标可以包括燃料电池的功率衰减、电压衰减、极板厚度变化等。在多输出情况下,输出指标是多维的,每个指标都可以反映燃料电池老化过程中的不同方面。通过考虑多个输出指标,可以获得对燃料电池不同性能参数变化的综合预测,帮助全面评估燃料电池的老化状态和性能衰减情况。

在燃料电池老化预测中,选择单输入、多输入、单输出或多输出模型取决于研究目标、数据可用性和实际需求。单输入模型相对简单,适用于较简单的老化情况或数据有限的情况。多输入模型可以考虑更多影响燃料电池老化的因素,提高预测的准确性和可靠性。单输出模型相对简单,但可能无法提供关于不同老化指标的详细信息。多输出模型能够同时考虑多个老化指标,提供更全面的预测结果,有助于全面评估燃料电池的老化状态和性能衰减情况。因此,在实际应用中,需要根据具体问题的复杂程度和信息需求,选择最适合的模型进行燃料电池老化预测。

5.2.4 预测方法

根据预测燃料电池老化状态的方法分类,预测方法一般可以分为基于模型方法、数据驱动方法和混合方法三种,如图 5.6 所示。

基于模型方法是最通用和直观的方法,因为它可以揭示一些物理机制,并且已经探索了许多模型。基于模型方法的原理可以描述为:建立 PEMFC 系统的模型(如经验模型、半经验模型和物理模型),然后通过统计学、滤波、机器学习(ML)方法等实现退化预测。

与基于模型方法不同,数据驱动方法可以看作是一个“黑盒子”,用于构建输入和输出信号之间的高阶非线性关系。未来退化状态基于历史退化趋势,不再需要精确的数学及分析模型,在这种情况下,不需要完全揭示组件、电池或堆栈的降解

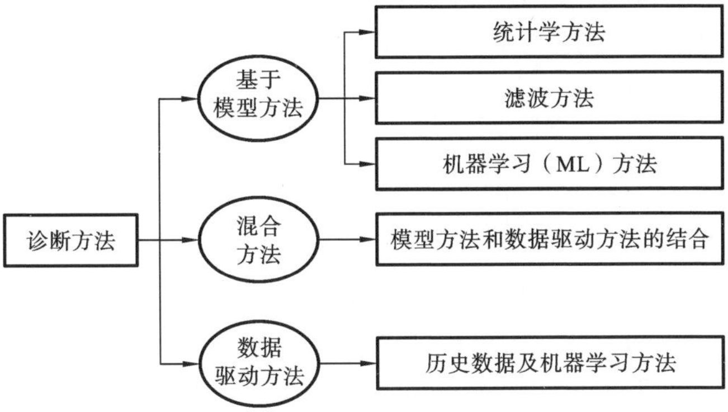

统计学方法
基于模型方法
滤波方法
机器学习（ML）方法
诊断方法
混合方法
模型方法和数据驱动方法的结合
数据驱动方法
历史数据及机器学习方法

图 5.6　预测方法的分类

机制，不同组分引起的退化现象可以作为一个整体考虑。数据驱动方法通常用于退化过程难以建模或数据容易获取的情况。

一些学者将基于模型方法和数据驱动方法的结合方法称为混合方法。将物理模型和数据驱动模型进行整合，可以综合利用它们的优势，提高预测的准确性和可靠性。混合方法可以使用加权平均、融合模型、集成方法等将不同模型的预测结果进行整合，并对预测结果进行校正和调整，使得最终的预测结果更加精确和可靠。

探索更有效的预测方法是预后管理的研究重点之一，方法的准确性和效率等性能也有待进一步提高。大多数现有工作已经实现了离线预测，然而离线预测的缺点在于它是基于历史数据和事后分析，不能及时响应当前的状况。由于离线预测是在事后处理数据并建立模型来预测未来，它无法即时监测系统的实时运行状态。这意味着如果出现突发状况或变化，离线预测可能无法提供及时的警示和适应性措施。相比之下，在线预测具有许多优点。首先，在线预测可以实时监测燃料电池系统的运行数据，及时掌握系统的实际状态。这样可以提前预警潜在问题，并快速采取适当措施，避免可能的故障和安全风险。其次，在线预测是数据驱动的决策，依赖于实时数据和算法模型，使预测更加准确和精准。最后，在线预测能够实时优化系统的性能，根据实际运行状况调整运行参数，提高能量转换效率和整体性能。总体而言，在线预测的优势在于它能够实时响应、优化性能、提高安全性，以及降低成本和维护工作的风险。

5.2.5　预测结果的评价指标

采用有效的评价指标定量评价预测效果能够直观地反映预测效果。均方根误差(RMSE)和平均百分比误差(MAPE)是常用的两个标准,它们可以定量地估计实际值与预测值之间的误差。

$$\begin{cases} \text{RMSE} = \sqrt{\dfrac{1}{m}\sum_{i=1}^{m}(y_i^{\text{pre}} - y_i^{\text{act}})^2} \\ \text{MAPE} = \dfrac{1}{m}\sum_{i=1}^{m}\left|\dfrac{y_i^{\text{pre}} - y_i^{\text{act}}}{y_i^{\text{act}}}\right| \end{cases} \tag{5.7}$$

式中:y_i^{act} 是实际值;y_i^{pre} 是预测值;m 是数据点的个数。

在 Data Challenge 中定义了 RUL 估计误差百分比标准($\%\text{Er}_{\text{FT}}$),用于评估实际 RUL($t_{\text{RUL}}^{\text{act}}$)与预测 RUL($t_{\text{RUL}}^{\text{pre}}$)之间的误差:

$$\%\text{Er}_{\text{FT}} = \frac{t_{\text{RUL}}^{\text{act}} - t_{\text{RUL}}^{\text{pre}}}{t_{\text{RUL}}^{\text{act}}} * 100\% \tag{5.8}$$

每个 EoL 阈值下的估计精度(A_{FT})得分定义为

$$A_{\text{FT}} = \begin{cases} \exp^{-\ln(0.5)\cdot(\%\text{Er}_{\text{FT}}/5)}, & \%\text{Er}_{\text{FT}} \leqslant 0 \\ \exp^{+\ln(0.5)\cdot(\%\text{Er}_{\text{FT}}/20)}, & \%\text{Er}_{\text{FT}} > 0 \end{cases} \tag{5.9}$$

在计算过程中,低估情况(即$\%\text{Er}_{\text{FT}} > 0$)代表有轻微扣除,高估情况(即$\%\text{Er}_{\text{FT}} \leqslant 0$)代表有严重扣除。在不同的 EoL 阈值下,整个预测的最终得分被定义为所有A_{FT}的平均值,即

$$\text{Score}_{\text{RUL}} = \frac{1}{n}\sum_{\text{FT}}^{n}(A_{\text{FT}}) \tag{5.10}$$

式中:n 是 EoL 阈值的总个数;$\text{Score}_{\text{RUL}}$代表整个预测的最终得分。

通过合理地采用预测指标进行评估,能够量化预测模型的准确性和性能,帮助我们比较不同模型或方法,优化预测模型,并提供预测效果整体概览。通过评估指标能够量化和衡量预测结果与实际值之间的差异,指导模型选择、改进和应用,提高预测的可靠性和准确性。

第6章

基于模型的质子交换膜燃料电池老化预测方法

基于模型方法依赖于电池内部的反应机制，建立全面的电化学公式以获得准确的寿命预测。这种方法需要数据较少。其预测精度依赖于所建立的老化模型和真实 PEMFC 系统的一致性。基于模型方法所涉及的技术包括卡尔曼滤波、粒子滤波、机理模型和经验模型。该种方法主要应用经验模型和滤波算法进行长期预测。

6.1 PEMFC 老化模型和预测流程

经验模型是指不分析实际过程的机理，根据从实际得到的与过程相关的数据进行数理统计分析，按误差最小原则归纳出该过程中参数和变量之间的数学关系式，用这种方法所得到的数学表达式称为经验模型。PEMFC 的老化经验模型有线性模型、对数模型、指数模型和极化模型。

线性模型：
$$v_k = v_{k-1} - \alpha + Q_{k-1} \tag{6.1}$$

对数模型：
$$v_k = v_{k-1} - \alpha - \beta \cdot \ln\left(\frac{k}{k-1}\right) + Q_{k-1} \tag{6.2}$$

指数模型：
$$v_k = v_{k-1} - \alpha - \beta \cdot e^{(\gamma \cdot (k-1))} \cdot (e^{\gamma} - 1) + Q_{k-1} \tag{6.3}$$

式中：v_k表示在采样时刻 k 的 PEMFC 电堆电压；α 为 PEMFC 在恒定负载下

的电压老化率；β 和 γ 是 PEMFC 在变负载和特殊工况下的电压老化率。

极化模型：

$$\begin{cases} V_{st} = n_{cell}(E_0 - R_{ohm}i - aT\ln\left(\frac{i}{i_0}\right) + bT\ln\left(1 - \frac{i}{i_L}\right) \\ R_{ohm}(k) = R_0(1+\alpha(k)) \\ i_L(k) = i_{L0}(1-\alpha(k)) \\ \alpha(t) = \beta \cdot k \end{cases} \tag{6.4}$$

式中：V_{st} 表示电堆电压；n_{cell} 表示 PEMFC 单体的数目；i 表示电堆电流；T 表示电堆温度；a 表示 Tafel 常数；b 表示浓度常数；E_0 为给定温度和气体压力下的电堆开路电压；R_{ohm} 为欧姆总内阻；i_0 为交换电流；i_L 为极限电流。

对于极化模型，有研究人员将该模型和极化曲线拟合以求得各个参数在不同老化时刻的的值，如图 6.1 所示，仅 R_{ohm} 和 i_L 随时间有明显的变化，其他参数的变化微乎其微，因此可将 R_{ohm} 和 i_L 表征为电池的健康状态，同时该参数的变化幅度相当，可由变量 α 统一，α 表征为 PEMFC 的健康状态。

R_0 是 R_{ohm} 的初始值，i_{L0} 是 i_L 的初始值。α 表示 PEMFC 的健康状态，β 是变化率。

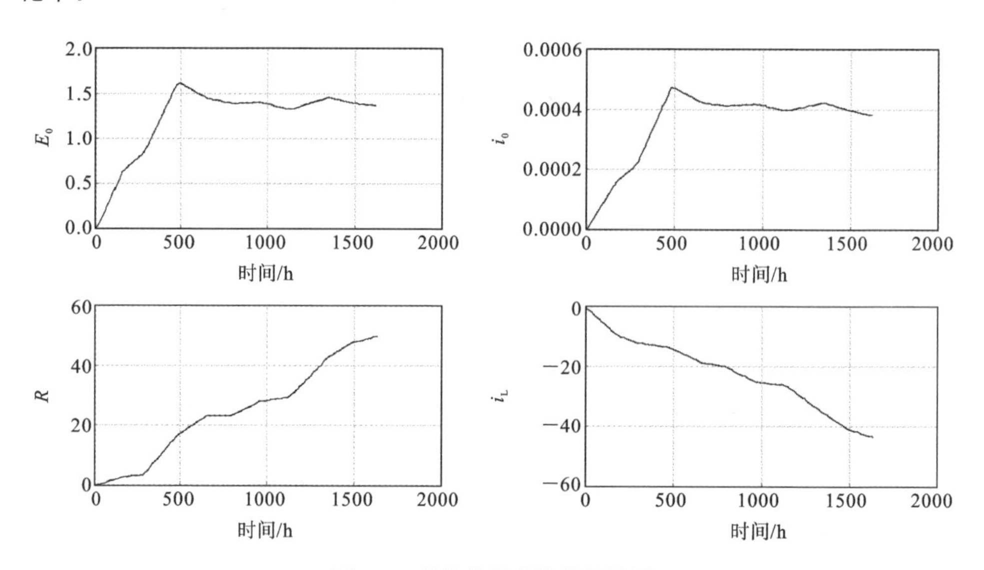

图 6.1　极化模型参数辨识结果

一般基于模型的 PEMFC 老化预测方法根据采集的实验数据，利用极化曲线或者电化学阻抗谱提取数据中的特征，根据参数辨识结果选取可表征电池健康状态的参数以构建 PEMFC 老化模型，再利用滤波算法估计电池的健康状态并推算未来健康状态的变化趋势以计算剩余使用寿命，如图 6.2 所示。

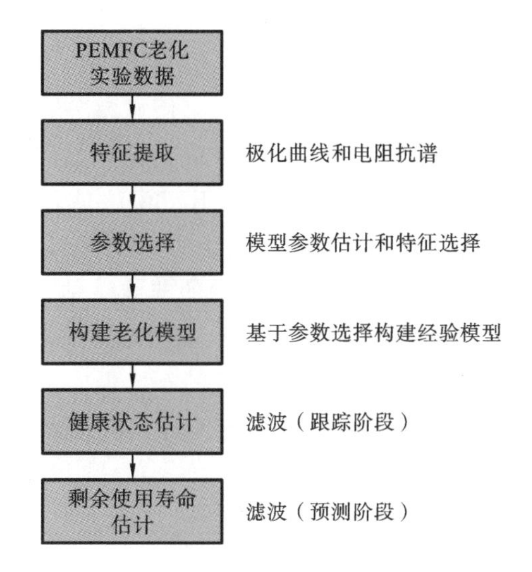

图 6.2　基于模型的 PEMFC 老化预测方法流程

6.2　基于卡尔曼滤波算法的老化预测

卡尔曼滤波(Kalman filter，KF)算法是一种递推算法，由实时获得的受噪声污染的离散观测数据，对系统状态进行线性、无偏及最小误差方差的最优估计。卡尔曼滤波器的应用包括通信、信号处理、石油勘探、故障处理、图像处理等领域。卡尔曼滤波算法脱胎于经典维纳滤波算法，后者产生于第二次世界大战期间，其采用频域法，所得滤波器在物理上不可实现。前者产生于 20 世纪 60 年代初空间技术与电子技术的高速发展时期，电子计算机的出现，要求处理复杂的多变量系统、实时快速计算最优滤波器，在此背景上，Kalman 突破了经典维纳滤波理论和方法的局限性，提出了时域上的状态空间方法。状态空间方法的基本特征是利用状态方程描述动态系统，利用观测方程描述状态的观测信息。传统的 KF 算法只适合用于线性系统，但现实中大部分系统都是非线性的，为了应用在非线性系统中，出现了扩展卡尔曼滤波(extended Kalman filter, EKF)算法，该算法把非线性的系统进行线性化处理。EKF 在非线性程度很强时容易使估算严重偏离实际值。近年来，很多研究人员利用不同的模型以及衍生出的不同卡尔曼滤波算法对估算 PEMFC(质子交换膜燃料电池)的健康状态进行了研究,并取得了较好的效果。

无迹变换卡尔曼滤波(unscented transform Kalman filter,UKF)算法是目前研究的热点算法。该算法结合概率统计知识,采用概率分布的思路处理非线性问题,克服了扩展卡尔曼滤波器需要将非线性方程线性化的问题。就非线性处理而言,EKF 算法只能得到泰勒一阶精度,而 UKF 算法使用无迹变换(unscented transform, UT)变化来替代非线性的线性化处理,绕过了泰勒展开式,可以得到模型的二阶甚至三阶精度,是目前极具发展前途的非线性估计算法。在 PEMFC 健康状态估计中,存在非线性噪声。若使用传统 KF 算法,前提条件是假设该非线性随机噪声是高斯白噪声,需要事先知道其统计特征。但实际电池管理系统在数据采集过程中的噪声统计特性往往是未知的,这使得卡尔曼滤波器的滤波性能降低,有时甚至会引起滤波发散,严重偏离真实值。

6.2.1 基于 EKF 的老化预测

传统 KF 算法只能处理线性系统空间模型,而大多数实际系统都是非线性很强的系统。为了能将 KF 算法应用到非线性系统中,出现了 EKF 算法。EKF 算法是在传统 KF 算法的基础上,在最佳估计点附近使用泰勒级数展开非线性状态方程,舍去高阶项,留下一次项,将非线性函数线性化处理。在非线性系统中,EKF 算法得以广泛使用。在弱非线性系统中,EKF 算法能够取得较好的估算效果。

假设系统的状态空间方程为

系统方程:
$$x_k = f(x_{k-1}, u_k) + w_{1_k} \tag{6.5}$$

观测方程:
$$y_k = g(x_k, u_k) + v_{1_k} \tag{6.6}$$

式中:x_k 是 k 时刻的系统状态变量;y_k 是 k 时刻的系统观测量;u_k 代表 k 时刻的输入量;w_{1_k},v_{1_k} 分别代表 k 时刻的过程激励噪声以及测量噪声,它们是彼此独立的高斯白噪声;f、g 代表非线性函数。

对于每一预测点,将 f、g 分别采用泰勒级数进行展开处理,并舍掉高阶项可得

$$f(x_{k-1}, u_k) \approx f(\hat{x}_{k-1}, u_k) + \frac{\delta f(x_{k-1}, u_k)}{\delta x_{k-1}}\bigg|_{x_{k-1}=\hat{x}_{k-1}} \cdot (x_{k-1} - \hat{x}_{k-1}) \tag{6.7}$$

$$g(x_k, u_k) \approx g(\hat{x}_k, u_k) + \frac{\delta g(x_k, u_k)}{\delta x_k}\bigg|_{x_k=\hat{x}_k} \cdot (x_k - \hat{x}_k) \tag{6.8}$$

式(6.7)和式(6.8)成立的前提条件是 $f(x_{k-1}, u_k)$、$g(x_k, u_k)$ 在各个预测点是可导的。

记 $A_{k-1} = \left.\dfrac{\delta f(x_{k-1}, u_k)}{\delta x_{k-1}}\right|_{x_{k-1}=\hat{x}_{k-1}}$,$C_k = \left.\dfrac{\delta g(x_k, u_k)}{\delta x_k}\right|_{x_k=\hat{x}_k}$,则式(6.7)和式(6.8)

变为

$$f(x_{k-1},u_k)\approx A_{k-1}\cdot x_{k-1}+[f(\hat{x}_{k-1},u_k)-A_{k-1}\cdot \hat{x}_{k-1}] \tag{6.9}$$

$$g(x_k,u_k)\approx C_k\cdot x_k+[g(\hat{x}_k,u_k)-C_k\cdot \hat{x}_k] \tag{6.10}$$

式中：$f(\hat{x}_{k-1},u_k)-A_{k-1}\cdot \hat{x}_{k-1}$ 相当于传统 KF 算法系统方程中的 $B_k\cdot u_k$；$g(\hat{x}_k,u_k)-C_k\cdot \hat{x}_k$ 相当于传统 KF 算法观测方程中的 $D_k\cdot u_k$。

EKF 算法流程如下。

(1) 初始化。

令 $k=0$，$\hat{x}_0^+=E[x_0]$，则

$$\hat{P}_0^+=E[(x_0-\hat{x}_0^+)\cdot(x_0-\hat{x}_0^+)^{\mathrm{T}}] \tag{6.11}$$

(2) 时间更新方程。

由式(6.5)系统方程计算状态的先验估计

$$\hat{x}_k^-=f(\hat{x}_{k-1}^+,u_k) \tag{6.12}$$

计算协方差的先验估计

$$\hat{P}_k^-=\boldsymbol{A}_{k-1}\cdot\hat{P}_{k-1}^+\cdot\boldsymbol{A}_{k-1}^{\mathrm{T}}+\boldsymbol{Q}_{k-1} \tag{6.13}$$

(3) 状态更新方程。

计算卡尔曼增益矩阵

$$Kg=\hat{P}_k^-\cdot\boldsymbol{C}_k^{\mathrm{T}}\cdot(\boldsymbol{C}_k\cdot\hat{P}_k^-\cdot\boldsymbol{C}_k^{\mathrm{T}}+R_k)^{-1} \tag{6.14}$$

由式(6.6)观测方程计算状态的后验估计

$$\hat{x}_k^+=\hat{x}_k^-+Kg\cdot(y_k-g(\hat{x}_k^-,u_k)) \tag{6.15}$$

计算协方差矩阵的后验估计

$$\hat{P}_k^+=(I-Kg\cdot\boldsymbol{C}_k)\cdot\hat{P}_k^- \tag{6.16}$$

在非线性估计领域中，EKF 算法因为算法简单易行而被广泛地应用，但是该算法也存在不足，EKF 算法在非线性处理上，忽略了泰勒级数的高阶项对非线性系统的影响，这对状态估计产生较大的负面影响，从而对算法的性能产生不良的后果，甚至影响整个系统。

本书将 EKF 和极化模型相结合，令 $\boldsymbol{x}_k=[\alpha_k,\beta_k]$，其过程方程为 $\boldsymbol{x}_k=\boldsymbol{A}\boldsymbol{x}_{k-1}+\boldsymbol{Q}_k$，观测方程为 $y_k=n_{\mathrm{cell}}(E_0-R_0(1+\alpha_k)I_k-aT\ln(i_k/i_0)+bT\ln(1-i_k/i_{\mathrm{L0}}(1-\alpha_k)))$；$\boldsymbol{A}=[1,\Delta T;0,1]$；$\boldsymbol{C}_k=[n_{\mathrm{cell}}(-R_0 i_k+bT(1/(1-\alpha_k)-i_{\mathrm{L0}}/(i_{\mathrm{L0}}(1-\alpha_k)-i_k))),\ 0]$。$\Delta T$ 为采样频率，这里采用 1 h。初始化噪声 $\boldsymbol{P}$、$\boldsymbol{Q}$ 和状态 x_0，即可代入式(6.5)～式(6.16)，对 PEMFC 的健康状态进行估计，并通过预测开始时刻的 β 来预测未来的 α，即 $\alpha_k=\alpha_{k-1}+\beta_{k-1}\Delta T$。预测的 α 代入式(6.4)计算电压预测值。本书将该思路应用于第 5 章的 FC1 数据集，结果如图 6.3 所示。

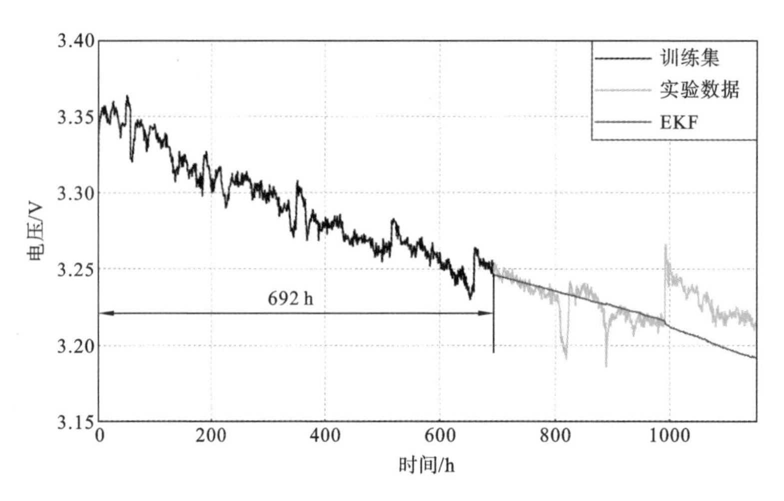

图 6.3　基于 EKF 的 PEMFC 老化预测结果

6.2.2　基于 UKF 的老化预测

EKF 在滤波过程中的误差影响不容忽视，且由于 EKF 算法需要计算雅克比矩阵，计算量大，因此需寻找更好的方法来解决强非线性状态估计中遇到的问题。在此基础上，出现了 UKF 算法，该算法结合概率统计的知识，采用概率分布的思路处理非线性问题，不需要对非线性系统做任何处理，且算法的精度可以达到泰勒级数的三阶，而 EKF 算法只能达到一阶。基于 UKF 算法是当前最有发展前途的非线性估计算法。

1. UT 变换

UKF 算法是在 EKF 算法的基础上改进而来的。对于时间更新和测量更新过程，它采用 UT 变换来处理均值与协方差的非线性传递，其他过程按照传统卡尔曼滤波算法进行计算。UT 变换是采用确定数量的参数去模拟一个高斯分布，UT 变换最基本的两个原理是：其一，能够在单一点进行非线性变换；其二，能够在状态空间中找到一组独立的样本点，这组样本点的概率密度函数可以用来近似状态量的真实概率密度函数。其实现原理为：在原先分布基础之上，再选择一组准确并且带有权值的粒子集合，称为 Sigma 点集，使这些点的均值以及协方差与原状态分布的均值以及协方差相等，并把这些点代入到非线性变换中去，从而获得非线性函数点集，通过这些 Sigma 点集可以求得变换后的均值以及协方差。当具有高斯型状态变量的任意非线性函数系统进行传递时，使用这组样本点能够获得精度达到 3 阶矩的后验均值和协方差。

当前，对于 UT 变换的研究，较多的是研究 Sigma 点采样策略，常用的采样策略包括对称采样以及单行采样等。对于对称采样策略，采样点的数目是 $m=2n+1$，其中 n 是系统状态变量的维数，以采样点中的一个点为中心对称分布，使这 $2n$ 个 Sigma 点与中心点之间的距离相等，则对应的权值也相等。针对单行采样策略，Sigma 点的数目是 $m=n+2$，呈非对称分布，这些点的权值各不相同。

本书的 UT 变换所选用的采样策略是对称采样，UT 变换示意图如图 6.4 所示。

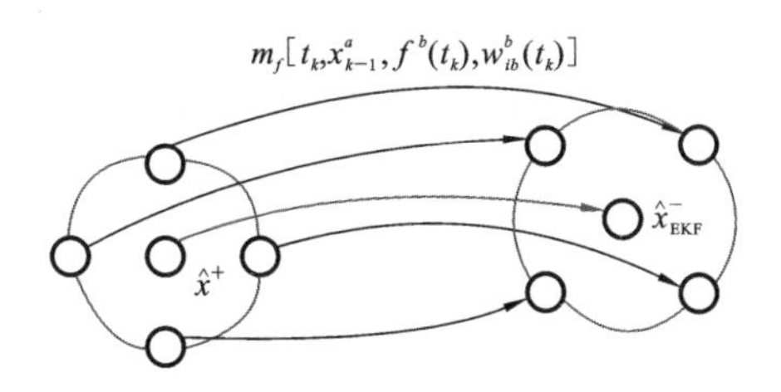

图 6.4　UT 变换示意图

假设有一非线性函数变换 $y=h(x)$，其变量 x 的维数为 n，选取 $2n+1$ 个 Sigma 点 $x^{(i)}$，使得它们的均值以及协方差与随机变量 x 的均值以及协方差相等，对 Sigma 点使用非线性函数进行非线性变换，获取变换后的矢量，通过计算该矢量的均值以及协方差可以比较准确地估算出因变量 y 的真实均值以及协方差。Sigma 点 $x^{(i)}$ 满足如下方程

$$\begin{cases} X^{(0)}=x_{k-1} \\ X^{(i)}=x_{k-1}+\left(\sqrt{(L+r)\cdot \mathrm{P}_{k-1}^{x}}\right)_i \quad i=1,2,\cdots,L \\ X^{(i)}=x_{k-1}-\left(\sqrt{(L+r)\cdot \mathrm{P}_{k-1}^{x}}\right)_{i-L} \quad i=L+1,L+2,\cdots,2L \end{cases} \tag{6.17}$$

这些采样点对应的权值为

$$\begin{cases} w_0^m=\dfrac{r}{L+r} \\ w_0^c=\dfrac{r}{L+r}+(1-\alpha^2+\beta) \\ w_i^m=w_i^c=\dfrac{1}{2(L+r)} \quad i=1,2,\cdots,2L \end{cases} \tag{6.18}$$

2. 算法简介

UKF 算法所需要模型的一般数学形式如下：

$$x_{k+1}=f(x_k,u_k)+w_k \tag{6.19}$$

$$y_k=g(x_k,u_k)+v_k \tag{6.20}$$

式中：x_k为k时刻系统的状态变量；f为函数；g为电池模型定义下的非线性函数；u_k为系统k时刻的输入；y_k为电池的输出电压。

系统噪声、测量噪声的统计特性为

$$\begin{cases} E[w_k]=q_k \\ E[w_k w_j{}']=Q_k\delta_{kj} \\ E[v]_k=r_k \\ E[v_k v'_j]=R_k\delta_{kj} \\ E[w_k v'_j]=0 \end{cases} \tag{6.21}$$

初始化，将x_0设定为状态变量的初始值，若应用极化模型，方差估计初始值设为P_0，有

$$P_0=\begin{bmatrix} P_w & 0 \\ 0 & P_v \end{bmatrix} \tag{6.22}$$

根据状态变量的均值x_{k-1}及其协方差P_{k-1}^x，已知状态变量的维数是$L=2$，UKF算法步骤如下。

1）计算采样点

采用Sigma点对称采样策略，获得x点的Sigma点集，以及其相应的均值加权值w_i^m和方差加权值w_i^c，计算公式如下

$$\begin{cases} X_0=x_{k-1} \\ X_i=x_{k-1}+(\sqrt{(L+r)\cdot \mathrm{P}_{k-1}^x})_i \quad i=1,2,\cdots,L \\ X_i=x_{k-1}-(\sqrt{(L+r)\cdot \mathrm{P}_{k-1}^x})_{i-L} \quad i=L+1,L+2,\cdots,2L \\ w_0^m=\dfrac{r}{L+r} \\ w_0^c=\dfrac{r}{L+r}+(1-\alpha^2+\beta) \\ w_i^m=w_i^c=\dfrac{1}{2(L+r)} \quad i=1,2,\cdots,2L \end{cases} \tag{6.23}$$

式中：α，β是常数；$r=\alpha^2(L+\varepsilon)-L$，一般来说，$0\leqslant\alpha\leqslant1$，$\alpha$用于设置这些点集到均值的距离，通常设置为一个很小的正数，ε是副尺度参数，为了保证方差阵为半正定，其取值为非负数。$\beta\geqslant0$，作为状态分布参数，在高斯先验分布中，其最优值$\beta=2$；$(\sqrt{(L+r)\cdot P_{k-1}^x})_i$代表加权协方差矩阵的平方根的第$i$列；通过标量$\varepsilon$可以控制均值点的距离，$\varepsilon$通常设置为0或者$6L$。

2）时间更新

根据状态方程（式(6.19)）计算状态更新

$$X_{k|k-1}=f(X_{k-1},i_k)+q_k \tag{6.24}$$

计算状态估计

$$x_k^-=\sum_{i=0}^{2L}w_i^m\cdot X_{i,k|k-1} \tag{6.25}$$

计算状态估计的协方差

$$P_k^{x-}=\sum_{i=0}^{2L}w_i^c\cdot(X_{i,k|k-1}-x_k^-)\cdot(X_{i,k|k-1}-x_k^-)'+Q_K \tag{6.26}$$

根据观测方程(式(6.19))测量更新

$$Y_{k|k-1}=g(X_{k|k-1},i_k)+r_k \tag{6.27}$$

计算测量估计

$$y_k^-=\sum_{i=0}^{2L}w_i^m\cdot Y_{i,k|k-1} \tag{6.28}$$

计算测量估计 y_k^- 的协方差

$$P_k^{y-}=\sum_{i=0}^{2L}w_i^c\cdot(Y_{i,k|k-1}-y_k^-)\cdot(Y_{i,k|k-1}-y_k^-)'+R_k \tag{6.29}$$

计算 $X_{i,k|k-1}$ 与 $Y_{i,k|k-1}$ 的协方差

$$P_k^{xy}=\sum_{i=0}^{2L}w_i^c\cdot(X_{i,k|k-1}-x_k^-)\cdot(Y_{i,k|k-1}-y_k^-) \tag{6.30}$$

3）测量更新

计算卡尔曼增益矩阵

$$kg=P_k^{xy}\,(P_k^{y-})^{-1} \tag{6.31}$$

获得状态更新后的矩阵

$$x_k=x_k^-+kg\cdot(y_k-y_k^-) \tag{6.32}$$

求得更新状态的后验协方差估计

$$P_k^x=P_k^{x-}-kg\cdot(P_k^{y-})\cdot kg^{\mathrm{T}} \tag{6.33}$$

UKF 算法的优点如下。

(1) 估算精度比 EKF 算法高,因为 UKF 算法不需要对非线性系统函数做任何处理,以此保留了全部高阶项的重要信息。

(2) UKF 算法更适用于任何非线性系统,因为 EKF 算法要求所应用的模型是完全可导的,而 UKF 算法在计算均值以及协方差时,只需进行向量以及矩阵的相关运算。

(3) 计算量较小,因为 UKF 算法不必计算复杂的雅可比矩阵。

(4) UKF 算法比 EKF 算法更易于用硬件实现。

应用 UKF 算法对 PEMFC 进行估计时,不必对非线性系统做任何形式的处

理，直接将非线性方程（式(6.19)和式(6.20)）代入 UKF 算法的 PEMFC 健康状态估算步骤（式(6.21)～式(6.33)）中，实现对 PEMFC 健康状态的估算。基于 UKF 算法的 PEMFC 健康状态估计流程如图 6.5 所示。

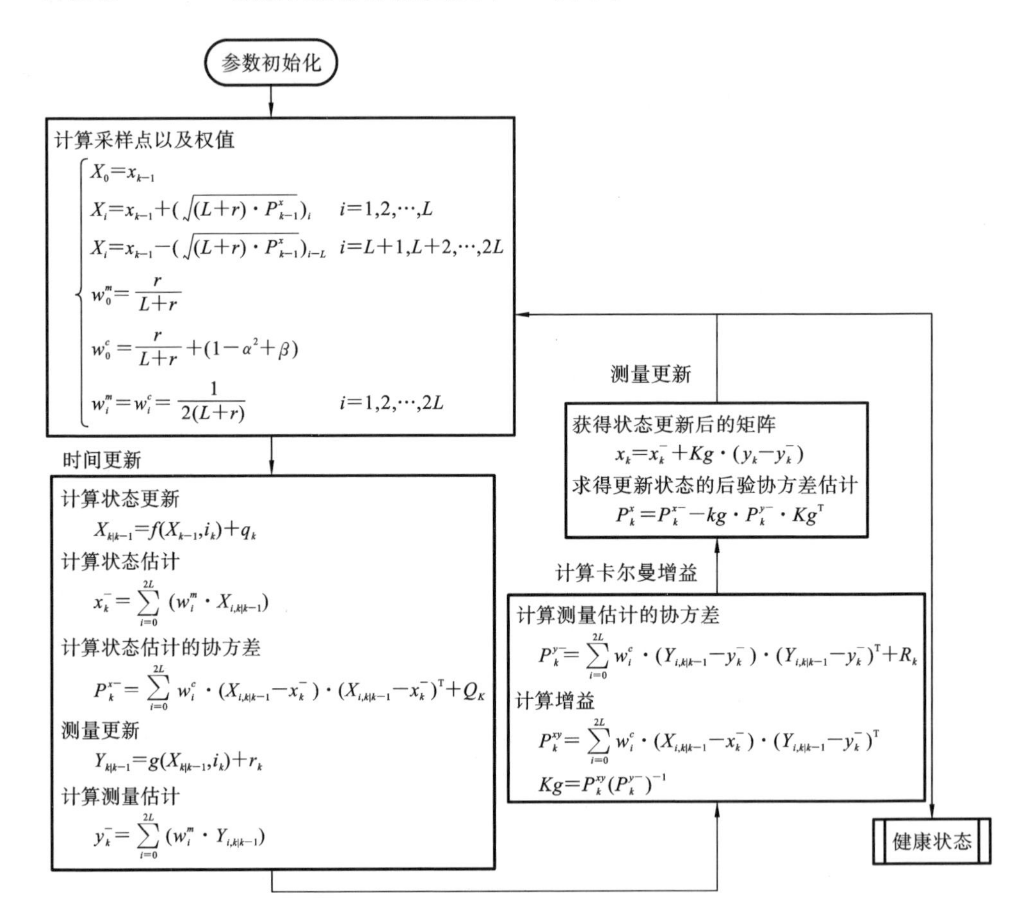

图 6.5　基于 UKF 算法的 PEMFC 健康状态估计流程

本书将 UKF 和极化模型相结合，令 $\boldsymbol{x}_k=[\alpha_k,\beta_k]$，其过程方程为 $\boldsymbol{x}_k=\boldsymbol{A}\boldsymbol{x}_{k-1}+\boldsymbol{Q}_k$，观测方程为 $y_k=n_{\text{cell}}(E_0-R_0(1+\alpha_k)I_k-aT\ln(i_k/i_0)+bT\ln(1-i_k/i_{\text{L0}}(1-\alpha_k)))$；$\boldsymbol{A}=[1,\Delta T;0,1]$；$\Delta T$ 为采样频率，这里采用 1 h。初始化噪声 $\boldsymbol{P}$、$\boldsymbol{Q}$ 和状态 x_0，即可代入式(6.21)～式(6.33)，对 PEMFC 的健康状态进行估计，并通过预测开始时刻的 β 来预测未来的 α，即 $\alpha_k=\alpha_{k-1}+\beta_{k-1}\Delta T$。预测的 α 代入式(6.20)计算电压预测值。本书将该思路应用于第 5 章的 FC1 数据，结果如图 6.6 所示。

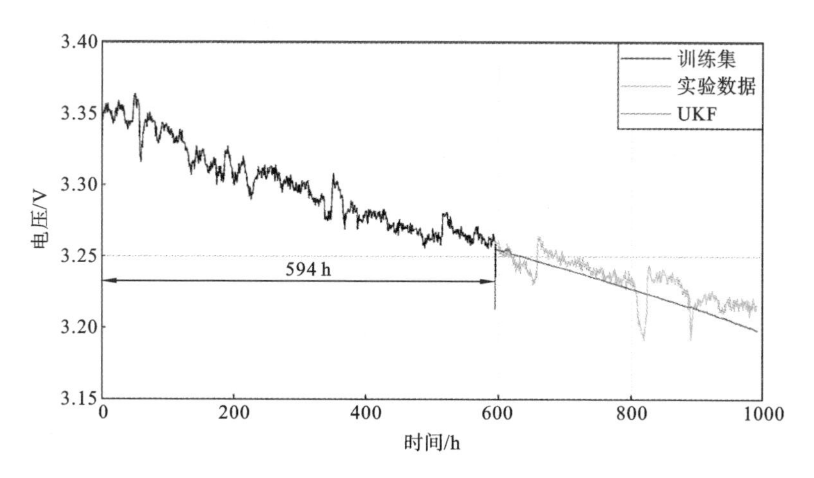

图 6.6 基于 UKF 的 PEMFC 老化预测结果

6.2.3 基于 AEKF 的老化预测

EKF 在实际使用中需要预设过程噪声和测量噪声初值信息，状态估计结果的优劣依赖于初值的选择。此外，实际应用中噪声的统计特性往往未知，不合理的初值信息会使得估计结果发散。采用自适应滤波方法对系统的过程噪声和测量噪声进行校正，减少噪声对系统状态估计的影响，AEKF（自适应 EKF）得以建立。

AEKF 的数学形式在 EKF 之后加入了噪声信息协方差匹配机制，如下：

$$\Pi_k = \frac{1}{M}\sum_{i=k-M+1}^{k}(y_k - g(\hat{x}_k^-, u_k)) \tag{6.34}$$

$$Q_k = Kg\Pi_k Kg^{\mathrm{T}} \tag{6.35}$$

$$R_k = \Pi_k - \boldsymbol{C}_k P_k^- \boldsymbol{C}_k^{\mathrm{T}} \tag{6.36}$$

式中：Π_k 为信息实时估计的协方差函数，M 为滑窗大小。

本节将 AEKF 和极化模型相结合，基本流程与 EKF 一致，基于 AEKF 的 PEMFC 老化预测结果如图 6.7 所示。

6.2.4 基于 AUKF 的老化预测

在 PEMFC 健康状态估计中，存在非线性噪声。使用一般的 KF 算法，前提条件都是假设随机噪声是高斯白噪声，并且要求明确已知统计特性。在氢燃料电池汽车的实际运行过程中，电池管理系统在数据采集的过程中，噪声统计特性往往是不清楚的，会降低 KF 算法的估计性能，甚至有时会引起滤波发散，严重偏离真实

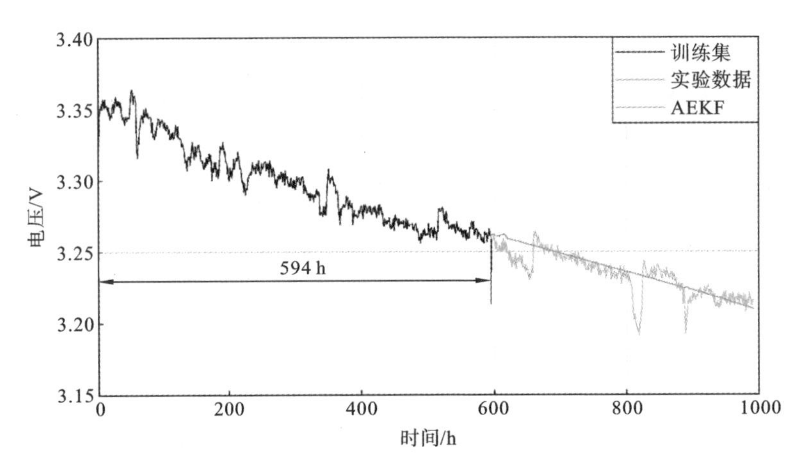

图 6.7　基于 AEKF 的 PEMFC 老化预测结果

值。为了解决这个问题，采用自适应 UKF(AUKF)算法对 PEMFC 的健康状态进行估算，该算法在基于 UT 变换的卡尔曼滤波器的基础上融合自适应算法，能够实时在线估计过程噪声和测量噪声的协方差矩阵，从而可以提高滤波精度。

AUKF 是结合 UT 变换、自适应滤波以及 KF 算法而提出的一种滤波算法。由于 UKF 算法通过给定概率密度的均值和协方差样本点采样，通过给定的非线性变换获取所需要的点，变换后的点均值以及协方差矩阵可以通过变换后的变换点经过某种函数变换获得。AUKF 算法旨在使用实时观测到的数据，在实施滤波递推的同时，使用 Sage-Husa 噪声估计器对不确定性噪声统计特征实行实时更新，进而减少模型误差的影响，同时可以制约算法发散，以最大限度地接近真实值。

该算法使用传统 UKF 算法估算 PEMFC 的健康状态，同时使用次优 Sage-Husa 噪声估计器实时更新系统的噪声统计特性，利用遗忘因子对噪声估计器的记忆长度进行有效限制，从而使得新近数据能够发挥重要作用，此外能够逐渐遗忘陈旧数据，克服由外界扰动、系统标称模型误差等因素造成的噪声不稳问题。

为了应对未建模动态或者时变系统的卡尔曼滤波问题，本书在 UKF 算法的基础上引入一种基于渐消记忆指数加权法改善的噪声估计器，该估计器公式如下：

$$\begin{cases} r_{k+1}=(1-d_k)\cdot r_k+d_k\cdot(y_k-g(x_k,i_k)-r_k) \\ R_{k+1}=(1-d_k)\cdot R_k+d_k\cdot[(y_k-y_k^-)\cdot(y_k-y_k^-)^{\mathrm{T}}-P_k^{y-}\cdot(P_k^{y-})^{\mathrm{T}}] \\ q_{k+1}=(1-d_k)\cdot q_k+d_k\cdot(x_k-x_k^-) \\ Q_{k+1}=(1-d_k)\cdot Q_k+d_k\cdot[kg\cdot(y_k-y_k^-)\cdot(y_k-y_k^-)^{\mathrm{T}}\cdot kg^{\mathrm{T}}+P_k^x-P_k^{xy}\cdot(P_k^{xy})^{\mathrm{T}}] \end{cases} \tag{6.37}$$

式中：r_k、R_k、q_k、Q_k 由时变噪声统计估计器通过递推计算获得；$d_k=(1-b)/$

$(1-b^k)$，b 代表遗忘因子，范围为 0.95～0.99；上标 T 表示矩阵的转置。

AUKF 算法在基本 UKF 算法的基础上，在线实时估算，并且不断地校正状态变量的值，所以增强了状态估计精度。基于 AUKF 的 PEFMC 健康状态估计流程如图 6.8 所示。

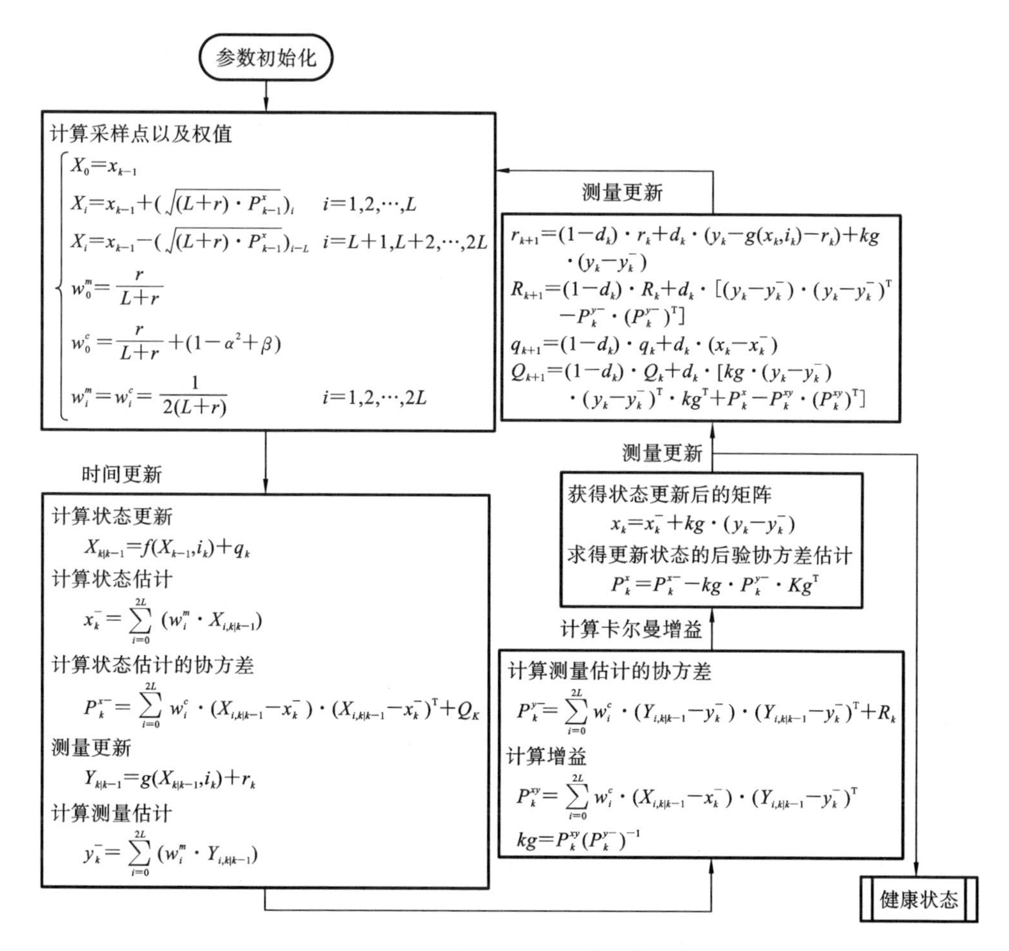

图 6.8　基于 AUKF 的 PEFMC 健康状态估计流程

本书应用的 AUKF 和 UKF 的初始设置一致，基于 AUKF 的 PEMFC 老化预测结果如图 6.9 所示。

6.2.5　基于 FDKF 的老化预测

频域卡尔曼滤波(frequency domain Kalman filter, FDKF)是一种基于卡尔曼滤波的变种，它是一种在频域中对信号进行滤波的方法。该方法在技术领域有许

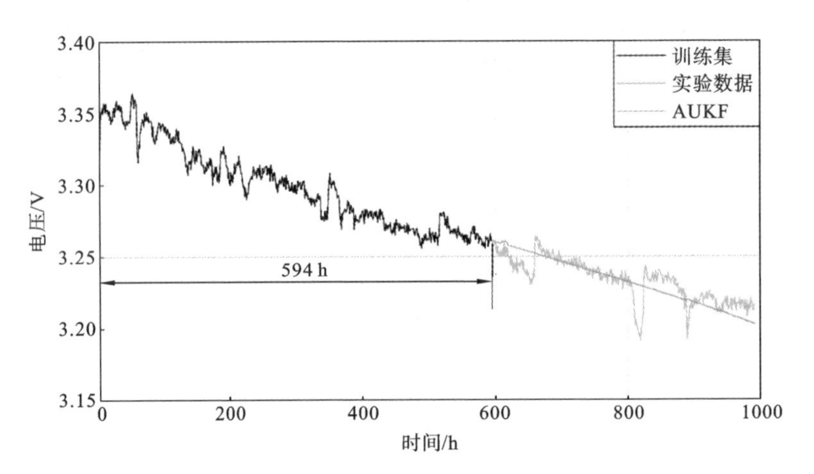

图 6.9 基于 AUKF 的 PEMFC 老化预测结果

多的应用,例如飞机及太空船的导引、导航及控制。其可对 PEMFC 的健康状态进行准确的估计。

PEMFC 的时域老化预测问题如图 6.10 所示。

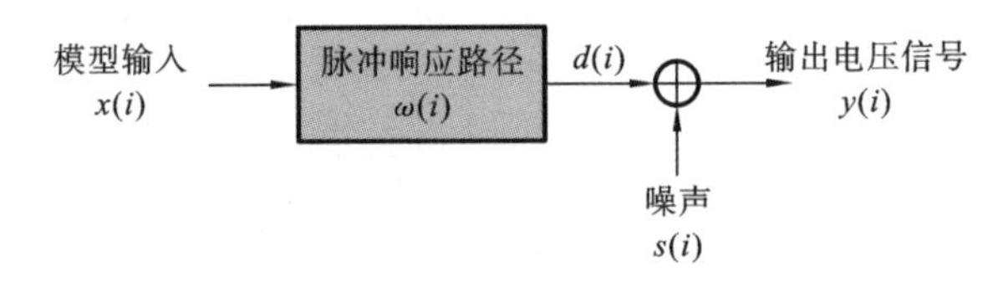

图 6.10 PEMFC 的时域老化预测问题

图 6.10 中 i 为时间指数。$x(i)$是模型输入的电压信号。$\omega(i)$为脉冲响应路径,是由燃料电池和工况决定的未知参数。$x(i)$和 $\omega(i)$的卷积形成 $d(i)$。$s(i)$为白噪声,与 $d(i)$一起构成输出电压信号 $y(i)$。

在这个问题中,最重要的任务是找到路径 $\omega(i)$,从而去掉噪声,得到 $d(i)$。$x(i)$、$\omega(i)$和 $d(i)$之间的关系可以表示为

$$d(i)=x(i)*\omega(i) \tag{6.38}$$

这里 * 是卷积因子。所以对于 $y(i)$,有

$$y(i)=d(i)+s(i)=x(i)*\omega(i)+s(i) \tag{6.39}$$

为了解决这个问题,我们可以将方程从时域变换到频域,因此对一系列数据应用离散傅里叶变换(discrete Fourier transform, DFT)操作。为了实现 DFT,取长度为 M 的数据窗口,并且窗口以每步 R 个数据的速度向前移动。在这项研究中,我们取 $M=256$ 和 $R=128$。对于第 k 步,使用一个向量表示 $x(i)$的最新的 M 个数据:

$$\boldsymbol{x}(k)=[x((k-1)R+1),x((k-1)R+2),\cdots,x((k-1)R+M)]^{\mathrm{H}} \quad (6.40)$$

式中：上标 H 表示厄米特转置。于是得到频域输入 $\boldsymbol{X}(k)$ 为

$$\boldsymbol{X}(k)=\mathrm{diag}\{\boldsymbol{F}\boldsymbol{x}(k)\} \quad (6.41)$$

式中：diag{ }为创建一个新的矩阵，将向量作为它的主对角线项。$\boldsymbol{F}$ 为傅里叶矩阵，可以实现矢量的傅里叶变换效果，从而将矢量从时域变换到频域。

$$\boldsymbol{F}\boldsymbol{x}(k)=[X(1,k),X(2,k),\cdots,X(M,k)]^{\mathrm{H}} \quad (6.42)$$

对于 $\boldsymbol{\omega}(k)$，只使用上一步得到的第一个 $M-R$ 阶响应，并假设其可以覆盖脉冲响应的全部跨度。对于忽略的部分，添加 0 使其成为 M 个数据向量：

$$\boldsymbol{\omega}(k)=[\omega(1,k),\omega(2,k),\cdots,\omega(M-R,k),0,\cdots,0]^{\mathrm{T}} \quad (6.43)$$

同样，在频域内，我们可以得到复频域脉冲响应路径为

$$\boldsymbol{W}(k)=\boldsymbol{F}\boldsymbol{\omega}(k)=[W(1,k),W(2,k),\cdots,W(M,k)]^{\mathrm{T}} \quad (6.44)$$

对于 $y(i)$ 和 $s(i)$，将最新的 R 个数据作为一个向量，可以表示为

$$\boldsymbol{y}(k)=[y(k-2)R+M+1),y(k-2)R+M+2),\cdots,y(k-1)R+M)]^{\mathrm{T}} \quad (6.45)$$

$$\boldsymbol{s}(k)=[s(k-2)R+M+1),s(k-2)R+M+2),\cdots,s(k-1)R+M)]^{\mathrm{T}} \quad (6.46)$$

令 $\boldsymbol{Q}^{\mathrm{H}}=[\boldsymbol{0}_{R\times(M-R)}\ \boldsymbol{I}_{R\times R}]$，它是一个 R 行 M 列矩阵。它只能从一个长度为 M 的向量中截取最后的 R 项。根据卷积理论，时域信号的卷积可以转化为频域上的乘法，因此有

$$\boldsymbol{d}(k)=\boldsymbol{Q}^{\mathrm{H}}\boldsymbol{F}^{-1}\boldsymbol{X}(k)\boldsymbol{W}(k) \quad (6.47)$$

式(6.45)可写为

$$\boldsymbol{y}(k)=\boldsymbol{d}(k)+\boldsymbol{s}(k)=\boldsymbol{Q}^{\mathrm{H}}\boldsymbol{F}^{-1}\boldsymbol{X}(k)\boldsymbol{W}(k)+\boldsymbol{s}(k) \quad (6.48)$$

将其变换到频域中，可以得到

$$\boldsymbol{Y}(k)=\boldsymbol{F}\boldsymbol{Q}\boldsymbol{Q}^{\mathrm{H}}\boldsymbol{F}^{-1}\boldsymbol{X}(k)\boldsymbol{W}(k)+\boldsymbol{F}\boldsymbol{Q}\boldsymbol{s}(k) \quad (6.49)$$

这里 $\boldsymbol{Q}$ 用来在向量的第一个 $M-R$ 数据中加上 0，使向量从长度 R 变为长度 M。然后，通过取

$$\boldsymbol{C}(k)=\boldsymbol{F}\boldsymbol{Q}\boldsymbol{Q}^{\mathrm{H}}\boldsymbol{F}^{-1}\boldsymbol{X}(k) \quad (6.50)$$

$$\boldsymbol{S}(k)=\boldsymbol{F}\boldsymbol{Q}\boldsymbol{s}(k) \quad (6.51)$$

可以得到

$$\boldsymbol{Y}(k)=\boldsymbol{C}(k)\boldsymbol{W}(k)+\boldsymbol{S}(k) \quad (6.52)$$

可以看出，该方程给出了频域输入信号 $\boldsymbol{X}(k)$、频域冲激响应 $\boldsymbol{W}(k)$ 和频域输出信号 $\boldsymbol{Y}(k)$ 之间的关系。

以 $\boldsymbol{W}(k)$ 为状态变量，$\boldsymbol{C}(k)$ 为测量矩阵，$\boldsymbol{Y}(k)$ 为输出，$\boldsymbol{S}(k)$ 为噪声，假设频域响

应 $\boldsymbol{W}(k)$ 仅在两步之间缓慢变化，则系统方程为

$$\begin{cases}\boldsymbol{W}(k+1)=A\boldsymbol{W}(k)+\Delta\boldsymbol{W}(k)\\ \boldsymbol{Y}(k)=\boldsymbol{C}(k)\boldsymbol{W}(k)+\boldsymbol{S}(k)\end{cases} \tag{6.53}$$

式中：A 是一个接近于 1 的常数。取 $\Delta\boldsymbol{W}(k)$ 为白噪声，则在频域内，系统可表示为图 6.11 的形式。

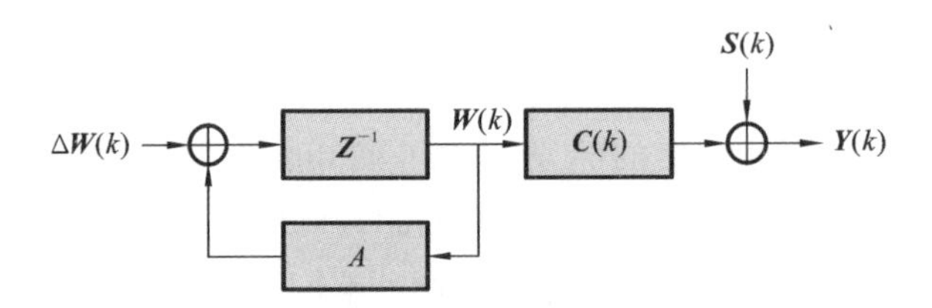

图 6.11　系统的燃料电池频域预测问题

对于如图 6.11 所示的问题，我们可以利用卡尔曼滤波得到 $\boldsymbol{W}(k)$。假设 $\boldsymbol{S}(k)$ 和 $\Delta\boldsymbol{W}(k)$ 为不相关的高斯噪声，其协方差矩阵分别为 $\boldsymbol{\Phi}_{SS}$ 和 $\boldsymbol{\Phi}_{\Delta\Delta}$，我们可以得到卡尔曼滤波形式的解：

$$\boldsymbol{W}^{+}(k)=A\boldsymbol{W}(k-1) \tag{6.54}$$

$$\boldsymbol{P}^{+}(k)=A\boldsymbol{P}(k-1)A'+\boldsymbol{\Phi}_{\Delta\Delta} \tag{6.55}$$

$$\boldsymbol{K}(k)=\boldsymbol{P}^{+}(k)\boldsymbol{C}^{H}(k)[\boldsymbol{C}(k)\boldsymbol{P}^{+}(k)\boldsymbol{C}^{H}(k)+\boldsymbol{\Phi}_{SS}]^{-1} \tag{6.56}$$

$$\boldsymbol{W}(k)=\boldsymbol{W}^{+}(k)+\boldsymbol{K}(k)[\boldsymbol{Y}(k)-\boldsymbol{C}(k)\boldsymbol{W}(k)] \tag{6.57}$$

$$\boldsymbol{P}(k)=(\boldsymbol{I}-\boldsymbol{K}(k)\boldsymbol{C}(k)\boldsymbol{P}^{+}(k)] \tag{6.58}$$

式中：$\boldsymbol{P}(k)$ 是估计误差协方差；$\boldsymbol{W}^{+}(k)$ 和 $\boldsymbol{P}^{+}(k)$ 是 $\boldsymbol{W}(k)$ 和 $\boldsymbol{P}(k)$ 的超前估计；$\boldsymbol{K}(k)$ 为频域中的卡尔曼增益。通过这种方法，我们可以一步一步地更新 $\boldsymbol{W}(k)$，然后用它来预测电压输出。所提出的 FDKF 方法的稳定性和收敛性在附录中给出。本研究中，参数 A、$\boldsymbol{\Phi}_{SS}$ 和 $\boldsymbol{\Phi}_{\Delta\Delta}$ 为整定参数，根据估算电压与实验数据最接近的准则选取。因此取 $A=0.9999$，$\boldsymbol{\Phi}_{SS}=10^{-2}\boldsymbol{I}_{M\times M}$，$\boldsymbol{\Phi}_{\Delta\Delta}=10^{-4}\boldsymbol{I}_{M\times M}$。

采用 FDKF 方法对 PEMFC 进行预测如图 6.12 所示。预测过程可分为学习阶段和预测阶段两部分。在学习阶段，通过老化经验模型和过程方程，可以得到 $\boldsymbol{x}(i)$。在 M 个数据块中的第 $\boldsymbol{x}(i)$ 组，在每一步对其进行 DFT 可以得到频域输入 $\boldsymbol{X}(k)$。通过频域冲激响应 $\boldsymbol{W}(k)$，可以得到估计的频域输出 $\hat{\boldsymbol{Y}}(k)$。同时，实际输出 $\boldsymbol{y}(i)$ 也被转入频域，即 $\boldsymbol{Y}(k)$。然后将实际频域输出 $\boldsymbol{Y}(k)$ 与估计输出 $\hat{\boldsymbol{Y}}(i)$ 相减，得到频域误差 $\boldsymbol{E}(k)$。根据式(6.54)～式(6.58)更新 $\boldsymbol{W}(k)$。最后，离散傅里叶逆变换(inverse discrete Fourier transform，IDFT)可以将估计的频域输出 $\hat{\boldsymbol{Y}}(k)$ 变换到时域。该方法可以更新脉冲响应，估计输出电压。

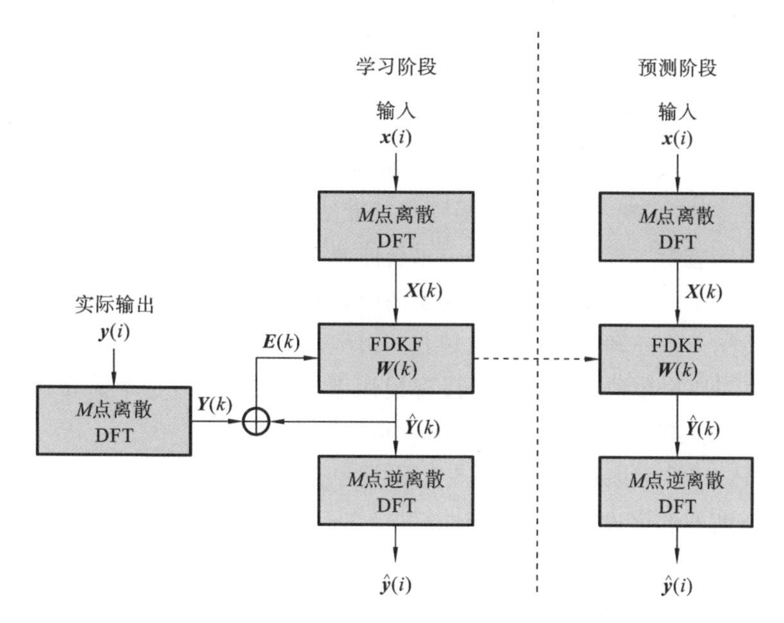

图 6.12　采用 FDKF 方法对 PEMFC 进行预测

当学习阶段结束时，该过程移动到预测阶段。在预测阶段，利用学习期的$\boldsymbol{W}(k)$进行预测。通过与学习阶段相同的过程，可以将 $\boldsymbol{x}(i)$转移到频域，根据式(6.53)，$\boldsymbol{X}(k)$和 $\boldsymbol{W}(k)$可以得到预测的 $\hat{\boldsymbol{Y}}(k)$。最后，通过 IDFT 计算得到预测电压 $\hat{\boldsymbol{y}}(i)$，从而实现对电压退化的预测。

有研究人员将 FDKF 和线性模型相结合，按照流程图 6.12 对 PEMFC 的电压进行预测，预测结果如图 6.13 所示。

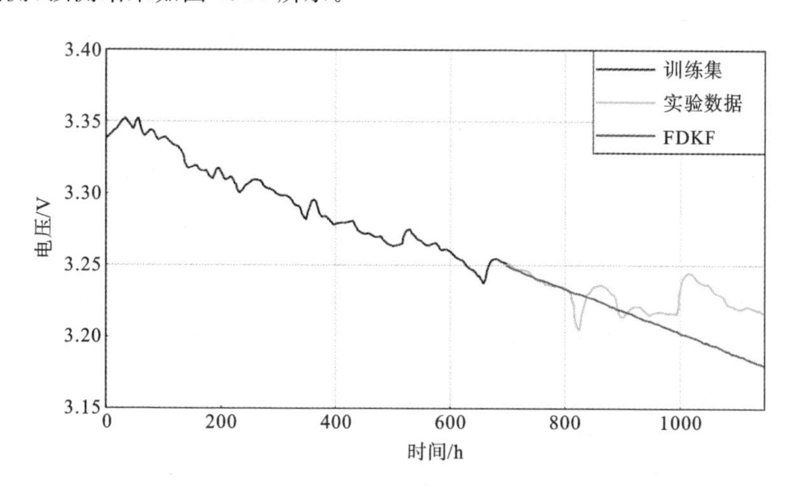

图 6.13　基于 FDKF 的 PEMFC 老化预测结果

6.2.6 基于 SR-UKF 的老化预测

平方根无迹卡尔曼滤波(SR-UKF)是一种基于无迹变换的扩展卡尔曼滤波的改进算法。SR-UKF 将原有的状态估计和协方差矩阵计算方式进行改进,采用平方根分解的方法,实现了对协方差矩阵的精准估计。

平方根无迹卡尔曼滤波与无迹卡尔曼滤波主要的区别如下。

(1) SR-UKF 使用了平方根信息滤波(SRIF)的思想,将状态误差协方差矩阵的逆表示为一个上三角矩阵和它的转置的乘积。

(2) SR-UKF 在预测和更新阶段都使用了 UT 变换,但是不需要计算状态误差协方差矩阵及其逆,而是直接更新上三角矩阵。

(3) SR-UKF 可以有效地避免舍入误差和正定性问题,提高了滤波效果。

燃料电池的老化过程具有非线性特征,在不考虑波动与电压恢复的情形下,可使用经验模型描述其在电池整个生命周期内的变化。本书使用对数线性经验模型,该模型将电压退化视为对数和线性两个部分的组合,可以较好地拟合电池的实际退化情况[49],其具体公式表示如下:

$$x_k = \rho_1 \cdot \ln(t_k / t_{k-1}) - \rho_2 (t_k - t_{k-1}) + x_{k-1} + \boldsymbol{w}_k \tag{6.59}$$

$$y_k = x_k + \boldsymbol{v}_k \tag{6.60}$$

式(6.59)为状态方程,x_k 为 k 时刻系统状态;ρ_1 与 ρ_2 为模型参数,其值由训练数据集估计得到;$\boldsymbol{w}_k$ 为协方差矩阵,是 $\boldsymbol{Q}$ 的高斯白噪声。式(6.60)为观测方程,y_k 为 k 时刻观测值;$\boldsymbol{v}_k$ 为协方差矩阵,是 $\boldsymbol{R}$ 的高斯白噪声。使用 SR-UKF 实现 PEMFC 电压老化趋势预测的流程如下。

(1) 给定系统状态变量初始值 $\hat{x}_0$,其估计误差协方差初始值设为 $\boldsymbol{P}_0$,对其进行平方根分解(即 Cholesky 分解),分解因子记为 $\boldsymbol{S}_0$,即

$$\boldsymbol{S}_0 = \mathrm{chol}(\boldsymbol{P}_0) \tag{6.61}$$

Cholesky 分解的分解因子是指将一个对称正定矩阵 $\boldsymbol{A}$ 分解成下三角矩阵 $\boldsymbol{S}$ 与其转置矩阵 $\boldsymbol{S}^{\mathrm{T}}$ 的乘积,即 $\boldsymbol{A} = \boldsymbol{S}\boldsymbol{S}^{\mathrm{T}}$,其中 $\boldsymbol{S}$ 被称为分解因子。由于对称正定矩阵具有唯一的 Cholesky 分解,因此分解因子也是唯一的。在实际应用中,Cholesky 分解常用于求解对称正定矩阵的线性方程组或者进行随机变量的模拟等。

(2) 通过无迹变换获取 $2n+1$ 个 Sigma 点并计算对应的权值:

$$\begin{cases} x^0 = \hat{x}, & l = 0 \\ x^l = \hat{x} + \sqrt{n+\lambda} S^l, & l = 1 \sim n \\ x^l = \hat{x} - \sqrt{n+\lambda} S^l, & l = n+1 \sim 2n \end{cases} \tag{6.62}$$

式中：S^l 为协方差平方根分解的第 l 列。各 Sigma 点的权值计算如下：

$$\begin{cases} Z_q^0=\dfrac{\lambda}{n+\lambda} \\ Z_q^0=\dfrac{\lambda}{n+\lambda}+(1-\alpha^2+\beta) \\ Z_p^l=Z_q^l=\dfrac{1}{2}\times\dfrac{\lambda}{n+\lambda}, \quad i=1\sim 2n \end{cases} \tag{6.63}$$

式中：Z_p 为 Sigma 点均值的权重；Z_q 为协方差的权重；$\lambda=\alpha^2(n+kl)-n$ 为降低系统预测误差的缩放系数；α 与 β 都为非负因子，用于控制 Sigma 点的状态分布和减小峰值误差。

(3) 获取采样点的一步预测值，其中 f 为非线性状态方程：

$$x_{k+1|k}^l=f(x_{k|k}^l,u_k) \tag{6.64}$$

(4) 计算 Sigma 点一步预测值的均值及其协方差平方根分解因子：

$$\hat{x}_{k+1|k} = \sum_{l=0}^{2n} Z_p^l x_{k+1|k}^l \tag{6.65}$$

$$S_{xk}^-=\mathrm{qr}\{[\sqrt{Z_q^{1:2n}}(x_{k+1|k}^{1:2n}-\hat{x}_{k+1|k}),\sqrt{Q}]\} \tag{6.66}$$

考虑到上式 Z_q^0 可能出现负值的情况，用下面的式子克服其半正定性：

$$S_{xy}=\mathrm{cholupdate}\{S_{xk}^-,x_{k+1|k}^0-\hat{x}_{k+1|k},Z_q^0\} \tag{6.67}$$

(5) 根据上面一步预测的状态量计算系统预测的观测量，其中 h 为非线性观测方程：

$$y_{k+1|k}^l=h(x_{k+1|k}^l,u_k) \tag{6.68}$$

(6) 计算预测的观测量的均值及其协方差的平方根分解因子：

$$\hat{y}_{k+1|k} = \sum_{l=0}^{2n} Z_p^l y_{k+1|k}^l \tag{6.69}$$

$$S_{yk}^-=\mathrm{qr}\{[\sqrt{Zq_q^{1:2n}}(y_{k+1|k}^{1:2n}-\hat{y}_{k+1|k}),\sqrt{R}]\} \tag{6.70}$$

$$S_{yk}=\mathrm{cholupdate}\{S_{yk}^-,y_{k+1|k}^0-\hat{y}_{k+1|k},Z_q^0\} \tag{6.71}$$

$$P_{xyk} = \sum_{l=0}^{2n} Z_q^l[x_{k+1|k}^l-\hat{x}_{k+1|k}][y_{k+1|k}^l-\hat{y}_{k+1|k}]^{\mathrm{T}} \tag{6.72}$$

(7) 计算系统卡尔曼增益：

$$K_k=P_{xyk}(S_{yk}S_{yk}^{\mathrm{T}})^{-1} \tag{6.73}$$

(8) 状态更新

$$\hat{x}_{k+1|k+1}=\hat{x}_{k+1|k}+K_k(y_{k+1}-\hat{y}_{k+1}) \tag{6.74}$$

$$u_k=K_kS_{yk} \tag{6.75}$$

$$S_k=\mathrm{cholupdate}(S_{xk},u_k,\ \ 1) \tag{6.76}$$

本书将 SRUKF 和极化模型相结合,令 $\boldsymbol{x}_k=[\alpha_k,\beta_k]$,其过程方程为 $\boldsymbol{x}_k=\boldsymbol{A}\boldsymbol{x}_{k-1}+\boldsymbol{Q}_k$,观测方程为 $y_k=n_{\text{cell}}(E_0-R_0(1+\alpha_k)I_k-aT\ln(i_k/i_0)+bT\ln(1-i_k/i_{\text{L0}}(1-\alpha_k)))$;$\boldsymbol{A}=[1,\Delta T;0,1]$;$\Delta T$ 为采样频率,为 1 h。初始化噪声 $\boldsymbol{P}$、$\boldsymbol{Q}$ 和状态 x_0,即可代入式(6.61)~式(6.76)对 PEMFC 的健康状态进行估计,并通过预测开始时刻的 β 来预测未来的 α,即 $\alpha_k=\alpha_{k-1}+\beta_{k-1}\Delta T$。预测的 α 代入式(6.20)计算电压预测值。本书将该思路应用于第 5 章的 FC1 数据,结果如图 6.14 所示。

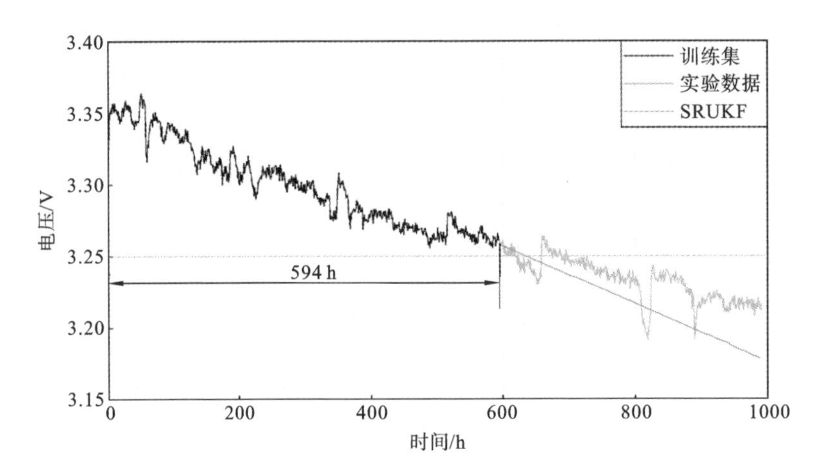

图 6.14　基于 SRUKF 的 PEMFC 老化预测结果

6.3　基于粒子滤波算法的老化预测

粒子滤波是一种基于蒙特卡罗方法的状态估计算法,它通过生成一组在状态空间中随机传播的样本(即粒子),近似表示目标系统的后验概率密度函数。这些粒子在状态空间中传播,并根据系统模型进行预测和更新。通过对粒子进行重要性加权,可以用粒子的加权平均值代替积分运算,从而获得系统状态的最小方差估计。

粒子滤波的发展历程可以追溯到 20 世纪 50 年代末,Hemmersley 等人提出了基于贝叶斯采样估计的顺序重要采样(sequential important sampling,SIS)滤波思想。但是,由于计算机技术和数值方法的限制,直到 20 世纪 90 年代,粒子滤波才得到广泛应用。20 世纪 90 年代初,Gordon 等人提出了重要性采样粒子滤波算法,该算法通过重要性采样来避免粒子退化问题。之后,一系列改进的粒子滤波算法相继提出，如基于重要性重采样的粒子滤波、基于随机重采样的粒子滤波、基于多项式重采样的粒子滤波等。

该方法可处理非线性、非高斯、多峰等复杂情况，可处理非线性系统中的非线性测量方程，可应用于任何形式的状态空间模型等优点。

6.3.1 基于PF的老化预测

非线性系统跟踪问题由两个方程定义。第一个是系统状态模型，它表示系统状态的演化过程。在PEMFC系统中，演化的系统状态为电堆的老化现象，该现象无法利用工具直接测量，因此又称为隐藏状态。系统状态方程为

$$x_k = f(x_{k-1}, \boldsymbol{\upsilon}_{k-1}, v_k) \tag{6.77}$$

式中：x_k 表示 k 时刻的状态；f 表示当前时刻 x_{k-1} 与下一时刻 x_k 之间联系的状态转移函数；$\boldsymbol{\upsilon}_k$ 表示模型中未知参数的向量；v_k 表示模型的过程噪声。

表征系统跟踪问题的第二个方程是观测方程，它依赖于实际系统工作过程中数据的测量和记录。在PEMFC系统中，观测数据为系统工作过程中的电堆电压，该数据可以通过设备测量得到，因此又称为测量方程。系统观测方程为

$$z_k = h(x_k, \mu_k) \tag{6.78}$$

式中：z_k 表示 k 时刻的测量结果；h 表示测量结果与状态之间的函数关系的观测方程；μ_k 表示模型的观测噪声。

粒子过滤器的核心思想是利用离散的随机采样点及其相关的重要性权重近似系统随机变量的概率密度函数，通过粒子的优胜劣汰将有利的粒子传播下来。粒子滤波原理如图6.15所示。

粒子滤波算法具体包括以下步骤[13]。

(1) 初始化。

从先验概率分布 $p(x_0)$ 中抽取初始化采样粒子 $x_0^i, i=1,2,\cdots,N$。

(2) 重要性采样阶段。

对于 $i=1,2,\cdots,N$，通过运行系统状态方程，根据 $x_k^i \sim p(x_k \mid x_{k-1}^i)$ 对每个粒子生成一组新的过渡粒子 x_k^i。

(3) 计算权重。

假设测量误差为高斯分布且方差为 R，为每一个粒子重新计算权重：

$$\omega_k^i = p(z_k \mid x_k^i) = \frac{1}{\sqrt{2\pi R}} \cdot e^{-\frac{(\hat{z}_k - z_k^i)^2}{2R}} \tag{6.79}$$

式中：$\hat{z}_k$ 是实际测量值；z_k^i 是预测值。

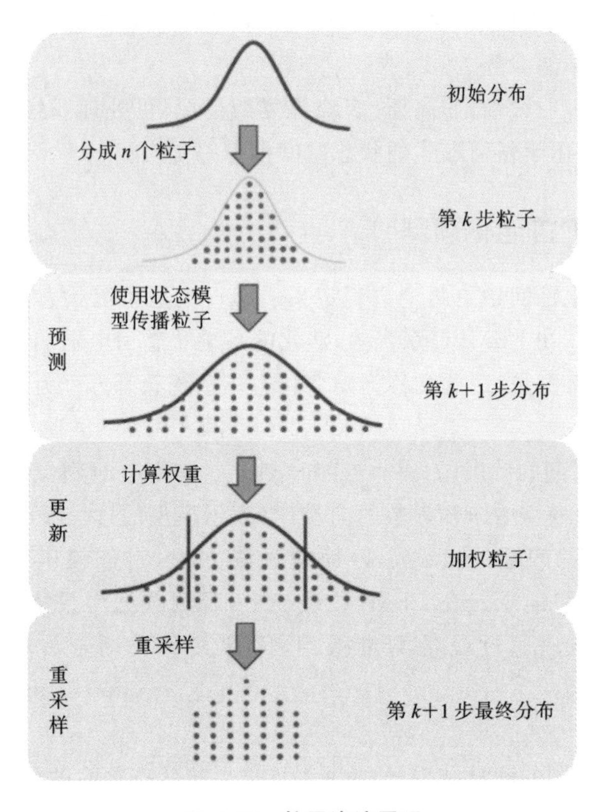

图 6.15　粒子滤波原理

(4) 归一化权重。

将各粒子的权重进行归一化处理得到 $\hat{\omega}_k^i$：

$$\hat{\omega}_k^i = \frac{\omega_k^i}{\sum_{i=1}^{N} \omega_k^i} \tag{6.80}$$

(5) 重采样。

通过近似分布 $p(x_k^i|z_k)$ 得到 N 个随机样本集合，定义权重并根据归一化权重的大小，淘汰粒子集合中归一化权重较低的粒子，复制归一化权重较高的粒子，并重新设置粒子权重：

$$\omega_k^i = \hat{\omega}_k^i = \frac{1}{N} \tag{6.81}$$

(6) 输出。

经过以上步骤得到的数据为一组样本点，将样本点近似地表示为后验分布，并求其均值。

粒子滤波算法通过重复上述过程，递归粒子状态，完成状态量 x_k 从 k 时刻到 $k+1$ 时刻的传播，直到到达最终时刻。

目前在实际应用中，粒子滤波算法中的重采样环节主要分为随机采样、系统采样、残差采样、多项式采样等。重采样算法利用了分层统计的思想，将归一化权重不同的各粒子转化为权重相同的粒子，通过复制和淘汰粒子的方式，将权重大的变为多个粒子，但这种方式可能会造成错误淘汰样本的问题出现，使粒子退化。

粒子滤波预测方法可以分为训练阶段和预测阶段。在训练阶段通过掌握真实测量数据，使用系统状态方程传递粒子并训练模型；在预测阶段递推估计系统的预测值。PF 预测框架如图 6.16 所示。

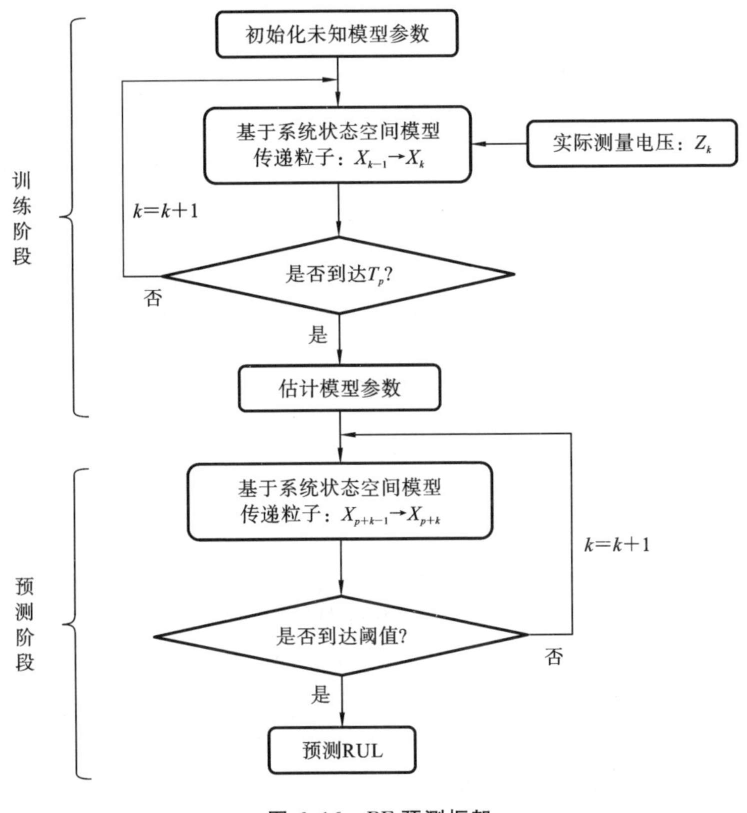

图 6.16　PF 预测框架

对于 PEMFC 系统而言，PF 算法的训练阶段将电堆电压真实实验数据作为观测值，基于状态空间模型递推下一时刻的状态量，训练模型参数；当到达预测开始时间，使用粒子滤波算法估计当前时刻的最优模型参数值，通过状态空间模型传递粒子，实现预测阶段的电堆电压预测，确定系统失效阈值，并与预测值进行对比,判断系统是否到达燃料电池系统的寿命终点,完成 RUL 的预测。

本书将 PF 和极化模型相结合,基于图 6.16 的框架,令 $\boldsymbol{x}_k=[\alpha_k,\beta_k]$,其过程方程为 $\boldsymbol{x}_k=\boldsymbol{A}\boldsymbol{x}_{k-1}+\boldsymbol{Q}_k$,观测方程为 $y_k=n_{\text{cell}}(E_0-R_0(1+\alpha_k)I_k-aT\ln(i_k/i_0)+bT\ln(1-i_k/i_{\text{L0}}(1-\alpha_k)))$;$\boldsymbol{A}=[1,\Delta T;0,1]$;$\Delta T$ 为采样频率,为 1 h。初始化噪声 $\boldsymbol{P}$、$\boldsymbol{Q}$ 和状态 x_0,即可根据步骤(1)~(6)对 PEMFC 的健康状态进行估计,并通过预测开始时刻的 β 来预测未来的 α,即 $\alpha_k=\alpha_{k-1}+\beta_{k-1}\Delta T$。将预测的 α 代入观测方程计算电压预测值。本书将该思路应用于第 5 章的 FC1 数据集,结果如图 6.17 所示。

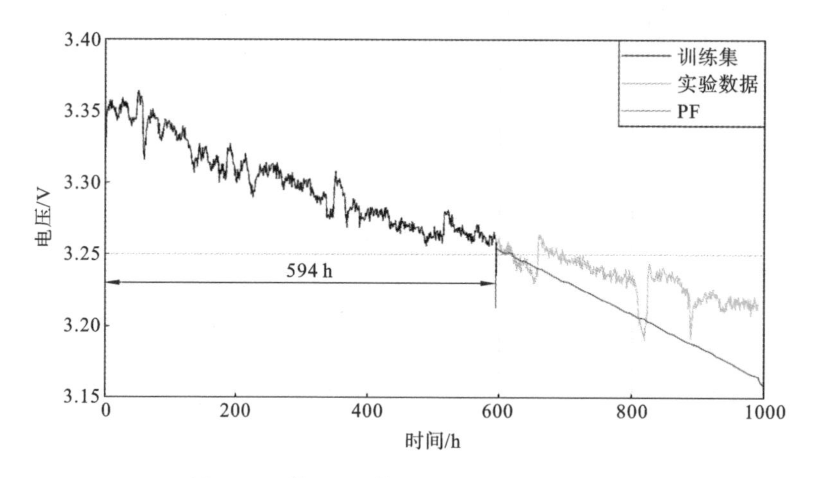

图 6.17 基于 PF 的 PEMFC 老化预测结果

6.3.2 基于 UPF 的老化预测

传统粒子滤波算法在剩余使用寿命预测领域已经得到了广泛应用,但在使用 PF 算法进行状态估计的过程中,粒子简并和贫化问题使预测结果变得不可靠和不准确。为了解决这一问题,可以使用无迹卡尔曼滤波器生成粒子的建议分布,以计算 PF 中粒子的权重。无迹变换(UT)是一种应用于非线性领域的近似蒙特卡洛方法,该方法是通过均值和方差近似表示系统的状态概率密度分布,基于已知的状态方程和观测方程对样本点进行映射,最后通过加权求和获得状态量的均值和方差。无迹粒子滤波的核心是使用无迹变换卡尔曼滤波计算每个粒子的平均值和协方差,使采样阶段产生合理的粒子分布,UPF 工作流程如图 6.18 所示。

无迹变换滤波算法的主要思想就是通过非线性变换对系统状态量的均值和协方差进行预测、更新和递推。与 UKF 相比,UPF 能有效降低算法的计算复杂度,具体步骤如下[54]。

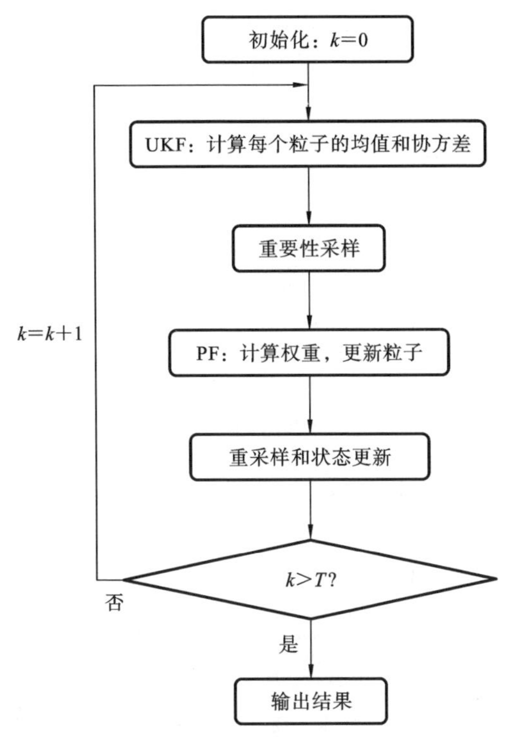

图6.18 UPF工作流程

(1) 初始化，$k=0$。

从初始先验概率分布 $p(x_0)$ 中采样粒子以获得初始状态集。

$$\begin{cases} x_0^i = E[x_0^i] \\ P_0^i = E[(x_0^i - \overline{x_0^i})(x_0^i - \overline{x_0^i})^{\mathrm{T}}] \end{cases} \tag{6.82}$$

$$\overline{x}_{j,0}^i = E[\overline{x}_{j,0}^i] = [(\overline{x_0^i})^{\mathrm{T}} \quad 0 \quad 0]^{\mathrm{T}} \tag{6.83}$$

$$P_{j,0}^i = E[(x_{j,0}^i - \overline{x}_{j,0}^i)(x_{j,0}^i - \overline{x}_{j,0}^i)^{\mathrm{T}}] = \begin{bmatrix} P_0^i & 0 & 0 \\ 0 & \boldsymbol{Q} & 0 \\ 0 & 0 & \boldsymbol{R} \end{bmatrix} \tag{6.84}$$

(2) 重要性采样阶段。

对于 $i=1,2,\cdots,N$，使用UKF计算每个粒子的均值和协方差。

首先，使用式(6.23)计算 $2n_a+1$ 个Sigma点集，即采样点。

$$x_{j,k-1}^i = [\overline{x}_{j,k-1}^i \quad \overline{x}_{j,k-1}^i - \gamma \quad \overline{x}_{j,k-1}^i + \gamma] \tag{6.85}$$

式中：$\gamma = \sqrt{(n_a+\lambda)P_{k-1}^{ia}}$；$n_a$ 表示状态维度。

其次，使用Sigma点集实现一步预测，计算一步预测均值并得到协方差矩阵。

$$x_{j,k|k-1}^{ix} = f(x_{k-1}^{ix}, i_{k-1}) \tag{6.86}$$

$$\bar{x}^{i}_{k|k-1} = \sum_{j=0}^{2n_a} W^{m}_{j} x^{ix}_{j,k|k-1} \tag{6.87}$$

$$P^{i}_{k|k-1} = \sum_{j=0}^{2n_a} W^{c}_{j} [x^{ix}_{j,k|k-1} - \bar{x}^{i}_{k|k-1}][x^{ix}_{j,k|k-1} - \bar{x}^{i}_{k|k-1}]^{\mathrm{T}} \tag{6.88}$$

式中：i 表示第几个粒子；j 表示第几个采样点；上标 m 表示均值；c 表示协方差。

(3) 通过一步预测获得观测预测，然后进行加权求和。

$$z^{i}_{k|k-1} = h(x^{ix}_{k|k-1}, i_{k-1}) \tag{6.89}$$

$$\bar{z}^{i}_{k|k-1} = \sum_{j=0}^{2n_a} W^{c}_{j} z^{i}_{j,k|k-1} \tag{6.90}$$

(4) 获得系统预测的均值和协方差。

$$P_{z_k z_k} = \sum_{j=0}^{2n_a} W^{c}_{j} [z^{i}_{j,k|k-1} - \bar{z}^{i}_{k|k-1}][z^{i}_{j,k|k-1} - \bar{z}^{i}_{k|k-1}]^{\mathrm{T}} \tag{6.91}$$

$$P_{x_k z_k} = \sum_{j=0}^{2n_a} W^{c}_{j} [x^{i}_{j,k|k-1} - \bar{x}^{i}_{k|k-1}][z^{i}_{j,k|k-1} - \bar{z}^{i}_{k|k-1}]^{\mathrm{T}} \tag{6.92}$$

(5) 最后计算卡尔曼增益，并更新系统的状态和协方差。

$$K_k = P_{x_k z_k} P^{-1}_{z_k z_k} \tag{6.93}$$

本书将 PF 和极化模型相结合，基于图 6.18 的框架，令 $\boldsymbol{x}_k = [\alpha_k, \beta_k]$，其过程方程为 $\boldsymbol{x}_k = \boldsymbol{A}\boldsymbol{x}_{k-1} + \boldsymbol{Q}_k$，观测方程为 $y_k = n_{\text{cell}}(E_0 - R_0(1+\alpha_k)I_k - aT\ln(i_k/i_0) + bT\ln(1 - i_k/i_{\text{L0}}(1-\alpha_k)))$，$\boldsymbol{A} = [1, \Delta T; 0, 1]$，$\Delta T$ 为采样频率，为 1 h。初始化噪声 $\boldsymbol{P}$、$\boldsymbol{Q}$ 和状态 x_0，即可根据步骤(1)～(6)对 PEMFC 的健康状态进行估计，并通过预测开始时刻的 β 来预测未来的 α，即 $\alpha_k = \alpha_{k-1} + \beta_{k-1}\Delta T$。将预测的 α 代入观测方程计算电压预测值。本书将该思路应用于第 5 章的 FC1 数据集，结果如图 6.19 所示。

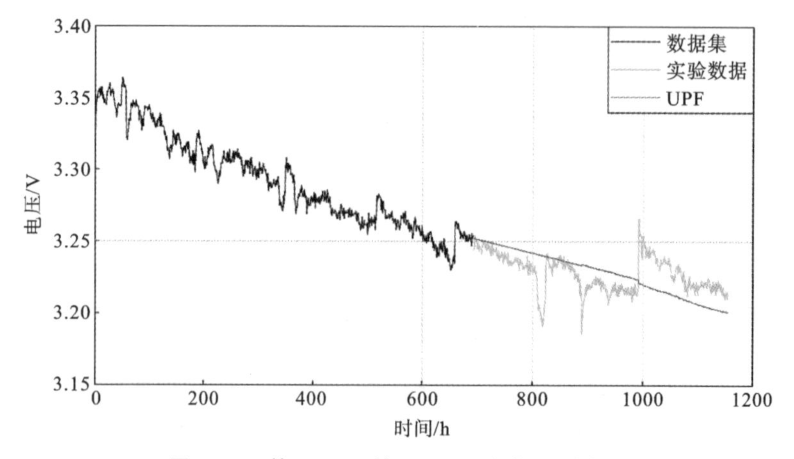

图 6.19　基于 UPF 的 PEMFC 老化预测结果

第7章

燃料电池老化预测数据驱动方法

模型方法从燃料电池老化的本质出发，对燃料电池老化的实际物理过程进行建模与分析，可以预测燃料电池的总体老化趋势，但其缺点也很明显。燃料电池本身结构复杂，涉及机械、材料、电化学等多个领域的变化，属于强耦合、非线性的系统。目前，对于其内部老化原理尚未研究透彻，难以用模型准确地描述燃料电池的老化过程。此外，模型方法严重依赖燃料电池参数，但部分燃料电池参数难以在线测量，因此模型方法的使用受到了限制。

数据方法作为黑盒模型，可以不考虑电池的实际老化原理，并且可以自适应地调节内部参数，以实现对燃料电池老化的准确预测。因此，燃料电池寿命预测的数据驱动方法受到了越来越多的关注。

7.1 数据驱动方法

7.1.1 数据驱动方法分类

数据驱动方法分类如图 7.1 所示。

7.1.2 统计方法

燃料电池寿命预测的统计方法是基于统计学原理和方法，通过对数据进

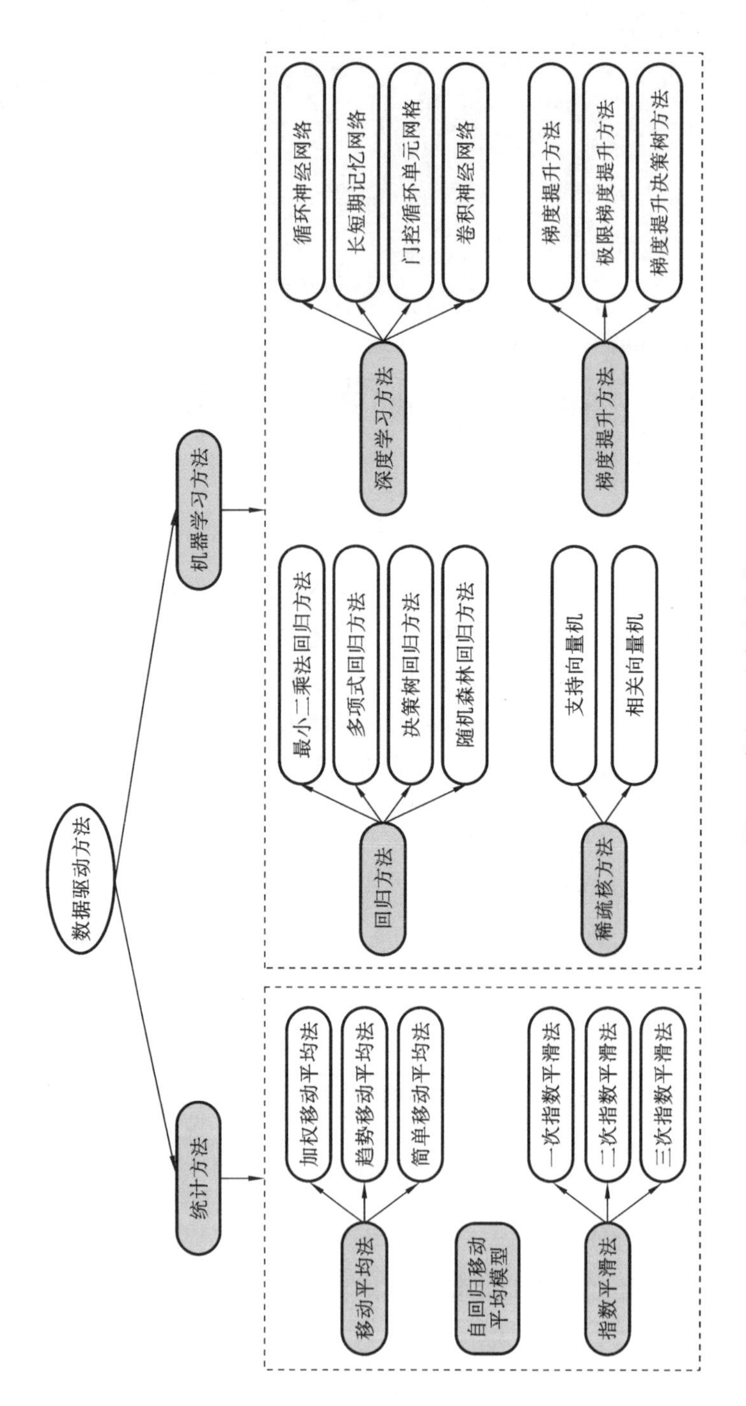

图 7.1 数据驱动方法分类

行统计分析和模型拟合，来描述和预测燃料电池寿命与其他因素之间关系的方法，主要包括移动平均法、指数平滑法和自回归移动平均模型。

1. 移动平均法

移动平均法是最简单和最常见的时间序列预测方法之一，它通过计算过去一段时间内观测值的平均数来预测未来值。移动平均法可以平滑数据、捕捉趋势，并且易于理解和实现。常见的移动平均法对比如表7.1所示。

表7.1　常见的移动平均方法对比

方　法	处理方法	优　点	缺　点
简单移动平均法	基本趋势是在某一水平上下波动，使用近期平均值作为未来各期的预测结果	模型简洁	只适合做近期预测，而且是预测目标发展趋势变化不大的情况
加权移动平均法	每期数据所包含的信息量不一样，对近期数据给予较大的权重	考虑各期数据的重要性	当时间序列出现直线增加或减少的变动趋势时，会出现滞后偏差
趋势移动平均法	对有线性变化趋势的时间序列，加入平滑系数	既能反映趋势变化，又可以有效地分离出周期变动	无法处理季节性和周期性变化

2. 指数平滑法

指数平滑法是一种基于加权平均的方法，它对过去的观测值进行加权，并逐步减小权重。一般来说历史数据对未来值的影响是随时间间隔的增长而递减的，所以更切合实际的方法应是对各期观测值依时间顺序进行加权平均作为预测值。指数平滑法可以自适应地调整权重以适应数据的变化。指数平滑法根据平滑次数的不同，又分为一次指数平滑法、二次指数平滑法和三次指数平滑法等，三种方法的优劣对比如表7.2所示。

表7.2　指数平滑法对比

方　法	处理方法	优　点	缺　点
一次指数平滑法	规定了在新预测值中新数据和原预测值所占的比重	加入的加权系数符合指数规律，又具有平滑数据的功能	对直线变化趋势存在滞后偏差
二次指数平滑法	利用滞后偏差的规律建立直线趋势模型	可对直线趋势模型进行预测	无法预测二次指数趋势
三次指数平滑法	在二次指数平滑的基础上，再进行一次平滑	预测二次曲线趋势	对初始值敏感，对异常值的处理能力较弱

3. 自回归移动平均模型(ARIMA)

ARIMA 是一种线性预测模型,其本质是将预测量视作过去观测值的线性函数。其模型搭建过程如下。

(1) 平稳度检验。

ARIMA 属于线性模型,要求处理的数据是线性数据。因此需要通过平稳度检测保证其输入数据的稳定性。若稳定,则进入下一步。若不稳定,则通过差分提高其平稳度,然后检验其平稳度,如此循环,直至数据稳定可用。

(2) 白噪声判定。

在保证数据平稳可用的前提下,需要进一步对数据进行平稳度判定。若白噪声检验通过,则证明该组数据是无法捕捉的随机噪声,说明数据中的有效信息都已经被提取。针对此处 ARIMA 模型输入,白噪声判定结果应为不通过,表明数据中含有有效信息,非随机白噪声。

(3) 模型训练。

ARIMA 模型包括三个主要参数,分别是自回归阶数、差分阶数、移动平均阶数。其中,差分阶数在上述平稳度检验的环节已经确定。自回归阶数、移动平均阶数在训练过程中确定,以得到最优模型。

(4) 用训练得到的最优模型对后续时刻的电压数据进行预测。

7.1.3 机器学习方法

1. 回归方法

在燃料电池寿命预测的数据方法中,回归方法是一类常用的方法,主要包括基于参数的最小二乘法回归方法和多项式回归方法,以及基于非参数的决策树回归方法、随机森林回归方法。

1) 最小二乘法回归方法

最小二乘法回归方法是基于参数的线性回归方法的代表。设 $x_1, x_2, \cdots, x_t$ 为过去时刻的时间,对应时刻的电压观测值为 $y_1, y_2, \cdots, y_t$,则 x_{t+1} 时刻的最小二乘法预测值为

$$\hat{y}_{t+1} = a x_{t+1} + b \tag{7.1}$$

$$\begin{cases} a = \dfrac{\sum_{i=1}^{N} x_i y_i - N\bar{x}\bar{y}}{\sum_{i=1}^{N} x_i^2 - n\bar{x}^2} \\ b = \bar{y} - a\bar{x} \end{cases} \tag{7.2}$$

2）多项式回归方法

多项式回归方法是基于参数的非线性回归方法的代表，其预测模型如下：

$$\hat{y}_{t+1}=a_0 x_{t+1}+a_1 x_{t+1}^2+\cdots+a_n x_{t+1}^n \tag{7.3}$$

式中：$a_0 \sim a_n$是待求解的系数。可以使用优化算法（如梯度下降法）求最小化平方误差，求解最佳系数。

3）决策树回归方法

决策树回归方法是一种常用的非参数回归方法，可用于燃料电池寿命预测。决策树回归方法通过构建一棵决策树来建模特征与输出变量之间的关系，其建模步骤如下。

（1）决策树建立。

使用决策树算法（分类回归决策树等）构建决策树模型。决策树根据特征的取值将特征空间划分为多个区域，并为每个区域分配一个预测值。

（2）参数选择。

选择适当的参数控制决策树的复杂度和拟合性能。常见的参数包括树的最大深度、节点分裂的条件、叶节点的最小样本数等。可以使用交叉验证等方法来选择最优的参数。

（3）模型训练。

使用训练集对决策树模型进行训练。决策树的训练过程是递归的，通过对特征空间的递归划分来拟合训练样本。决策树会根据特征的取值进行分裂，并在每个分裂节点上选择最佳的特征和切分点。

（4）模型评估与优化。

使用测试集评估训练好的决策树模型的性能。根据评估结果，调整决策树的参数，进行模型优化，以提高预测性能。

决策树模型具有直观的可解释性，可以通过可视化决策树的结构和节点划分规则来理解模型的决策过程和特征重要性。在建立决策树模型时，需要注意过拟合问题。可以通过调整参数、剪枝操作、集成方法等解决过拟合问题，并进一步优化模型的性能。

4）随机森林回归方法

随机森林回归方法是一种基于集成学习的回归方法。随机森林回归方法结合了多个决策树模型的预测结果，通过平均或投票的方式得到最终的预测值，具有较好的泛化性能和抗过拟合能力。

随机森林回归方法通过同时使用多个决策树模型进行预测。在每棵决策树的建立过程中，随机森林回归方法采用自助采样从训练数据集中有放回地抽取样本，形成不同的训练子集。每棵决策树基于不同的训练子集进行训练,并使用特征的随机子集进行节点划分。随机森林回归方法通过集成多个决策树模型,能够处理非线性关系和高维特征空间,并且具有较好的泛化性能和抗过拟合能力。

四种典型回归方法的核心处理策略与优缺点对比如表 7.3 所示。

表 7.3　回归方法对比

代表方法	处理策略	优　　点	缺　　点
最小二乘法回归方法	找到最佳的系数,使得预测值与实际值之间误差的平方和最小	模型简单、易于解释、计算效率高	对非线性关系的建模能力弱
多项式回归方法	将输入特征的高次幂作为新的特征,从而捕捉到特征与输出变量之间的非线性关系	更好地拟合非线性关系	模型复杂度上升,过拟合概率增加
决策树回归方法	构建决策树来建模特征与输出变量之间的关系	具有直观的可解释性,可以通过可视化决策树的结构和节点划分规则来理解模型的决策过程和特征重要性	容易发生过拟合问题
随机森林回归方法	结合多个决策树模型的预测结果,以获得最终的预测值	能够处理非线性关系和高维特征空间,具有较好的泛化性能和抗过拟合能力	模型较复杂

2. 稀疏核方法

稀疏核方法是一类常用的燃料电池寿命预测方法,主要包括支持向量机(SVM)、相关向量机(RVM)等。稀疏核方法通过核函数将非线性数据集映射到一个高维空间,在这个高维空间中,数据的初始非线性关系可以转换为线性关系,从而可以在该高维空间中使用线性回归进行拟合。常用的核函数包括线性核、多项式核、高斯核等。下面以 RVM 为例,介绍稀疏核方法的核心步骤。

设过去多个时刻的电压测量数据为$(x_1, x_2, x_3, \cdots, x_n)$,则下一时刻的电压预测值可以表示为

$$\hat{y}(x)=(w_1x_1x+w_2x_2x+\cdots+w_nx_nx)+w_0=\phi(x)w \tag{7.4}$$

式中:$\phi(x)=[1, x_1x, w_2x_2x, \cdots, x_nx]$,$w=[w_0, w_1, w_2, \cdots, w_n]^{\mathrm{T}}$。因为采集到的数据通常并不是线性变化的,因此有必要使用核函数将非线性数据映射到高维空间中,转换为线性关系。核函数通常表示为 $k(a,b)$,代表了 a 与 b 在高维空间内的内积。因此可以将式(7.4)中的 $x_ix(i=1,2,\cdots,n)$表示为 $k(x_i, x)$。因此,式(7.4)可以写为

$$\hat{y}(x) = \sum_{i=1}^{n} w_i k(x_1, x) + w_0 = \Phi(x) w \tag{7.5}$$

根据式(7.5),RVM 回归问题即被转化为寻找最可能的权重参数 w 的工作,有

$$k(x_i, x_n) = \exp\left(-\frac{\| x_i - x_n \|^2}{2\delta^2}\right) \tag{7.6}$$

$$\Phi(x) = [\phi_1 \quad \phi_2 \quad \cdots \quad \phi_{n+1}] = \begin{bmatrix} 1 & k(x_1, x_1) & k(x_1, x_2) & \cdots & k(x_1, x_n) \\ 1 & k(x_2, x_1) & k(x_2, x_2) & \cdots & k(x_2, x_n) \\ 1 & k(x_3, x_1) & k(x_3, x_2) & \cdots & k(x_3, x_n) \\ \vdots & \vdots & \vdots & & \vdots \\ 1 & k(x_n, x_1) & k(x_n, x_2) & \cdots & k(x_n, x_n) \end{bmatrix} \tag{7.7}$$

故根据极大似然原理寻找的最佳参数为

$$\delta^2 = \frac{\| t - \Phi m \|^2}{n - \sum_{i=1}^{n+1} (1 - a_i \Sigma ii)} \tag{7.8}$$

式中:a_i 是权重 w 的限制值;m 和 Σ 分别是 w 的正态分布的期望和方差。

3. 梯度提升方法

梯度提升方法是一种集成学习方法,迭代地训练一系列的弱学习器(通常是决策树),并将它们组合成一个强大的预测模型。以下是梯度提升方法的一般步骤。

(1) 初始化模型。

选择一个初始的弱学习器作为基础模型。常见的选择是一个简单的模型,如平均值或常数。

(2) 迭代训练。

通过迭代训练逐步提升模型的性能。在每次迭代中,新的弱学习器被训练以纠正之前模型的残差。计算当前模型的预测值与真实值之间的残差。这个残差成为下一次迭代的目标。

(3) 模型更新。

训练一个新的弱学习器来拟合残差。将新的弱学习器与之前的模型进行组合,通过加权平均或加权求和来更新模型。权重的更新根据残差进行调整,以减少残差。

(4) 模型组合。

将所有的弱学习器组合成一个强大的预测模型,重复进行迭代训练,直到达到指定的迭代次数或满足其他停止准则。

梯度提升方法迭代地训练多个弱学习器,并将它们组合成一个强大的预测模

型，能够处理复杂关系、高维特征空间和非线性问题。它具有较好的泛化性能和拟合能力，能够提供准确的燃料电池寿命预测。

在梯度提升方法的基础上，进一步研发了应用于燃料电池寿命预测的极限梯度提升方法和梯度提升决策树方法。梯度提升方法对比如表 7.4 所示。

表 7.4 梯度提升方法对比

代表方法	处理策略	功能
梯度提升方法	迭代地训练多个弱学习器，将其组合成一个强大的预测模型	较好的泛化性能和拟合能力
极限梯度提升方法	结合梯度提升方法，正则化技术和树模型	在处理复杂关系和高维特征空间方面表现出色
梯度提升决策树方法	基于决策树的梯度提升方法采用并行化和基于直方图的优化技术	训练速度高效和内存占用较小，能够处理大规模数据集和高维特征空间

4. 深度学习方法

近年来，以人工智能为核心的深度学习方法得到快速发展，基于神经网络的数据驱动方法备受瞩目。针对时序序列预测问题，相关研究人员开发了循环神经网络（recurrent neural networks，RNN）、长短期记忆（long short-term memory，LSTM）网络、门控循环单元（gated recurrent unit，GRU）网络、卷积神经网络（convolutional neural networks，CNN）等模型。目前，已有大量文献证明基于神经网络的数据驱动方法能够有效地预测燃料电池的电压衰减趋势和剩余使用寿命。

1）循环神经网络

循环神经网络是一种广泛应用于自然语言处理、语音识别、时间序列分析等领域的神经网络模型。相比于传统的前馈神经网络，RNN 具有记忆能力，可以处理具有时间依赖关系的序列数据。RNN 的基本思想是在网络的隐藏层中引入循环连接，使得网络可以保留之前计算的信息，并将其作为输入与当前的输入一起进行处理。这种循环连接的存在使得 RNN 具有记忆功能，能够捕捉到序列中的上下文信息。

在 RNN 中，每个时间步的输入不仅包括当前时刻的输入数据，还包括前一时刻隐藏层的输出。这样，网络在处理序列数据时，可以通过循环连接将信息从过去传递到当前时刻，并且可以将当前时刻的信息传递到未来的时刻。这种特性使得 RNN 能够处理变长的序列输入，并在序列中的每个位置共享参数，减少了网络的参数量。

RNN结构示意图如图7.2所示，RNN由输入层、隐藏层和输出层构成。隐藏层h_t的激活值由下式更新：

$$h_t = f_w(\boldsymbol{w}_{hh}h_{t-1} + \boldsymbol{w}_{sh}x_t + b) \tag{7.9}$$

式中：h_{t-1}为旧状态量；h_t为新状态量；f_w为权重参数化的非线性函数；$\boldsymbol{w}_{hh}$为隐藏层到隐藏层的权重参数矩阵；$\boldsymbol{w}_{sh}$为输入层到隐藏层的权重参数矩阵；b为偏置参数。

RNN的输出$\hat{y}_t$为

$$\begin{aligned}\hat{y}_t &= \boldsymbol{w}_{hy}h_t = \boldsymbol{w}_{hy}(f_w(\boldsymbol{w}_{hh}h_{t-1} + \boldsymbol{w}_{sh}x_t + b)) \\ &= \boldsymbol{w}_{hy}(f_w(\boldsymbol{w}_{hh}(f_w(\boldsymbol{w}_{hh}h_{t-2} + \boldsymbol{w}_{sh}x_{t-1} + b)) + \boldsymbol{w}_{sh}x_t + b))\end{aligned} \tag{7.10}$$

式中：$\boldsymbol{w}_{hy}$为隐藏层到输出层的权重参数矩阵。

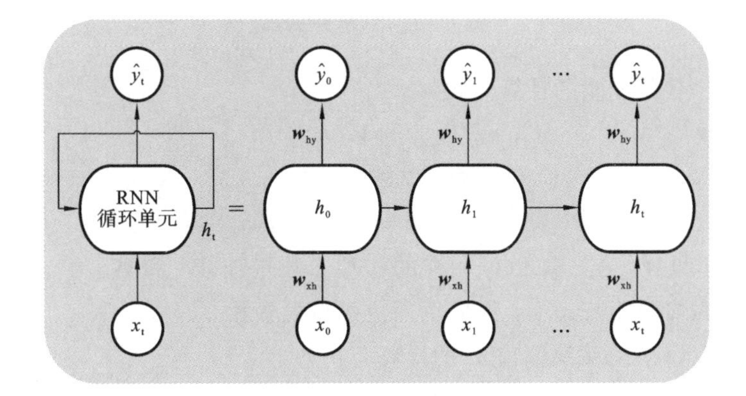

图7.2　RNN结构示意图

在训练过程中，RNN通过反向传播算法来更新网络的权重参数，以最小化预测输出与目标输出之间的差异。通常使用梯度下降法及其变种进行优化。

然而，传统的RNN在处理长期依赖性时存在梯度消失或梯度爆炸的问题，导致难以捕捉到长期记忆。为了解决这个问题，一些改进的RNN模型被提出，其中最著名的是长短期记忆网络和门控循环单元网络模型。这些模型通过引入门机制，可以更好地控制信息的流动，有效地处理长序列和长期依赖关系。

2）长短期记忆网络

长短期记忆网络是一种改进的循环神经网络模型，旨在解决传统RNN在处理长序列和长期依赖关系时的梯度消失和梯度爆炸问题。LSTM是由Hochreiter和Schmidhuber于1997年提出的，它的核心思想是引入了称为“门”的结构单元，这些门通过学习的方式来控制信息的流动和记忆的更新。LSTM单元由三个主要的门组成:遗忘门(forget gate)、输入门(input gate)和输出门(output gate),如图7.3所示。每个门都由一个 sigmoid 函数和一个点乘操作组成,用于控制信息的流动和遗忘。

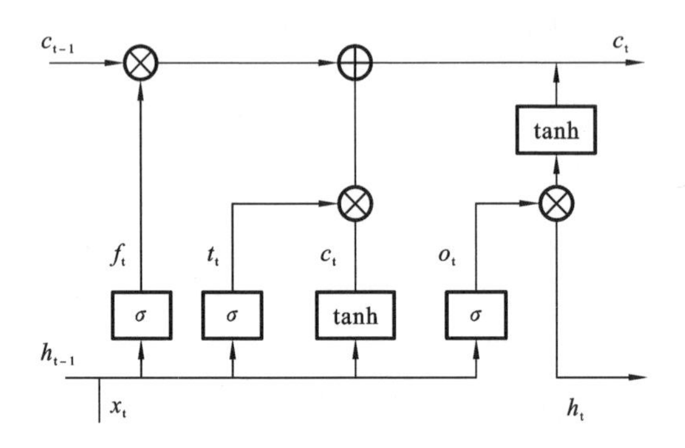

图 7.3　LSTM 结构图

LSTM 中各门变量的计算公式为

$$i_t=\sigma(\boldsymbol{W}_{xi}x_t+\boldsymbol{W}_{hi}h_{t-1}+b_i) \tag{7.11}$$

$$f_t=\sigma(\boldsymbol{W}_{xf}x_t+\boldsymbol{W}_{hf}h_{t-1}+b_f) \tag{7.12}$$

$$o_t=\sigma(\boldsymbol{W}_{xo}x_t+\boldsymbol{W}_{ho}h_{t-1}+b_o) \tag{7.13}$$

式中:$\boldsymbol{W}_{xi}$、$\boldsymbol{W}_{xf}$和$\boldsymbol{W}_{xo}$为与输入 x_i 相连的权重参数矩阵;$\boldsymbol{W}_{hi}$和$\boldsymbol{W}_{hf}$为与隐藏层输入 h_t 相连的权重参数矩阵;b_i、b_f 和 b_o 为对应的偏置参数。

内部状态 c_t 和隐藏层输出 h_t 的计算公式为

$$c_t=f_t\odot c_{t-1}+i_t\odot\tilde{c}_t \tag{7.14}$$

$$\tilde{c}_t=\tanh(W_{xc}x_t+W_{hc}h_{t-1}+b_c) \tag{7.15}$$

$$h_t=o_t\odot\tanh(c_t) \tag{7.16}$$

式中:tanh 为激活函数;⊙为向量元素的乘法。

以上等式可进一步概括为

$$\begin{bmatrix}\tilde{c}_t\\o_t\\i_t\\f_t\end{bmatrix}=\begin{bmatrix}\tanh\\\sigma\\\sigma\\\sigma\end{bmatrix}\left(\boldsymbol{W}\begin{bmatrix}x_t\\h_{t-1}\end{bmatrix}+b\right) \tag{7.17}$$

$$c_t=f_t\odot c_{t-1}+i_t\odot\tilde{c}_t \tag{7.18}$$

$$h_t=o_t\odot\tanh(c_t) \tag{7.19}$$

在 LSTM 单元中,通过遗忘门来决定上一个时间步的记忆状态中保留多少信息。遗忘门的输出是一个介于 0 和 1 之间的值,其中 0 表示完全遗忘,1 表示完全保留。然后，输入门决定新的输入信息对记忆状态的更新程度。输入门根据当前输入和前一个时间步的隐藏状态来生成一个介于 0 和 1 之间的值，该值用于确定将多少新的信息添加到记忆状态中。最后，输出门决定当前时间步的隐藏状态如何基于记忆状态进行更新，并生成输出。

LSTM 还具有记忆细胞，它是 LSTM 单元中负责存储和传递记忆信息的组件。通过遗忘门、输入门和记忆状态的元素级运算，LSTM 单元能够有效地控制和更新记忆细胞的内容，使得网络可以捕捉到长期依赖关系。在训练过程中，LSTM 使用反向传播算法来更新网络的权重参数，以最小化预测输出与目标输出之间的差异。通常使用梯度下降法及其变种进行优化。

3）门控循环单元网络

门控循环单元网络是一种改进的循环神经网络模型，用于解决传统 RNN 在处理长序列和长期依赖关系时的问题。GRU 是由 Cho 等人于 2014 年提出的，它与长短期记忆网络类似，但参数更少，结构更简单。GRU 通过引入两个门控机制来控制信息的流动和记忆的更新：重置门（reset gate）和更新门（update gate）。这些门的作用是控制当前时刻的输入如何与之前的记忆相结合，并决定是否保留或更新记忆。

GRU 结构图如图 7.4 所示。与 LSTM 相比，GRU 将输入门和遗忘门合并为一个更新门，结构更加简洁。更新门的输出计算公式为

$$z_t=\sigma(\boldsymbol{W}_{xz}x_t+\boldsymbol{W}_{hz}h_{t-1}+b_z) \tag{7.20}$$

GRU 单元中的另一个门是重置门，用于确定过去的隐藏状态是否被忽略，其计算公式为

$$r_t=\sigma(\boldsymbol{W}_{xr}x_t+\boldsymbol{W}_{hr}h_{t-1}+b_r) \tag{7.21}$$

隐藏层状态量 h_t 的计算公式为

$$h_t=z_t\odot h_{t-1}+(1-z_t)\odot\tilde{h}_t \tag{7.22}$$

候选状态 $\tilde{h}_t$ 的计算公式为

$$\tilde{h}_t=\tanh(\boldsymbol{W}_{xh}x_t+\boldsymbol{W}_{hh}(r_t\odot h_{t-1})+b_h) \tag{7.23}$$

式中：$\boldsymbol{W}_{xz}$、$\boldsymbol{W}_{xr}$ 和 $\boldsymbol{W}_{xh}$ 为与输入 x_i 相连的权重参数矩阵；$\boldsymbol{W}_{hz}$、$\boldsymbol{W}_{hr}$ 和 $\boldsymbol{W}_{hh}$ 为与隐藏层输入 h_t 相连的权重参数矩阵；b_z、b_r 和 b_h 为对应的偏置参数。

在 GRU 中，重置门用于控制前一个时间步的记忆对当前输入的遗忘程度。重置门的输出是一个介于 0 和 1 之间的值，其中 0 表示完全遗忘，1 表示完全保留。通过将重置门的输出与前一个时间步的记忆相乘，可以决定要忽略哪些旧的记忆信息。

更新门用于控制当前输入与新的记忆信息的结合程度。更新门的输出也是一

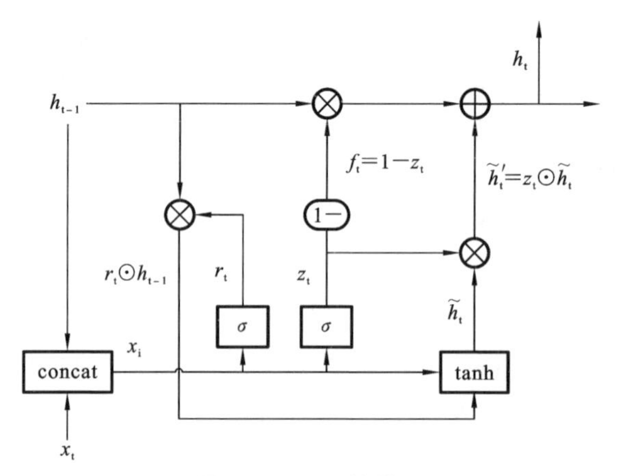

图 7.4 GRU 结构图

个介于 0 和 1 之间的值,用于决定将多少新的信息添加到记忆中。通过将更新门的输出与当前输入的加权和(1—更新门的输出)乘以前一个时间步的记忆,可以计算出当前时间步的新记忆。

GRU 还具有一个隐藏状态,它是 GRU 单元中负责存储和传递信息的组件。通过重置门、更新门和隐藏状态的元素级运算,GRU 单元能够有效地控制和更新隐藏状态的内容,从而捕捉到长期依赖关系。在训练过程中,GRU 使用反向传播算法来更新网络的权重参数,以最小化预测输出与目标输出之间的差异。通常使用梯度下降法及其变种进行优化。

4) 卷积神经网络

卷积神经网络是一种广泛应用于计算机视觉和图像处理任务的神经网络模型。CNN 的设计灵感来自生物视觉系统中神经元的感受野(receptive field)和局部连接模式,卷积神经网络结构如图 7.5 所示。

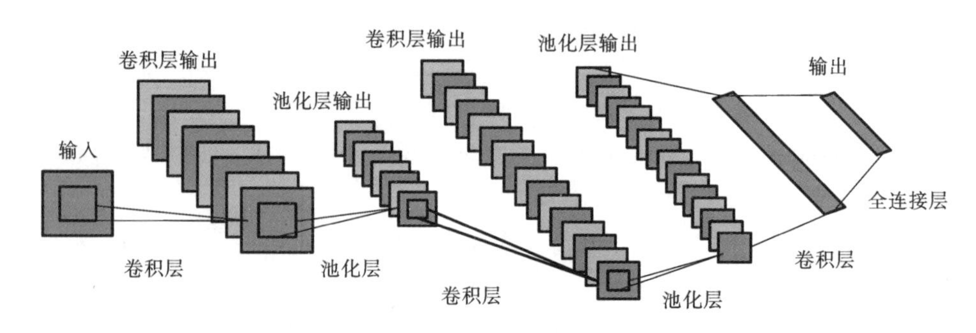

图 7.5 卷积神经网络结构

CNN 的核心组件是卷积层,它使用一组可学习的滤波器(也称为卷积核或特征映射)对输入数据进行卷积操作。每个滤波器会在输入数据上滑动,计算出与之对应的特征映射。在卷积层中,每个滤波器都有自己的权重参数,这些参数会通过训练过程进行学习和优化。卷积操作通过将滤波器与输入数据的局部区域相乘,再对结果求和得到特征映射的对应位置的数值。通过在整个输入数据上进行卷积操作,卷积层可以提取出不同位置和尺度上的特征。

为了减少特征图的尺寸,并提取更高级的特征表示,通常在卷积层之间会插入池化层。池化层将特征图上的局部区域进行下采样,常用的操作包括最大池化和平均池化。池化操作可以减少特征图的尺寸,同时保留重要的特征信息,提高模型的鲁棒性和计算效率。

除了卷积层和池化层,CNN 还包括全连接层和激活函数。全连接层将上一层的所有神经元与当前层的所有神经元相连接,以对特征进行组合和分类。激活函数引入非线性性质,使得 CNN 能够学习更复杂的模式。

7.2 基于神经网络的短期预测

7.2.1 预测框架与步骤

燃料电池的寿命预测可以分为短期预测和长期预测,短期预测模型通常只进行步数很短的预测,并在预测时可以一直获得实际观测值作为输入对模型进行更新。短期预测可以较好地预测短时间内的变化趋势,具有不错的即时性。LSTM 网络短期预测的框架如图 7.6 所示。

短期预测的预测步长设置为 1,如图 7.6 所示,在第一轮训练时,将向量 $\boldsymbol{L}_1$,$\boldsymbol{L}_2$,…,$\boldsymbol{L}_n$作为输入,预测下一步 $\boldsymbol{L}_{n+1}$的值。第二轮训练时,将向量 $\boldsymbol{L}_2$,$\boldsymbol{L}_3$,…,$\boldsymbol{L}_{n+1}$作为输入,预测下一步 $\boldsymbol{L}_{n+2}$的值,以此类推。选定开始预测的时刻为 t_{p},预测时的模式与训练时的模式保持一致。为了放大数据之间变化的幅度,对预处理数据进行归一化,使所有数据值都规范在(0,1)之间,归一化的数学表达式为

$$y=\frac{x-x_{\min}}{x_{\max}-x_{\min}} \tag{7.24}$$

归一化完成后,对数据集进行划分,本节中使用前 50%或 60%左右的数据作为训练集,后 50%或 40%的数据作为测试集(数据集具体的划分在不同情况下会有调整),采用多层神经网络结构,数据依次通过输入层、LSTM1 层、Dropout1 层、

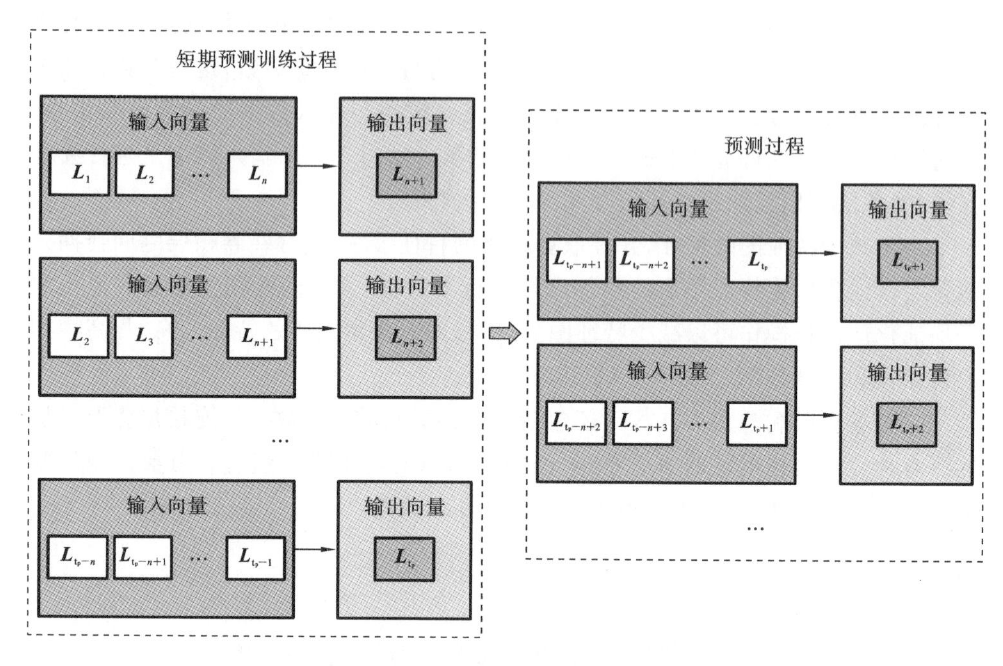

图 7.6 LSTM 网络短期预测的框架

LSTM2 层、Dropout2 层、全连接层，然后输出层输出结果。短期预测模型的参数设置如表 7.5 所示。

表 7.5 短期预测模型的参数设置

模型参数	参数值
输入层维度	60
输出层维度	1
隐藏层神经元数	180
全连接层数	1
损失函数	RMSE
优化器	Adam
学习率	0.001
批大小	64
训练轮数	30
验证频率	1

表 7.5 中列出的所使用的 Adam 优化器是一种常用的优化器，Adam 优化器吸收了 Adagrad（自适应学习率的梯度下降法）和 RMSProp（指数加权移动平均

法)的优点,结合了自适应学习率和动量梯度下降,综合考虑了一阶矩估计和二阶矩估计,然后计算出更新步长的大小,修正其偏差。

Adam 优化器更新优化的规则如下。

(1) 计算 t 时刻梯度的指数移动平均数 m_t,数学表达式为(0 时刻的 m_0 初始化为 0)

$$m_t = \beta_1 \cdot m_{t-1} + (1-\beta_1) \cdot g_{t-1} \tag{7.25}$$

式中:β_1 为指数衰减率,对梯度的权重进行分配,其大小通常设置为 0.9。

(2) 计算 t 时刻梯度平方的指数移动平均数 v_t,数学表达式为(0 时刻的 v_0 初始化为 0)

$$v_t = \beta_2 \cdot v_{t-1} + (1-\beta_2) \cdot (g_{t-1})^2 \tag{7.26}$$

式中:β_2 为指数衰减率,对梯度平方的权重进行分配,其大小通常设置为 0.999。

(3) 为减小偏差在训练初期的影响,需要对梯度的指数移动平均数 m_t 进行偏差纠正,其数学表达式为

$$\hat{m}_t = \frac{m_t}{1-\beta_1^t} \tag{7.27}$$

(4) 为减小偏差对训练初期的影响,同样也需要对梯度平方的指数移动平均数 v_t 进行偏差纠正,其数学表达式为

$$\hat{v}_t = \frac{v_t}{1-\beta_2^t} \tag{7.28}$$

(5) 更新模型参数 θ,t 时刻 θ_t 的数学表达式为

$$\theta_t = \theta_{t-1} - \frac{\eta}{\sqrt{\hat{v}_t}+\varepsilon} \cdot \hat{m}_t \tag{7.29}$$

由上述步骤可以看出,Adam 优化器的更新是从梯度移动平均数和梯度平方移动平均数两个方面进行综合的。Adam 优化算法计算高效,能适应梯度稀疏,也能缓解梯度振荡,在很多场景下优化性能都很突出,本书中后续的神经网络模型优化均采用的是 Adam 优化器。

7.2.2 短期预测结果分析

FC1 数据是燃料电池堆在静态电流下的老化实验数据,FC2 数据是燃料电池堆在动态电流下的老化实验数据。基于前述的 LSTM 模型框架、预测流程和参数设置,对电池组 FC1 和 FC2 的老化情况进行短期预测,验证此 LSTM 模型的预测性能。FC1 在 t_p(起始预测点)分别为 578 h、694 h 和 760 h 时的短期预测结果分别如图 7.7~图 7.9 所示。

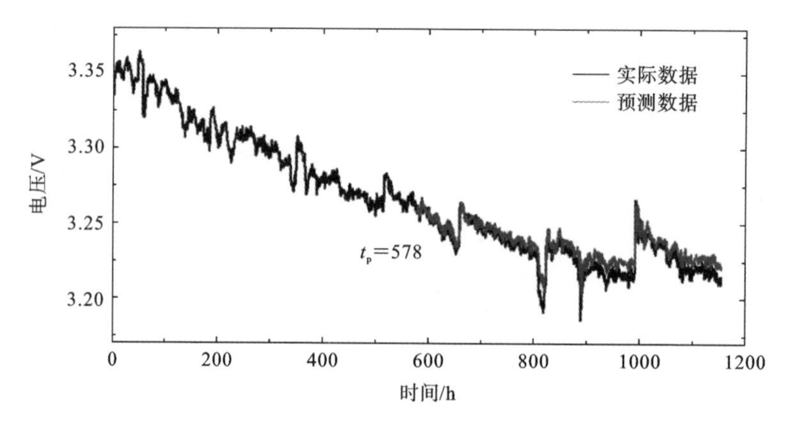

图 7.7　t_p = 578 h 时 FC1-LSTM 短期预测结果

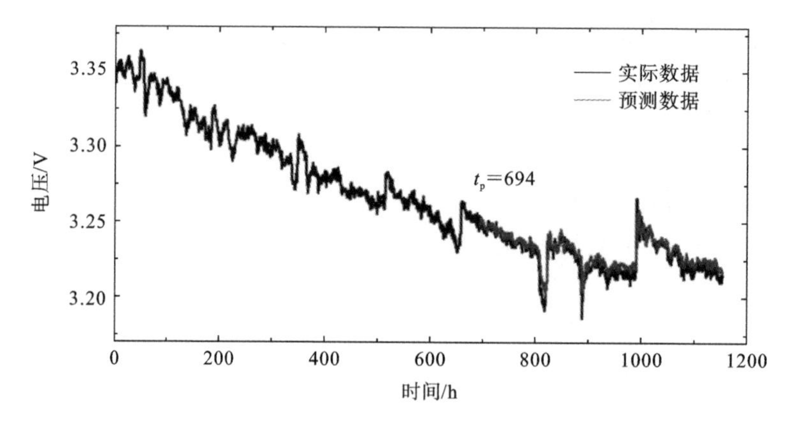

图 7.8　t_p = 694 h 时 FC1-LSTM 短期预测结果

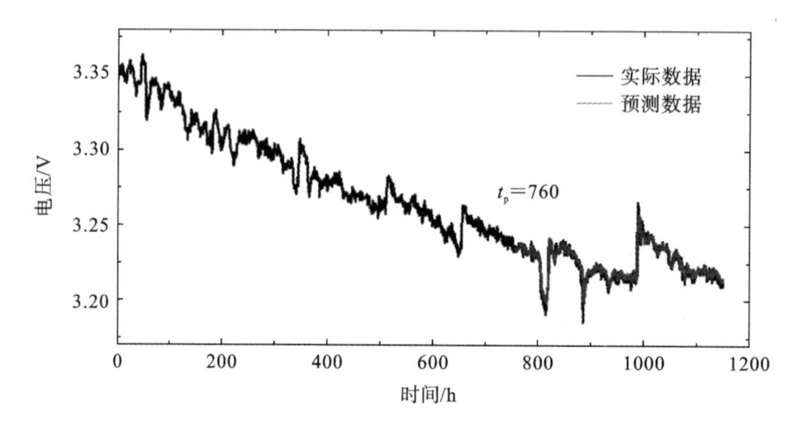

图 7.9　t_p = 760 h 时 FC1-LSTM 短期预测结果

从上述图像可以初步看出，起始预测点 t_p 为 760 h 时的预测效果最好，694 h 时的预测效果次之，578 h 时的预测效果最差。为了更准确地评估不同的起始点 LSTM 模型短期预测的性能，根据均方误差 MSE、平均绝对百分比误差 MAPE 和均方根误差 RMSE，对预测结果进行具体比较和分析。在三个不同起始点短期预测结果的 MSE、MAPE 和 RMSE 误差统计如表 7.6 所示。

表 7.6　LSTM-FC1 短期预测误差统计

起始预测点 t_p/h	均方误差 MSE	均方根误差 RMSE	平均绝对误差 MAPE
578	0.000055	0.007443	0.005724
694	0.000036	0.006033	0.004316
760	0.000026	0.005129	0.003306

由表 7.6 可知，就总体来说，三种情况下的预测误差都很小，平均均方根误差为 0.0062，表明 LSTM 短期预测模型具有很好的预测效果。但就具体来说，t_p = 578 h 时预测结果的 MSE、MAPE 和 RMSE 均最高，t_p = 694 h 时的结果次之，t_p = 760 h 时的误差最小，说明预测起始点的选择对后续预测结果是有一定影响的。

在 FC1 电池组的使用寿命失效阈值为 3.228 V，对应的时间刻度为 793 h 的条件下，可以计算得到三种情况下 RUL 的平均预测精度 Acc 为 98.66%。误差很小，精度很高，收敛很快，LSTM 短期预测模型对 FC1 具有不错的预测性能。Acc 的计算原理如下所示：

$$\mathrm{Acc}=1-\frac{\left|\mathrm{RUL}^{*}-\mathrm{RUL}_{\mathrm{actual}}\right|}{\mathrm{RUL}_{\mathrm{actual}}} \tag{7.30}$$

综合以上分析，由于不断有实际测量值输入来更新模型，使得 LSTM 模型具有很好的短期预测性能，模型拟合度很高，对 PEMFC 的短期预测误差小、精度高、收敛快，可以准确地预测 PEMFC 后续的老化状况和剩余使用寿命，对后续短时间内的状态管理具有指导意义。

7.3　基于神经网络的长期预测

7.3.1　预测框架与步骤

相比于短期预测，长期预测通常预测的时间跨度较长，并且一般情况下在预测时缺乏实际观测值来更新模型，因此长期预测的难度要大得多，并且预测结果也不会有短期预测那么精确，但长期预测可以对未来长时间的变化趋势有很好的指示作用。本节中基于图 7.10 所示的 LSTM 长期预测框架和 LSTM 预测流程对 PEMFC 的老化和剩余使用寿命进行预测，并评估其性能。

与短期预测类似，在进行长期迭代预测前也需要对预处理数据进行归一化，并对数据集进行划分，一部分作为训练集训练模型，一部分用来预测后续状态。LSTM 长期预测模型的参数设置如表 7.7 所示。

表 7.7　LSTM 长期预测模型的参数设置

模型参数	参数值
输入层维度	15
隐藏层神经元个数	50
输出层维度	4
训练轮数	50
批大小	56
学习率	0.001
验证频率	10
激活函数	sigmoid，tanh
损失函数	RMSE
优化器	Adam

7.3.2　长期预测结果分析

通过构建的 LSTM 模型对 FC1 做剩余使用寿命预测，在起始预测点 t_p 为 578 h(50%左右的数据)和 694 h(60%左右的数据)时，LSTM 模型的长期预测结果如图 7.11 和图 7.12 所示。

可以看出，LSTM 长期预测只能对未来的长期趋势做一个预测，并不能预测具体的状态变化。在起始预测点 t_p 为 578 h 时，FC1 的实际 RUL 为 215 h，预测 RUL 为 186 h，由公式可以计算得到 LSTM-FC1 长期预测的精度为 86.51%；当 t_p 为 694 h 时，FC1 的实际 RUL 为 99 h，预测的 RUL 为 134 h，预测精度为64.65%，预测精度不稳定，数据统计如表 7.8 所示。

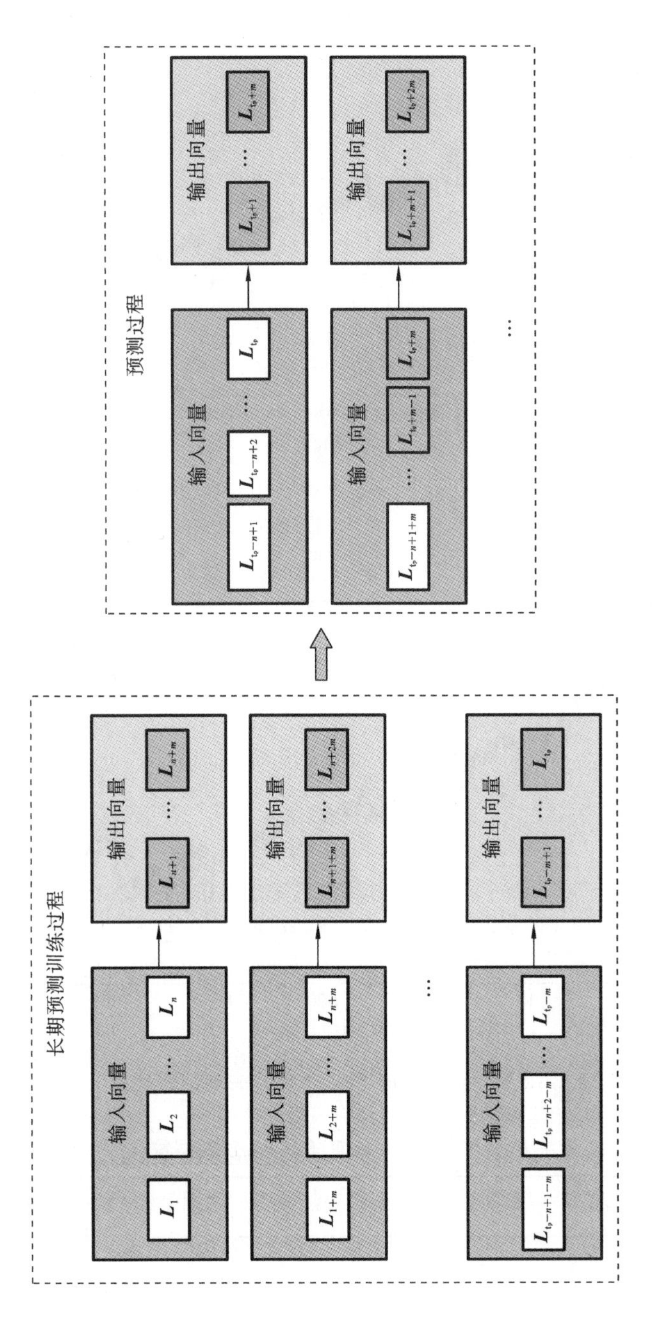

图 7.10　LSTM长期预测框架

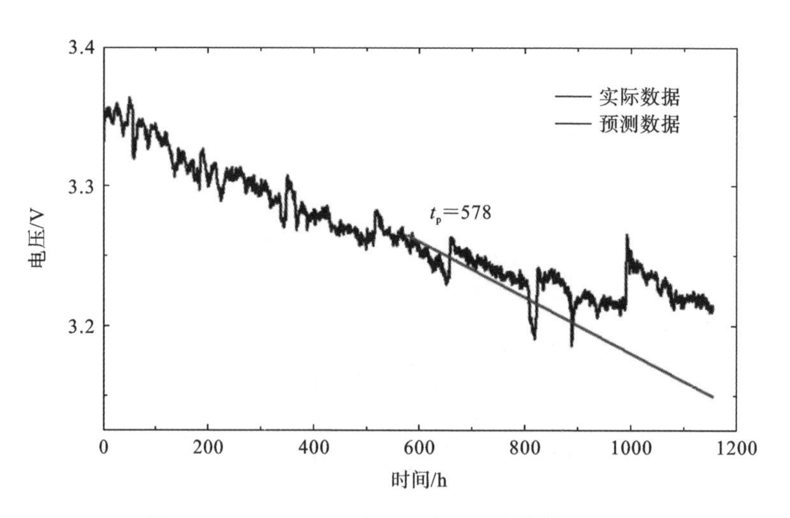

图 7.11 t_p=578 h 时 LSTM-FC1 长期预测结果

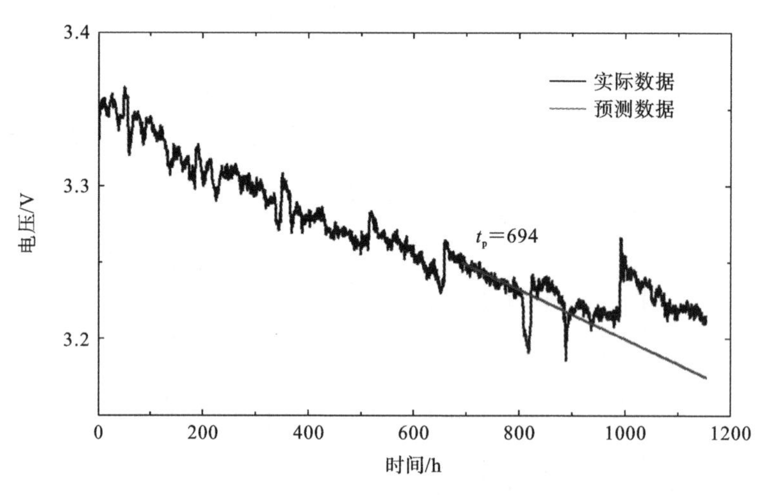

图 7.12 t_p=694 h 时 LSTM-FC1 长期预测结果

表 7.8 LSTM-FC1 长期预测 RUL 数据统计

电池组	失效阈值/h	预测点 t_p/h	实际 RUL/h	预测 RUL/h	预测精度 Acc
FC1	793	578	215	186	86.51%
		694	99	134	64.65%

7.4　神经网络的改进方法

在已有的研究中，以 LSTM 为代表的多种算法可用于单步预测或多步预测，并取得了较为良好的效果。但随着预测长度的增加，出现了如下的两个主要问题。

(1) 时变操作和电堆电压可恢复特征对燃料电池退化行为有干扰和影响，这给追踪内在退化趋势带来了困难。

(2) 仅建立在历史数据基础上的预测模型往往存在模型认知不确定性。预测结果几乎不超过基于历史的训练集的数值区间。

在此基础上，采用多模型融合的数据方法可以显著提高数据方法的预测效果。

7.4.1　基于分解集成的多数据方法融合预测

对燃料电池堆的耐久性测试表明，导致燃料电池性能下降的一些部件的老化是可逆的。操作条件的变化可能会使组件和整个质子交换膜燃料电池系统的性能显著恢复。以系统输出电压为参考指标，PEMFC 的整体性能随时间呈下降趋势，但由于组件性能的恢复，系统输出电压也会出现局部恢复，而现有的数据驱动方法缺少对这一恢复现象的考虑。

相关研究结果表明，结合具有线性和非线性特征的数据的变化趋势，可以进一步提高数据驱动方法的预测精度。PEMFC 的电压呈现整体下降趋势并伴随局部电压恢复现象，可分为反映全局下降趋势的线性信息和反映局部恢复现象的非线性信息。此外，PEMFC 系统的老化是各个部件老化综合作用的结果。但由于功能、材料等多种因素，PEMFC 系统中各部件的老化速度是不尽相同的。对快速老化的部件，训练的模型应当适应其快速变化的特征。对老化缓慢的部件，建立的模型也应当缓慢变化。考虑这种老化时间尺度的差异有利于提高最终的预测效果。

因此，有必要使用混合框架数据驱动方法来应对 PEMFC 中组件的老化时间尺度差异和电压恢复现象。本节中，PEMFC 老化数据首先被分为多个序列以反映组件的不同老化时间尺度。接下来，每个分解序列进一步分为线性和非线性部分，反映每个老化时间尺度内的整体下降趋势和局部恢复现象。然后，通过线性时间序列方法和非线性机器学习方法对这两种形式的序列进行预测，以提高预测效果。此外，机器学习方法中引入了注意力机制，提高了非线性信息的预测精度。最后，将每个老化时间尺度的预测相加以获得总体预测结果。本节提出的混合框架结构如图 7.13 所示。

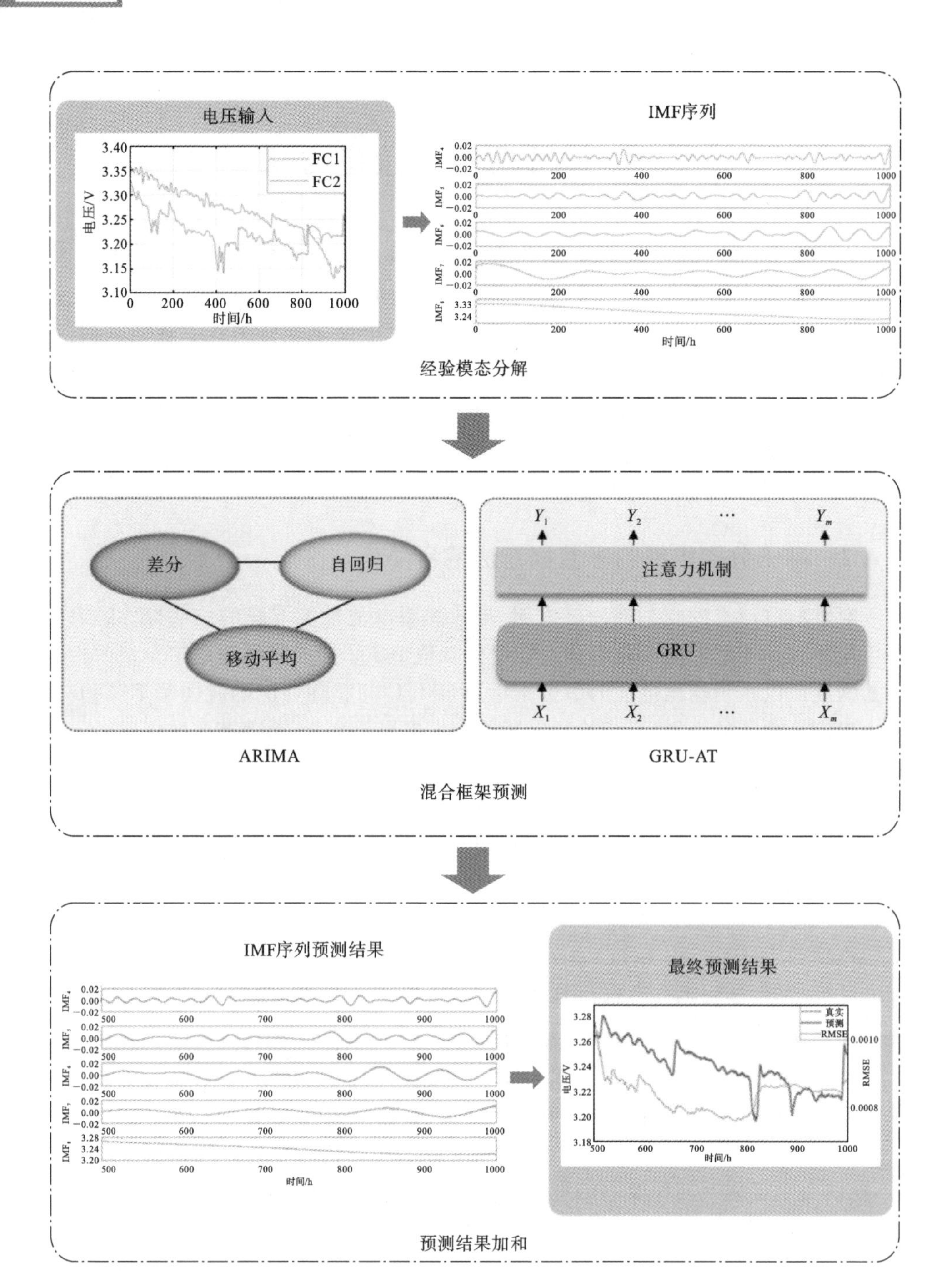

电压输入
FC1
FC2
电压/V
时间/h
IMF序列
经验模态分解
差分
自回归
移动平均
注意力机制
GRU
ARIMA
GRU-AT
混合框架预测
IMF序列预测结果
最终预测结果
真实
预测
RMSE
预测结果加和

图 7.13　混合框架结构

1. 完全自适应噪声集合经验模态分解

完全自适应噪声集合经验模态分解(CEEMDAN)可以将原始数据分解为多个子序列,便于研究不同时间尺度下的老化信息,本节将原始 PEMFC 电压数据 $y(t)$ 分解为具有不同老化时间尺度的序列,步骤如下。

(1) 在原始电压数据中添加 $j(j=1, 2, \cdots, k)$ 个高斯白噪声,得到一系列的新序列可以表示为

$$y_j(t)=y(t)+\varepsilon_0 v_j(t) \tag{7.31}$$

式中:$y_j(t)$表示新序列;ε_0是决定信噪比的系数;$v_j(t)$是高斯白噪声。

(2) 获取原始电压数据的 CEEMDAN 分解序列:

$$\mathrm{IMF}_1=\frac{\sum_{j=1}^{k}\mathrm{IMF}_{j1}}{k} \tag{7.32}$$

式中:IMF_1 是 CEEMDAN 分解的 $y(t)$的第一个 IMF 序列,IMF_{j1}是 EMD 分解的 $y_j(t)$的第一个 IMF 序列。$y(t)$经 CEEMDAN 分解后的残差序列 $r_1(t)$表示为

$$r_1(t)=y(t)-\mathrm{IMF}_1 \tag{7.33}$$

(3) 将步骤(1)中的 $y(t)$替换为 $r_1(t)$,重复上述步骤(1)和步骤(2),得到 $r_1(t)$经 CEEMDAN 分解后的第一 IMF 序列,即 $y(t)$被 CEEMDAN 分解的第二 IMF 序列 。

(4) 重复(1)~(3),得到原始电压数据 $y(t)$的多个 IMF 序列,直至最终残差序列 $r_{n-1}(t)$为单调函数且不可分解,则原始电压数据 $y(t)$可表示为

$$y(t)=\sum_{i=1}^{n-1}\mathrm{IMF}_i+r_{n-1}(t) \tag{7.34}$$

式中:第 n 个 IMF 序列等于残差序列 $r_{n-1}(t)$。

FC1 的 CEEMDAN 分解效果如图 7.14 所示。

2. 移动平均分解

从 CEEMDAN 获得的 n 个分解的 IMF 序列代表了不同时间尺度上的老化趋势。这些序列包含线性和非线性信息,可用于预测老化行为,进一步使用移动平均(MA)来分解序列以提高预测精度。

$$\begin{cases} l_t=\dfrac{1}{m}\displaystyle\sum_{i=t-m+1}^{t} y_i \\ r_t=y_t-l_t \end{cases} \tag{7.35}$$

式中:m 是步长;l_t 包含稳定下降趋势的线性信息,适合使用线性方法进行预测;r_t 是表示局部波动信息的非线性分量,应用于非线性预测方法。

3. 混合框架预测

混合框架中,对非线性特征使用 GRU-Attention 方法进行计算。Attention 机

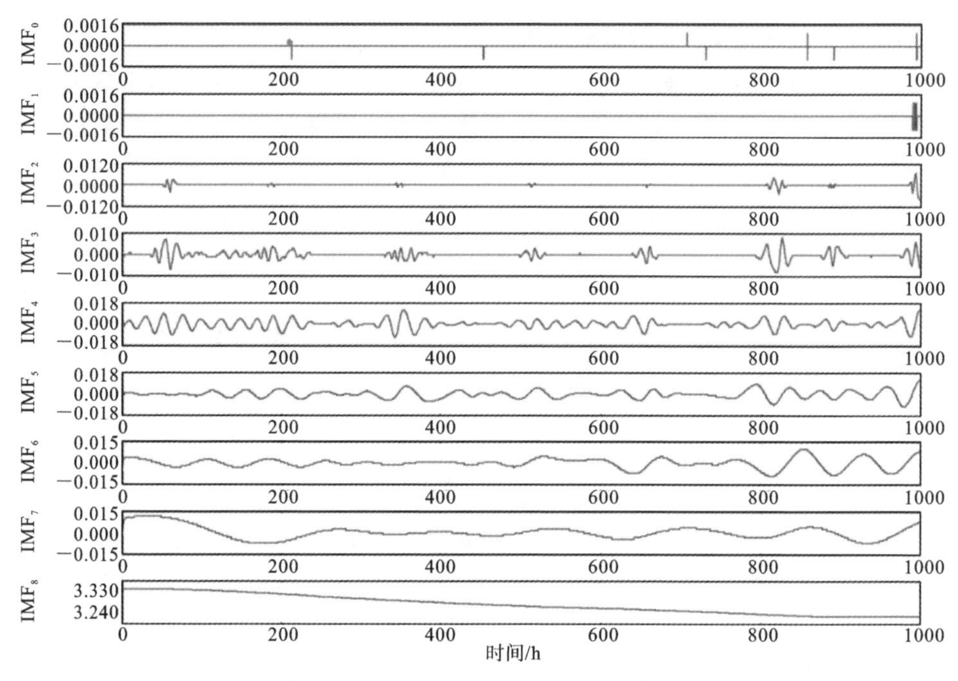

图 7.14 FC1 的 CEEMDAN 分解效果

制一般可以在 GRU 方法之前或之后使用。然而，在 GRU 方法之前使用它会导致部分注意力被其他特征分散，导致该方法的效果下降。因此，本节采用 GRU 方法之后的注意力机制。首先，将输入电压数据转换为多个特征向量以进行 GRU 训练。然后，利用特征向量进行 GRU 模型训练，得到初始输出向量。为了获得合理的注意力分布，将初始输出向量作为注意力机制的输入向量，并计算相应的注意力权重参数，最后得到最终的预测结果，具有注意力机制的 GRU-Attention 结构如图 7.15 所示。

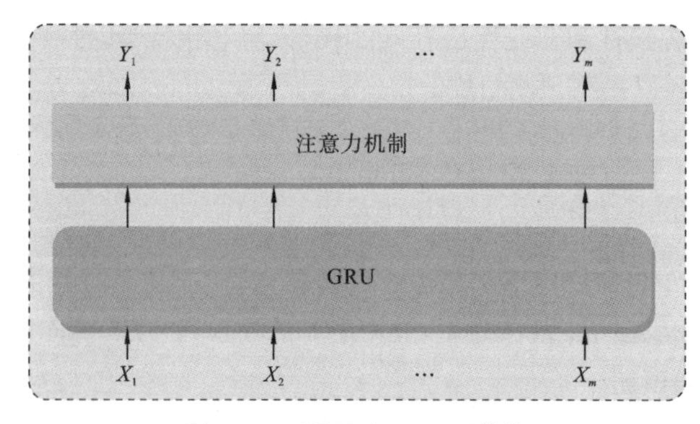

图 7.15 GRU-Attention 结构

对每一个分解出的IMF序列，使用ARIMA预测线性信息，使用GRU-Attention预测非线性信息，得到的预测结果如图7.16和表7.9所示。

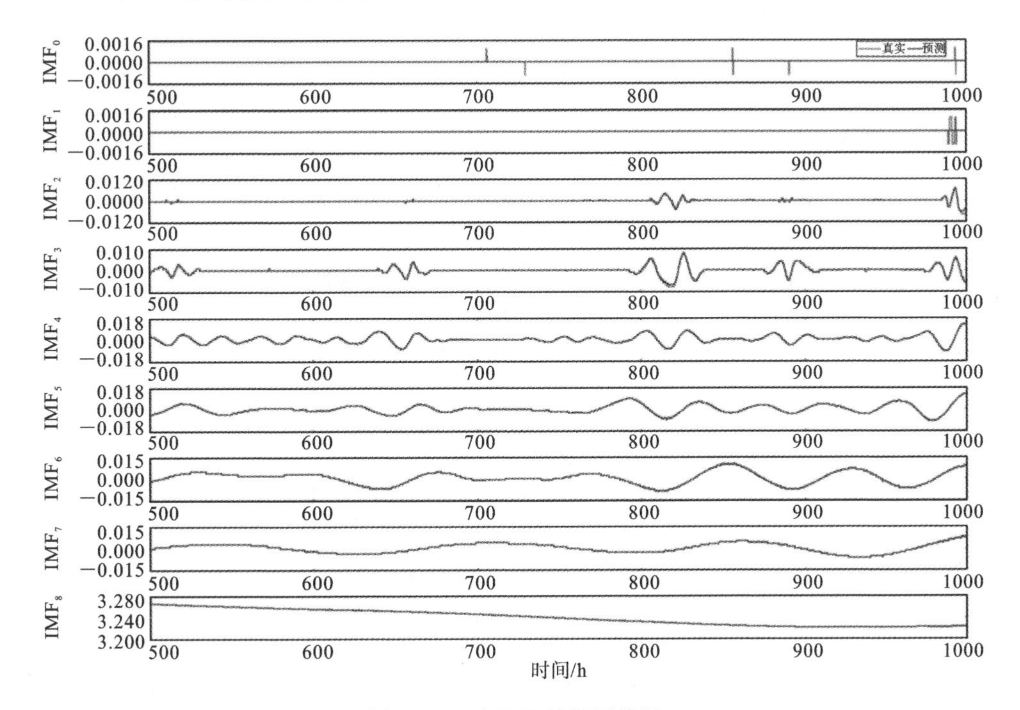

图7.16　对IMF的预测结果

表7.9　IMF单独预测误差

IMF	0	1	2	3	4	5	6	7	8
MAE	0.009	0.010	0.064	0.141	0.305	0.154	0.196	0.112	0.098
RMSE	0.054	0.093	0.064	0.295	0.385	0.277	0.311	0.211	0.184

图7.16中显示了真实和预测的IMF_0～IMF_8序列，相应的误差在表7.9中给出。较小的MAE和RMSE结果证明了该预测的高精度。特别是对于IMF_0和IMF_1，虽然实际值局部表现出正、负脉冲特征，但大多数预测值与实际值非常接近。根据MAE和RMSE的计算公式，其他时刻优异的预测效果减少了这种局部脉冲特征的不利影响，使得IMF_0和IMF_1的计算误差较小。与IMF_0和IMF_1相比，虽然IMF_2～IMF_8的误差稍大，但真实值和预测值的变化趋势仍然是一致的。

500 h训练集的FC1预测结果如图7.17所示，总体预测误差如表7.10所示。

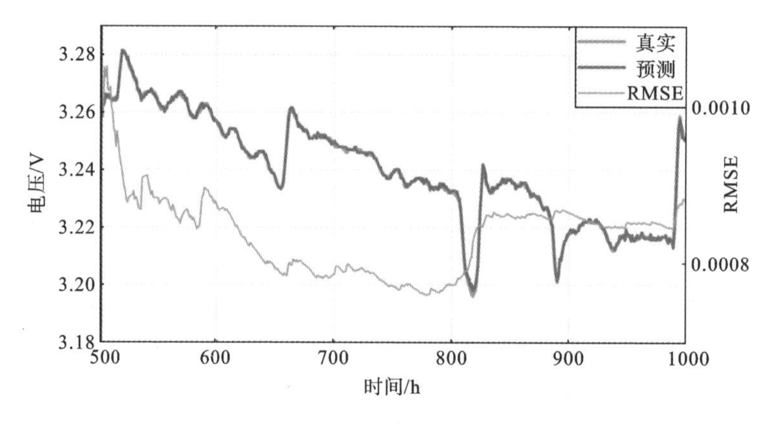

图 7.17　500 h 训练集的 FC1 预测结果

表 7.10　总体预测误差

Train/h	Metric	Hybrid-Attention
500	MAE	0.000688
	RMSE	0.000882
	MAPE	0.021125

如图 7.17 所示，FC1 的预测电压和实际电压之间具有良好的相关性。由于各 IMF 子序列预测较为准确，整体预测曲线很大程度上继承了高精度的优势，但也有部分子序列存在一定误差。具体来说，图 7.17 中 820 h 处的预测值略高于相应的真实值，这种误差是由于 IMF_3 子序列的预测误差造成的。同样，IMF_0 和 IMF_1 的预测结果可能导致 990 h 峰值处的总体预测效果下降。

图 7.17 中描绘的 RMSE 误差曲线直观地表示了累积预测误差随老化时间的趋势。在 510～820 h 期间，RMSE 值出现了明显的下降趋势。根据 RMSE 的计算原理，这意味着预测误差平方和的增长速度小于预测数量的增长速度，而预测数量是随老化时间的增加而线性增加的。因此可以得出结论：提出的方法具有稳定的预测误差。此外，660 h、820 h 和 990 h 的电压急剧波动都对 RMSE 产生了较大的影响，而且 820 h 时的 RMSE 增幅最大。这表明当电压波动过大时，所提方法的预测误差显著增大，导致预测性能下降。

7.4.2　基于贝叶斯理论的不确定性量化方法

前文讲述的针对 PEMFC 的电压预测和剩余使用寿命预测的数据方法，它们的本质都是基于数据驱动的黑箱模型，并且大部分剩余使用寿命的计算都是基于电堆电压衰减性能来表征的。最重要的是，所有这些方法都通过确定性神经网络实现预测，主要提供预测性能的点估计，并没有考虑不确定性的量化问题，这些基于深度学习的方法可能难以给出预测结果的置信度，甚至会出现预测结果不可信的情况。此外，基于单点性能预测的决策很困难，甚至容易出错，进而导致危险的结果，尤其是对于安全关键应用。为了精确地预测燃料电池衰减特性以及剩余使用寿命，单一的点估计结果可能会缺乏置信度，故需要考虑实验环境造成的测量误差及模型对数据的依赖性等不确定性因素并将其量化。

不确定性主要分为认知不确定性和偶然不确定性，认知不确定性是由于预测模型引起的不确定性，通常也称为模型不确定性。偶然不确定性度量的是观测数据集中固有的噪声，这种不确定性存在于数据的收集方法中。性能预测可能会受到各种类型的预测不确定性的影响，例如由噪声感官数据引入的测量不确定性、与深度学习模型相关的模型不确定性，以及由未来环境和操作条件的随机性引起的预测不确定性。在以深度学习为内核的健康状态预测中，以贝叶斯理论为内核的机器学习方法能够有效地实现不确定性的量化。

1. B-GRU 模型框架及参数设置

B-GRU 是贝叶斯理论与深度学习算法 GRU 结合的产物，其结构图如图 7.18 所示。左边的部分为数据预处理部分，采用随机森林算法计算数据特征的重要性，舍弃不重要的特征以便降低数据维度，提高计算效率。中间为 B-GRU 模型的主体部分，将贝叶斯理论和 GRU 模型融合并采用变分推断对模型进行简化，降低模型的复杂度以提高模型的计算效率，右边部分为模型的输出结果，包括预测结果的置信区间以及对应的概率密度分布。一方面，B-GRU 模型其实是经典深度学习模型在概率上的扩展，保留了经典深度学习模型的网络拓扑结构，以便于继承经典深度神经网络的模块化和可扩展性；另一方面将经典深度神经网络的模型参数替换为随机变量，以便于通过概率分布进行不确定性量化，得到预测结果的置信区间。

给定训练样本 X 和 Y，B-GRU 模型由一个参数空间上的先验分布 $p(\omega)$ 以及一个贝叶斯回归的似然函数 $p(D \mid \omega) = \prod_{i=1}^{N} l(y^{(i)} \mid f^{\omega}(x^{(i)}))$ 构成 $y = f^{\omega}(x)$，一般情况下可以使用高斯分布 $l(y^{(i)} \mid f^{\omega}(x^{(i)}))$。模型参数 ω 独立于训练输入样本 X，由贝叶斯定理可知，模型参数的后验分布为

$$p(\omega \mid D) = \frac{p(\omega)p(D \mid \omega)}{p(D)} = \frac{p(\omega)p(D \mid \omega)}{\int p(\omega)p(D \mid \omega)\mathrm{d}\omega}$$

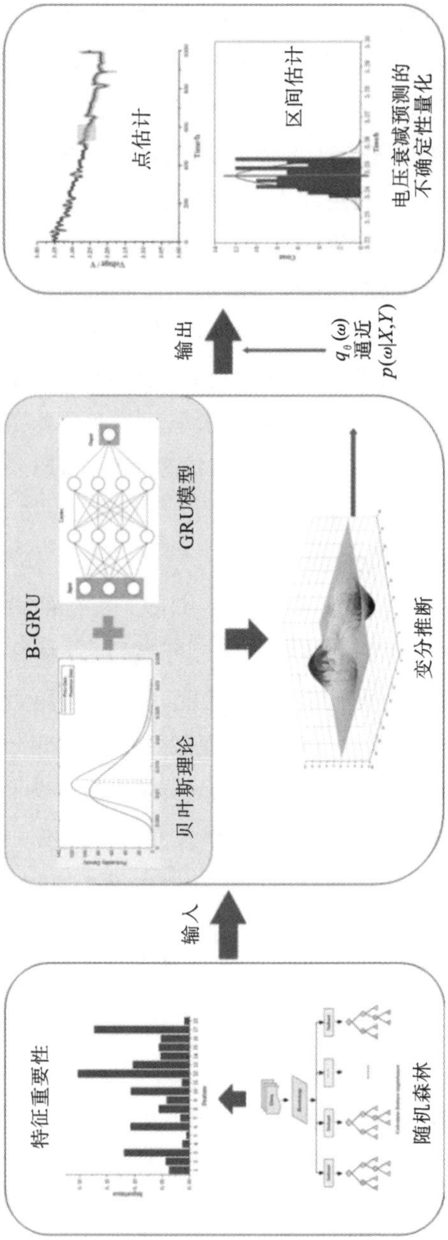

图 7.18　B-GRU 结构图

$$= \frac{p(\omega)\prod_{i=1}^{N} l(y^{(i)} \mid f^{\omega}(x^{(i)}))}{\int p(\omega)\prod_{i=1}^{N} l(y^{(i)} \mid f^{\omega}(x^{(i)}))\mathrm{d}\omega} \tag{7.36}$$

基于后验分布 $p(\omega|D)$，B-GRU 模型 $y=f^{\omega}(x)$可用于不确定性量化的后续推理。给定任意样本数据 X^*，预测结果 Y^* 可通过公式得到：

$$\begin{aligned} p(Y^* \mid X^*, D) &= \lim_{\Delta\omega \to \infty} \sum p(Y^* \mid X^*, \omega + \Delta\omega) \times p(\omega + \Delta\omega \mid D) \times \Delta\omega \\ &= \int p(Y^* \mid X^*, \omega) p(\omega \mid D)\mathrm{d}\omega \end{aligned} \tag{7.37}$$

上式难以直接计算，需要采用变分推断对其进行近似。变分推断是一种通过优化逼近机器学习中的棘手分布的数学方法，该方法已经在很多实践中被证明能够有效地解决各种机器学习和推理问题。B-GRU 的主要难点在于后验分布 $p(\omega|D)$难以计算，当对象是复杂的网络结构和高维数据时，这一问题会更加困难。为了克服计算问题，变分推断的核心思想是通过一个易于评估以及进一步推断的概率密度分布去近似实际的后验分布，这一分布称为变分分布。

利用变分推断的方法，用由一组参数 θ 控制的分布 $q_{\theta}(\omega|\theta)$去逼近真正的后验 $p(\omega|D)$，使用高斯分布近似，即令 $\theta=(\mu,\sigma)$，则每个网络参数 ω_i 服从参数为(μ_i, σ_i)的高斯分布。使用相对熵(kullback leibler，KL)散度度量 $q(\omega|\theta)$和 $p(\omega|D)$的差异，也就是优化

$$\theta^* = \arg\min_{\theta} \mathrm{KL}[q_{\theta}(\omega|\theta) \parallel p(\omega|D)] \tag{7.38}$$

根据 KL 散度的公式，进一步推导得到

$$\begin{aligned} \mathrm{KL}[q_{\theta}(\omega \mid D) \parallel p(\omega \mid D)] &= \int q_{\theta}(\omega \mid D) \frac{q_{\theta}(\omega \mid D)}{p(\omega \mid D)}\mathrm{d}\theta \\ &= \int q_{\theta}(\omega \mid D) \frac{q_{\theta}(\omega \mid D)p(D)}{p(\omega, D)}\mathrm{d}\theta \\ &= \int q_{\theta}(\omega \mid D)\lg q_{\theta}(w \mid D)\mathrm{d}\theta + \int q_{\theta}(\omega \mid D)\lg p(D)\mathrm{d}\theta \\ &\quad - \int q_{\theta}(\omega \mid D)\lg p(\omega, D)\mathrm{d}\theta \\ &= \int q_{\theta}(\omega \mid D)\lg q_{\theta}(\omega \mid D)\mathrm{d}\theta + \lg p(D) \\ &\quad - \int q_{\theta}(\omega \mid D)\lg \frac{p(\omega, D)}{q_{\theta}(\omega \mid D)}\mathrm{d}\theta - \int q_{\theta}(\omega \mid D)\lg p(\omega, D)\mathrm{d}\theta \end{aligned} \tag{7.39}$$

由于 $\mathrm{KL} > 0$，因此 $\lg p(D) \geqslant \int q_{\theta}(\omega \mid D)\lg \frac{p(\omega, D)}{q_{\theta}(\omega \mid D)}\mathrm{d}\theta$。前面是数据的似然，被称为 Evidence，因此后面的项被称为证据下限(evidence lower bound，ELBO)。

设证据不变，最小化 KL 等价于最大化 ELBO，即

$$\theta^{\text{opt}}=\arg\min_{\theta}\text{KL}=\arg\max_{\theta}\text{ELBO} \tag{7.40}$$

其中

$$\begin{aligned}\text{ELBO}&=\int q_{\theta}(\omega\mid D)\lg\frac{p(\omega,D)}{q_{\theta}(\omega\mid D)}\text{d}\theta\\&=\int q_{\theta}(\omega\mid D)\lg\frac{p(D\mid\omega)p(\omega)}{q_{\theta}(\omega\mid D)}\text{d}\theta\\&=\int q_{\theta}(\omega\mid D)\lg p(D\mid\omega)\text{d}\theta+\int q_{\theta}(\omega\mid D)\lg\frac{p(\omega)}{q_{\theta}(\omega\mid D)}\text{d}\theta\\&=E_{q_{\theta}(\omega\mid D)}\lg p(D\mid\omega)-\text{KL}[q_{\theta}(\omega\mid D)\parallel p(\omega)]\end{aligned} \tag{7.41}$$

最终式子可解释为：最大化 ELBO 为最大化数据的极大似然与最小化 $q_{\theta}(\omega|\theta)$ 和先验 $p(\omega)$ 的距离之和。

式(7.41)需要通过采样 MC 估计，损失函数写作：

$$\begin{aligned}\mathscr{F}(D,\theta)&=\text{KL}[q_{\theta}(\omega\mid D)\parallel p(\omega)]-E_{q(\omega\mid D)}\lg p(D\mid\omega)\\&=\sum_{i=1}^{n}\lg q_{\theta}(w^{(i)}\mid D)-\lg p(\omega^{(i)})-\lg p(D\mid\omega^{(i)})\end{aligned} \tag{7.42}$$

为了找到损失函数的全局最优解，需要采用收敛速度快、计算效率高的 ADAM 优化算法进行寻优。

在进行预测前，需要设置 B-GRU 的层数以及神经元的个数，并以损失函数的损失 LOSS 的收敛情况来判断隐藏层的层数和神经元的个数，B-GRU 模型参数设置如表 7.11 所示。

表 7.11　B-GRU 模型参数设置

模型参数	参数值
输入层维度	60
隐藏层神经元个数	20
输出层维度	1
训练轮数	200
批大小	32
学习率	0.001
激活函数	sigmoid，tanh
损失函数	RMSE
优化器	Adam

2. B-GRU 模型的单一点估计预测

IEEE PHM 2014 data Challenge 提供了大约 1000 h 的电堆运行数据，本节分别使用前 280 h、380 h、480 h、580 h 的运行数据对 B-GRU 模型进行训练，并预测后面的结果，预测结果和预测误差如图 7.19 和表 7.12 所示。

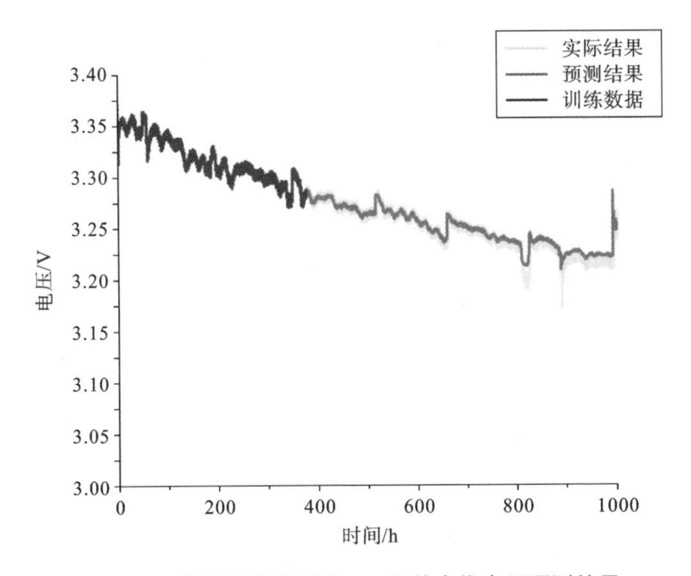

图 7.19 训练数据分别为 380 h 的电堆电压预测结果

表 7.12 不同训练数据下 B-GRU 模型的预测误差

模　　型	训练数据	均方误差	均方根误差	平均绝对误差
B-GRU	280 h	0.000033	0.005744	0.003907
	380 h	0.000030	0.005477	0.003358
	480 h	0.000187	0.013675	0.090571
	580 h	0.000229	0.015132	0.0108673

从表 7.12 可以看出，B-GRU 模型的预测误差先随着训练数据的增加缓慢减小，当训练数据为 380 h 时，预测误差最小，其均方误差为 0.000030，均方根误差为 0.005477，平均绝对误差为 0.003358。

一方面说明训练数据的增多并不会提高预测结果的精度，有可能会导致模型过拟合，故选择合适的训练数据集对电压预测至关重要。另一方面，使用 380 h 前的数据进行测试，B-GRU 模型的预测误差缓慢减小，这说明该模型的预测精度受训练数据集的影响相对较小。为此，本节将 B GRU 模型的预测结果和 GRU 深度学习算法的预测误差进行对比分析，在不同训练集下的预测误差如表 7.13 所示。由表 7.13 可以看出，训练数据小于 380 h 时，B-GRU 模型的预测误差变化很小，这是其他深度学习算法所不具备的，这正是贝叶斯与神经网络相结合后的优势所在。

表 7.13　多种算法在不同训练集下的预测误差

训练数据	模型	均方误差	均方根误差	平均绝对误差
80 h	B-GRU	0.000159	0.000159	0.000159
	GRU	0.001031	0.032109	0.024368
180 h	B-GRU	0.000049	0.00701	0.004024
	GRU	0.000658	0.025652	0.021597
280 h	B-GRU	0.000033	0.005744	0.003907
	GRU	0.000136	0.011662	0.008643
380 h	B-GRU	**0.000030**	**0.005477**	**0.003358**
	GRU	0.000021	0.004583	0.002758
480 h	B-GRU	0.000187	0.013675	0.090571
	GRU	0.000202	0.014213	0.012537
580 h	B-GRU	0.000229	0.015132	0.0108673
	GRU	0.000384	0.019596	0.014887

从对比结果可以看出当训练数据小于等于 280 h 时，B-GRU 模型的预测误差均优于 GRU 算法。这是由于 B-GRU 模型本身能够对数据的不确定性做一定的量化，即当模型的训练数据较少时，B-GRU 模型仍能预测出较好的结果。同时，B-GRU 模型的预测结果是在一定范围内上下波动的，而 B-GRU 模型的结果是在多次预测结果的基础上计算得到的，这样做的好处是尽可能地将预测结果的不确定性降到最低，从而得到更为精确的点估计结果。

3. B-GRU 模型的区间估计

多数数据驱动模型会受到数据噪声、实验条件等不确定性因素的影响，这些不确定性因素会对数据驱动模型的参数训练产生影响。但 B-GRU 模型考虑了不确定性因素的影响，通过区间估计实现不确定性的量化，提高预测结果的置信度。本小节基于 IEEE PHM 2014 data Challenge 数据实现 B-GRU 的区间估计。

将前 480 h 的原始数据用于 B-GRU 模型的训练，590 h 的区间估计效果如图 7.20 所示。图 7.20(a)为整体的区间估计结果，从图中可以看出，B-GRU 模型的点估计结果始终跟随电压衰减曲线。图 7.20(b)为区间估计的局部放大图，从图中可以

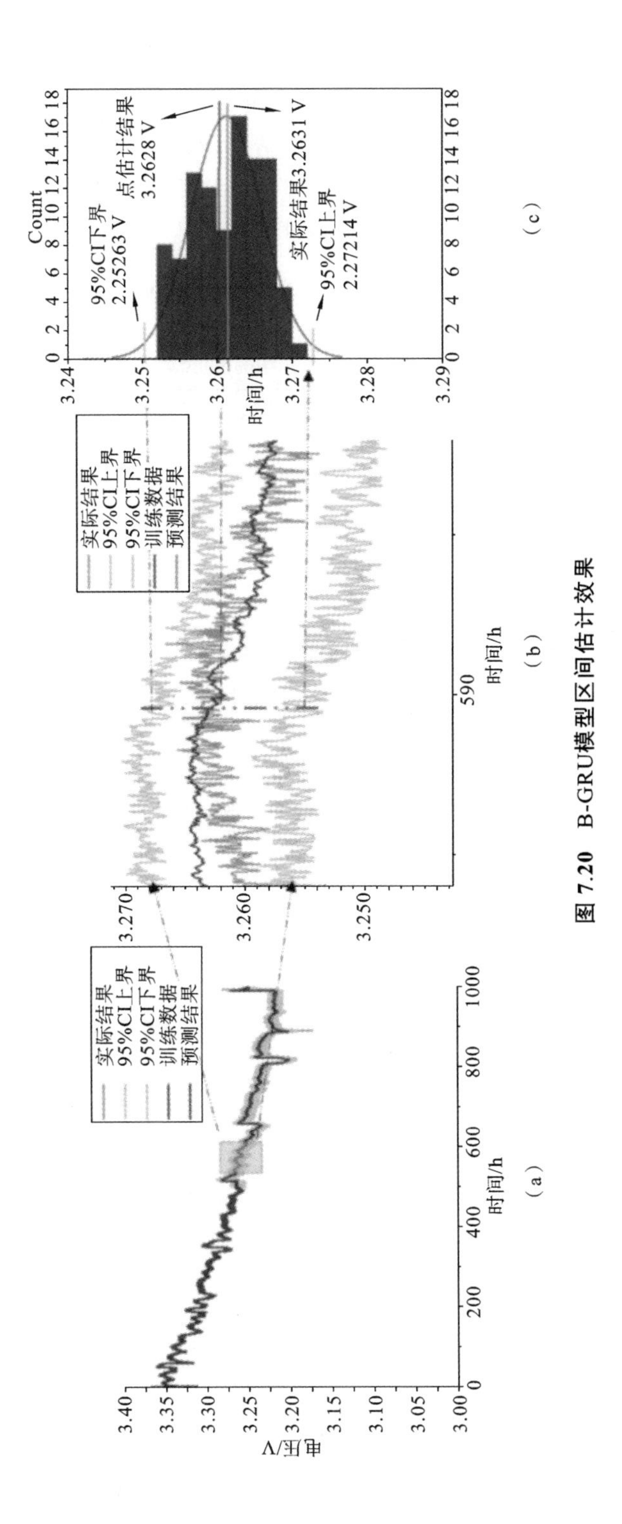

图 7.20　B-GRU模型区间估计效果

看出，点估计预测结果在实际结果附近波动，且均落在置信区间内。图7.20(c)为590 h时的区间估计结果的概率密度分布，其95%置信区间为[3.25263, 2.27214]，点估计结果为3.2628 V，与实际结果相差不大，这一结果说明B-GRU模型具有良好的不确定性量化的能力。表7.14为区间估计在500～800 h的预测结果，从结果可以看出点估计实际结果相差不大，且均在对应的置信区间内。此外，预测结果的置信区间长度基本保持在0.02左右，这一结果也说明了B-GRU模型有较稳定的区间估计预测的能力。

表7.14　基于IEEE PHM 2014 data Challenge数据的区间估计结果

时间/h	实际结果	点估计	95%置信区间	置信区间长度
500	3.2628	3.263	[3.255, 3.273]	0.018
550	3.26	3.26165	[3.2508, 3.2706]	0.0198
600	3.2555	3.25591	[3.24467, 3.26382]	0.01915
650	3.2356	3.2358	[3.22763, 3.24596]	0.01833
700	3.2485	3.24915	[3.2393, 3.2605]	0.0212
800	3.2355	3.23485	[3.22467, 3.24382]	0.01915

大量数据驱动的寿命预测方法需要对原始数据进行去噪处理，得到可靠性更高的神经网络参数。但是，B-GRU模型可以利用原始数据中的不确定性因素来获得理想的预测结果，这是B-GRU模型的优势。

第8章

燃料电池老化混合预测方法

基于模型的方法旨在根据 PEMFC 复杂的降解机理，建立经验或机理模型以模拟其降解过程。这种方法的优点是不需要大量的数据，在给定准确的退化模型的情况下，它可以提供准确的预测结果。然而 PEMFC 的降解机理是复杂的、多时间的、多物理尺度的，在实际应用中，由于尚未完全了解 PEMFC 复杂的降解机理，构建准确的降解模型往往比较困难；基于模型的预测方法虽然可以有效地用于预测时间内的 PEMFC 老化趋势，但不能准确地预测 PEMFC 老化数据的局部非线性特征。基于数据驱动的方法不需要先验知识建立精确的降解模型，其目的是使用一些智能计算方法，通过学习可用的降解数据来挖掘 PEMFC 的降解规律，这种方法不需要完全了解 PEMFC 的降解机理。然而，基于数据驱动的方法的主要缺点是其性能严重依赖于训练过程中数据的数量和质量，而在实际应用中，很难获得 PEMFC 的退化数据；利用数据驱动方法预测电压虽然可以很好地跟踪电压的非线性变化趋势，但随着预测时间的延长，预测误差明显增大。

为此，需要综合考虑基于模型驱动方法和基于数据驱动方法的优缺点，将这两种方法结合起来形成互补，提出混合的 PEMFC 预测方法，达到更好的预测效果，以提高 PEMFC 的预测效果。在第 5 章介绍了长期预测和短期预测的定义，即预测范围(PH)小于 24 h 为短期预测；PH 在 24～168 h 为中期预测；PH 大于 168 h 为长期预测。本章按照混合预测方法适用的 PH 值，分别介绍运用于中短期预测的混合预测方法和运用于长期预测的混合预测方法。

8.1 用于中短期预测的混合预测方法

基于模型驱动的燃料电池寿命预测需要依赖内部老化机理和外部特性建立可靠的老化模型，预测的精度取决于建立的老化模型与系统的适配程度。基于数据驱动的预测框架不涉及系统反应机理，而是需要依赖大量可靠的老化实验数据，该方法对数据集的数量和质量有较高要求。针对模型方法和数据方法的优缺点，本节提出一种基于权重分配法的混合预测框架，通过权重分配将模型驱动和数据驱动的结果互补合并，提高预测准确性。

本节提出的混合方法整体预测框架如图 8.1 所示。其中 n 为预测数据的数量，N 为窗口移动时间长度，k 表示实际预测的窗口数，K 表示总窗口数。总窗口数 K 由数据总长度和 N 的取值决定。在该方法中，基于模型驱动和数据驱动的预测框架相对独立，通过权重因子将两种不同的方法结合起来。

混合预测框架的实现需要对完整的模型预测框架和数据预测框架进行融合，

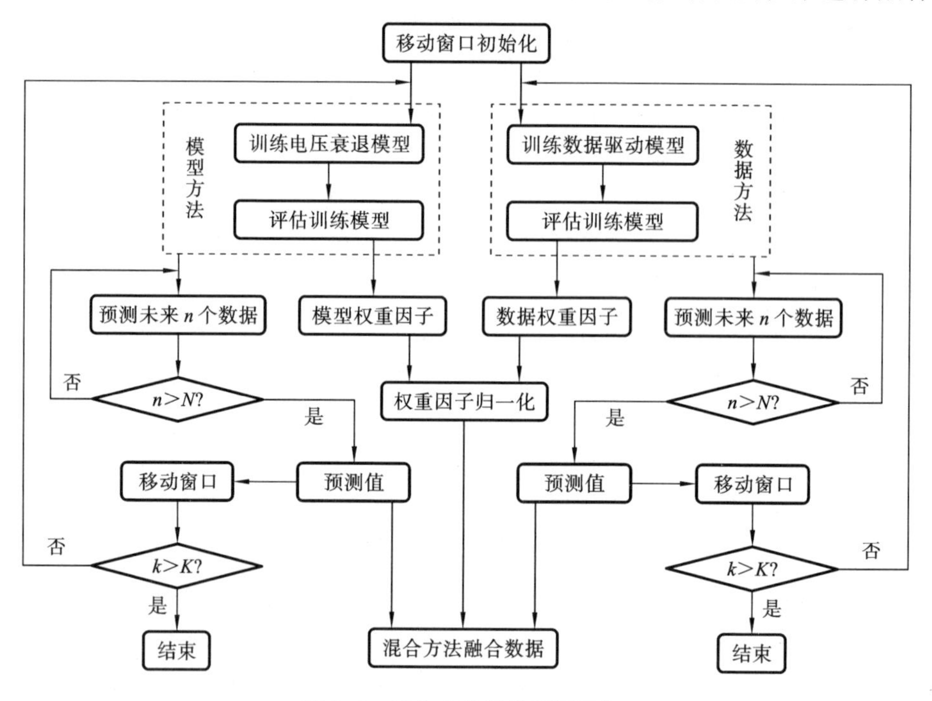

图 8.1 混合方法整体预测框架

本节的混合预测框架采用上述研究的改进卡尔曼滤波预测框架结合半经验模型的模型驱动方法和 GRU-A 预测框架的数据驱动方法。该混合方法首先需要在模型和数据的独立预测框架上添加相同的移动窗口，再通过混合策略得到各方法的权重因子，最后将权重因子归一化，并与预测阶段的数据进行融合。

基于上述预测框架，可以将燃料电池工作过程中的实时数据用于更新模型参数。同时，移动窗口方法可以在训练数据较少的情况下进行预测。此外，可以在每个预测步骤的迭代过程中评估每个方法的拟合能力，也可以动态调整相应的权重因子。该方法可以通过使用不同的 N 值轻松更改预测时间。上述预测框架不仅可以应用于真实的在线老化预测，还可以考虑在启停期间产生电压恢复现象，从而能够更准确地长期预测燃料电池真实的老化情况，帮助研究人员对燃料电池进行健康管理，非常具有实际应用价值。下面对移动窗口和权重分配策略进行更加详细的介绍。

1. 移动窗口基本原理

移动窗口的主要作用是更新和添加训练阶段的实验数据，为权重分配策略中动态权重因子的更新提供基础。研究中通过移动窗口实现权重因子的迭代更新，具体方法如图 8.2 所示。由图 8.2 可以看出，窗口的总长度为 $3N$，每个窗口分为长度均等的三个阶段，从左往右依次是训练阶段、评估阶段及预测阶段。在每个窗口中，第一个浅灰色区域的训练阶段使用原始实验老化数据训练模型，第二个灰色区域的评估阶段通过训练模型的预测结果与实验老化数据进行对比评估，确定结果的可信度，第三个深灰色区域的预测阶段使用训练后的模型预测未来 N 个数据点。

在基于独立的模型驱动和数据驱动的预测方法中，均使用到了移动窗口的思想，两种方法的过程类似。以基于模型的预测方法为例，设定每个窗口的时间长度为 $3N$，则窗口中三个阶段的时间长度均为 N，窗口移动的大小也设定为 N。假设第 k 个窗口开始的时间为 T_k，则该窗口训练阶段发生在 $T_k \sim T_k+N-1$ 时刻，评估阶段发生在 $T_k+N \sim T_k+2N-1$ 时刻，预测阶段发生在 $T_k+2N \sim T_k+3N-1$ 时刻。当第 k 个窗口的三个阶段完成之后，窗口后移 N 个时刻，迭代到第 $k+1$ 个窗口。在第 $k+1$ 个窗口中，训练阶段发生在 $T_k+N \sim T_k+2N-1$ 时刻，评估阶段发生在 $T_k+2N \sim T_k+3N-1$ 时刻，预测阶段发生在 $T_k+3N \sim T_k+4N-1$ 时刻。通过上述方式，在基于模型和数据的预测方法中添加各自的移动窗口，完成对单一预测方法预测过程的评估。

对混合预测框架而言，在单一的模型预测方法和数据预测方法中加入移动窗口是一种有效的策略，有利于实现对单一方法的预测性能评估，有依据地提供各方

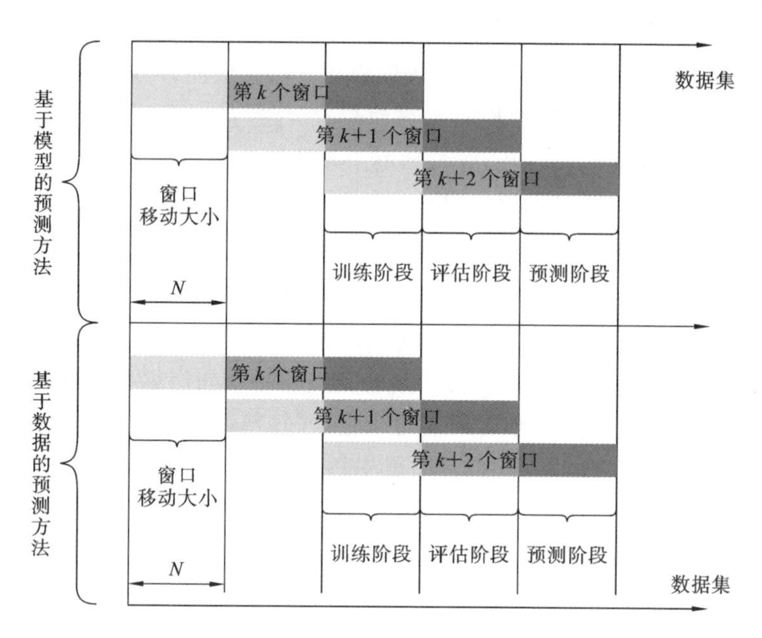

图 8.2 移动窗口示意图

法的置信度，掌握不同预测方法在混合过程中的可信程度。同时，可以根据改变 N 的大小调节数据的长度，设置合理的数据更新时间，实现对预测时间和预测精度的合理调配。

2. 权重分配策略

根据上述研究提出的移动窗口方法，每个窗口中都存在一个评估阶段，该阶段的作用是将经过训练阶段得到的模型预测数据与真实数据作比较，体现当前窗口中不同预测方法的拟合能力，评估各方法在预测阶段的可信度。针对 PEMFC 的剩余使用寿命混合预测系统，在单一的模型和数据预测方法中均加入了移动窗口的思想。在各方法的窗口评估阶段，利用燃料电池真实的电压老化数据与经过各方法训练后的输出结果进行比较，计算各方法输出结果的残差，通过对残差进行分析处理，获得该窗口预测阶段的权重因子。权重因子的具体算法为

$$w_{p,k} = \frac{1}{\sum_{i=1}^{N} \sqrt{(z_{\text{eva},p,k}(i) - y_{\text{eva},p,k}(i))^2}} \tag{8.1}$$

式中：p 表示不同的预测方法，$p=1$ 时表示模型预测方法，$p=2$ 时表示数据预测方法；k 表示第 k 个窗口；$z_{\text{eva},p,k}(i)$ 表示评估阶段的实际电压测量值；$y_{\text{eva},p,k}(i)$ 表示评估阶段用于评估的各方法的预测电压值。

通过窗口的移动完成权重因子的动态变化，得到动态权重因子后，要利用权重

因子实现对每种方法的可行度评估。因此对动态权重因子进行归一化处理，得到归一化权重因子，即

$$w_{\mathrm{norm},p,k}=\frac{w_{p,k}}{\sum_{p=1}^{P}w_{p,k}} \tag{8.2}$$

式中：P 表示模型和数据的方法，$P=2$ 表示一共使用了两种单一方法对 RUL 进行预测。

研究得到归一化权重因子，表征各方法在混合预测框架中的置信度，结合各方法在窗口预测阶段的预测数据，则混合方法的预测结果可以通过加权求和表示，即

$$y_{\mathrm{fus},k}=\sum_{p=1}^{P}y_{\mathrm{pre},p,k}\cdot w_{\mathrm{norm},p,k} \tag{8.3}$$

式中：$y_{\mathrm{pre},p,k}$表示各方法在预测阶段的预测电压值。

综合上述分析，权重分配策略首先需要在单一的模型和数据预测方法中加入移动窗口，利用窗口评估阶段的预测数据与真实实验数据进行比较，得到迭代更新的动态权重因子，其次通过对权重因子的归一化，实现对不同方法预测结果的评估，最后在预测阶段通过加权求和的方法，实现燃料电池的混合预测。权重分配法可以提供可靠的权重因子，实现权重因子的迭代更新，有效提高混合预测方法的精度和准确性。

权重分配策略的核心是动态权重因子的更新，为了实现权重因子的合理更新频率，同时降低方法的复杂性，使预测框架更具有研究意义和现实意义，确定窗口移动长度 N 的取值是问题的关键。通过对本书老化实验数据的分析，电堆 FC1 和 FC2 的系统工作时长均超过 1000 h，在实际研究中，若选取的 N 过小，则表示移动窗口（即更新数据的次数）变多，因此需要短时间内多次更新真实实验数据。若预测数据长度较短，则对于剩余使用寿命预测而言不具备研究意义和实用价值；若选取的 N 过长，权重因子动态更新的频率过低，导致混合预测框架不能发挥自身算法的优势。因此，在混合预测方法中，确定合适的窗口移动长度 N 是非常关键的。综合上述分析，本节选用 10 h 作为窗口移动的长度（即 MW＝10）。接下来，本节将在静态工况和动态工况的条件下，对混合预测框架进行研究。本节分析 600 h 之后的预测效果。图 8.3、图 8.4 分别为 FC1 和 FC2 各个方法的预测结果。

通过图 8.3 可以发现，本书所提出的 AUKF-GRU-A 混合方法（黑色曲线）在恒定负载条件下能够进行准确的老化预测。在局部放大图中，混合方法的预测结果始终位于基于模型的方法（灰色曲线）和数据驱动方法（黑色曲线）之间。尤其是在尖锐区域中，单一方法可能出现明显的预测偏差，而混合方法能够有效地解决偏差问题。这得益于 MW 对单一方法加权混合的结果，因此混合预测方法始终能平

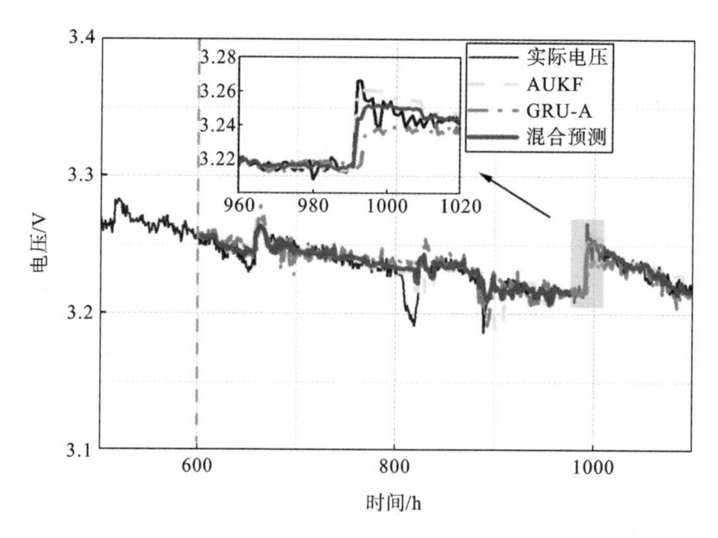

图 8.3　MW=10 时 FC1 各个方法的预测结果

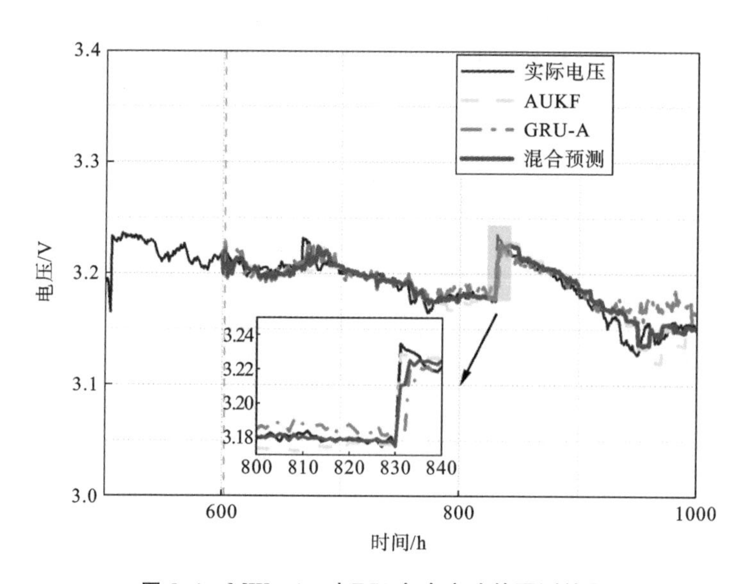

图 8.4　MW=10 时 FC2 各个方法的预测结果

衡单一方法在某时刻的不精确预测值。在动态条件下这一现象更为明显。通过图 8.4 的局部放大图可以发现，在 830～840 h 的时段内，数据驱动方法出现了明显向上的波动趋势，而混合方法有效地解决了该时段内数据驱动方法预测效果不佳的问题。

为了更加直观地量化混合方法的优越性，表 8.1 中列出了 600 h 之后预测结果的均方根误差(RMSE)和平均绝对百分比误差(MAPE)。其中在 FC1 的情况下,AUKF-GRU-A 相比其他单一方法而言,RMSE 和 MAPE 最多分别为降低 26.7%、20.3%;在 FC2 的情况下,RMSE 和 MAPE 最多分别为降低 35.4%、35.7%。

结果表明,无论在静态还是动态条件下,所提出的混合预测方法都能够进行准确的长期预测。此外,无论是基于模型的方法,还是数据驱动方法,在多步长预测方式下的预测精度都会急剧下降,尤其是数据驱动方法。相比其他单一方法而言,通过移动窗口法所得到的混合预测方法的预测精度都得到了较大的提升。在电压突变较多、恢复现象明显的动态条件下,混合预测方法依旧能够进行准确的预测,具有很高的鲁棒性。

表 8.1　不同方法下 RUL 预测结果对比(滑动窗口=10 h)

	预测方法	RMSE	MAPE
FC1	AUKF	0.0095	0.0019
	GRU-A	0.0101	0.0021
	AUKF-GRU-A	0.0074	0.0015
FC2	AUKF	0.0101	0.0024
	GRU-A	0.0127	0.0028
	AUKF-GRU-A	0.0082	0.0018

为了进一步探讨窗口长度的不同对预测结果的影响,应根据实际情况合理地选择窗口长度。本节将移动窗口大小 N 分别设置为 10 h、20 h 和 50 h 再次进行预测。图 8.5 和图 8.6 显示了不同移动窗口大小下退化预测误差。如图 8.5 和图 8.6 所示,无论是恒定负载还是动态负载下,预测误差都会在电压恢复期间增大。然而窗口长度越小,抵抗电压恢复造成的影响的能力越强。

预测起始点 600 h 下不同滑动窗口间的预测结果比较如表 8.2 所示。通过表 8.2 可以发现,在同一预测起始点下,随着窗口长度的增大,预测性能逐渐降低。这是由于预测的步长越小,保留随机相关性的相邻步长越短,越能在燃料电池波动幅度过大的时间段内精确预测。因此,在针对不同的电池老化过程中,根据需求灵活地采用不同窗口长度的组合可以进行更好的预测。根据输入的实时数据,我们可以分析目前燃料电池的老化情况是否稳定。若数据波动较大,很大程度上都是系统不稳定或者故障引起的,则需适当减小窗口长度进行故障诊断。反之我们可以适当增大窗口长度预测设备在历史工况下的一个长期走向,与预期进行对比分析,从而调整控制策略,在一定程度上延长使用寿命。

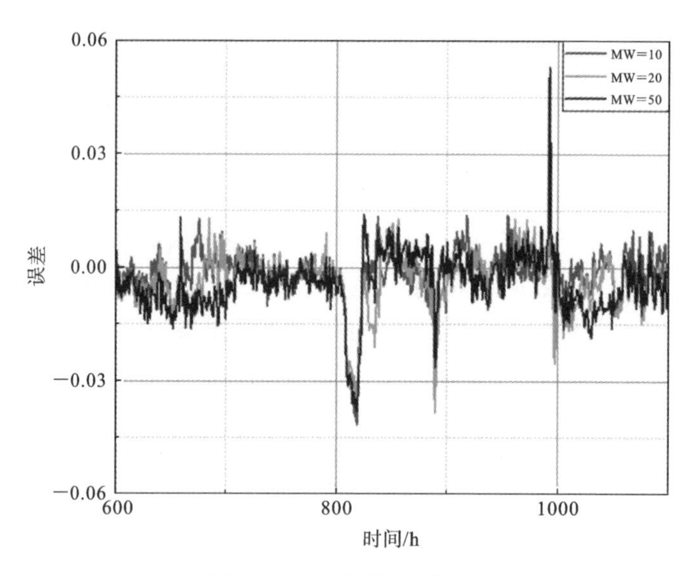

图 8.5　FC1 退化预测误差

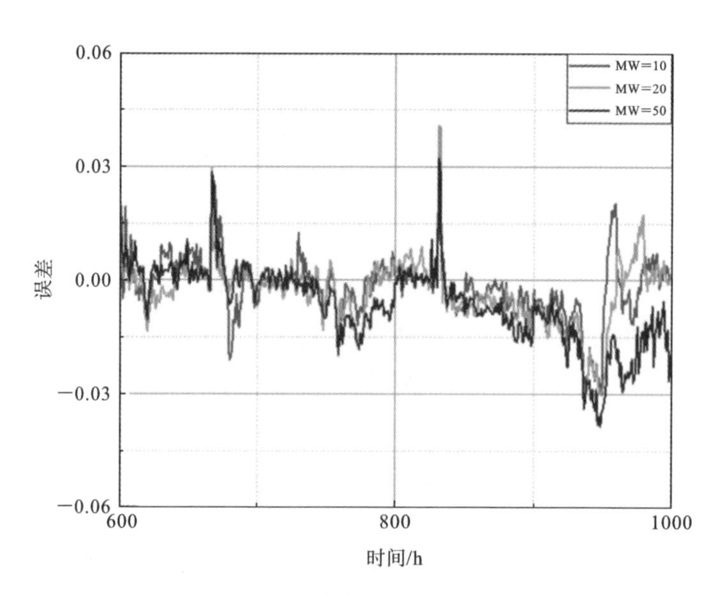

图 8.6　FC2 退化预测误差

更进一步地，本节继续探究在不同的 N 值(10、20、50)和不同的预测起始点(500 h、600 h、700 h、800 h)下的预测精度，图 8.7(a)显示了 FC1 在不同 N 值下的比较结果。对于 RMSE 和 MAPE，当 $N=10$ 时，在不同的预测起始点上，预测误差最小。这代表每个时期的预测准确性更高。与 $N=50$ 的情况相比，RMSE 降低了

表 8.2 预测起始点 600 h 下不同滑动窗口间的预测结果比较

	窗口长度	RMSE	MAPE
FC1	MW=10	0.0074	0.0015
	MW=20	0.0084	0.0018
	MW=50	0.0093	0.0021
FC2	MW=10	0.0082	0.0018
	MW=20	0.0090	0.0020
	MW=50	0.0121	0.0028

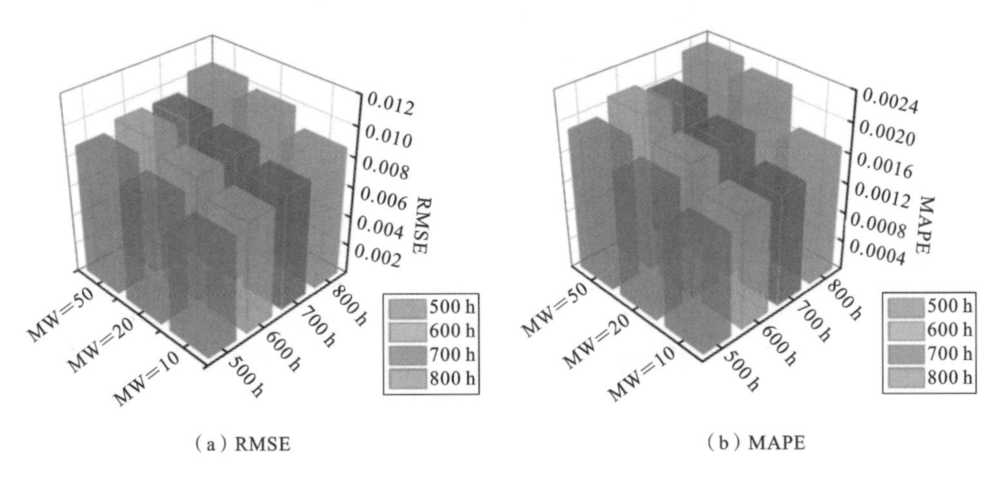

(a) RMSE (b) MAPE

图 8.7 FC1 的预测误差

19.5%~20.4%,MAPE 降低了 26.3%~28.6%。对于 N=50,图 8.7(b)显示相邻预测起始点的数值波动更明显,这意味着预测的范围越长,预测的稳定性越低。

图 8.8 显示了 FC2 在不同 N 值下的比较结果。对于 RMSE 和 MAPE,当 N=10 时,在不同的预测起始点上,预测误差最小。FC2 的较大预测误差是因为动态负载引起的电压波动较大。与 N=50 相比,N=10 的 RMSE 降低了 26.3%~40.6%,MAPE 降低了 29.6%~48.7%。此外,FC2 在 800~1000 h 呈现明显的恢复现象。然而,在这个时期,N=10 比其他预测范围更准确,这是因为窗口长度合理。当燃料电池电压波动较大时,适当的预测步长可以保证更好的预测准确性,因为它确保了两个相邻步骤之间的相关性。因此,为不同类型的燃料电池老化过程采用不同的窗口长度,可以实现更好的预测。基于实时数据输入,可以分析当前燃料电池的老化状态。一般来说,数据的显著波动通常表示系统中的故障或不稳定性,需要定期减少 N 值以检测故障。相反,可以适当增加窗口长度来预测历史

运行条件下设备的长期趋势，并根据预期的趋势调整控制策略。对于本节所引用的燃料电池数据，$N=10$ 可以在保证适当的预测步长的同时实现更准确的预测。

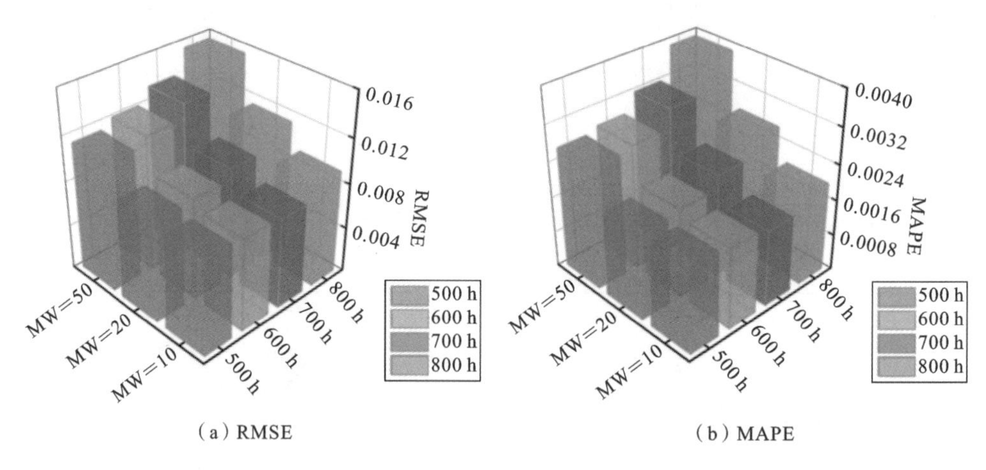

(a) RMSE　　(b) MAPE

图 8.8　FC2 的预测误差

8.2　用于长期预测的混合预测方法

8.2.1　基于数据驱动为模型驱动提供观测值的混合预测方法

在基于模型驱动的长期 RUL 预测中，训练阶段由于具有真实老化数据作为观测值，滤波算法的状态方程可以不断更新参数，滤波曲线既可以跟踪实际老化曲线的老化趋势，又可以捕捉老化曲线的非线性特征；然而在预测阶段，由于缺乏观测值，滤波算法的状态方程参数无法更新，预测曲线经过循环迭代后误差积累问题十分突出，这极大地影响了预测精度。

为此，本节提出了一种基于数据驱动为模型驱动提供观测值的混合预测方法。在所提出的框架中，电堆电压被视为老化指标，采用半经验模型作为系统观测方程，AUPF 算法进行滤波，LSTM 算法作为数据驱动算法的预测观测值。PEMFC 的原始电压测量值首先经过预处理，然后将预处理后的电压测量值作为训练数据集引入预测方法框架。预测方法框架可以分为训练阶段和预测阶段，如图 8.9 所示。在训练阶段，基于预处理的电堆电压用于训练 LSTM 预测模型，同时用 AUPF 算法跟踪系统状态，将实际测量的电压输入值作为系统状态空间模型的观测值。在 AUPF 算法的初始化未知模型参数中，一组随机值被分配给未知的系统模型参数。然后，这些参数在 AUPF 算法的每一步中进行更新，直到它们趋于稳定值。假设预测开始时间为 T_p。当时间达到 T_p 时，AUPF 算法将停止跟踪系统状态，并且在 T_p 时将估计的模型参数用于预测。在预测阶段，PEMFC 的每个后续电压值首先基于训练有素的 LSTM 预测模型进行预测。然后，LSTM 的预测电压值将作为新的系统观测值引入 AUPF 的预测框架中，该框架从 LSTM 接收新观测结果并预测后续系统状态，直到达到给定的故障阈值。最后，AUPF 方法预测出 PEMFC 的 RUL。

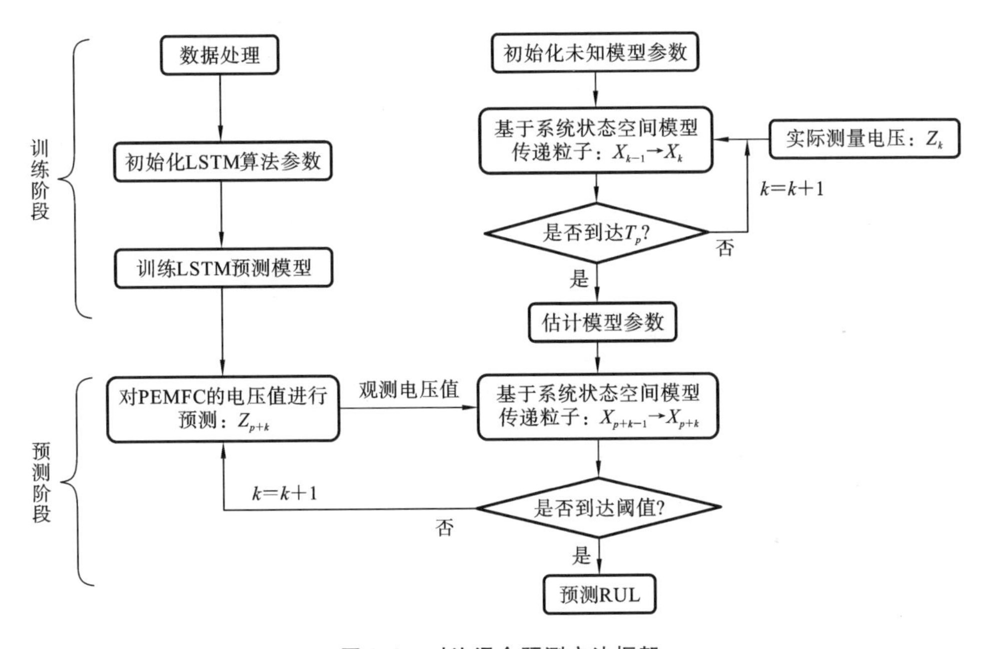

图 8.9　对比混合预测方法框架

这里采用半经验模型作为燃料电池系统的电压衰退模型。在 FC1 的静态工况下，该混合框架的预测结果如图 8.10 所示，权重分配法的预测结果评估指标对比如表 8.3 所示。结合表 8.3 中的数据可以发现，在 $T_p=550$ h 时，相比于 AUPF 方法，AUPF+LSTM 的 MAE 指标减小 45.26%，RMSE 误差指标减小 40.76%，预测准确度 Acc 提升 39.55%。研究发现，AUPF+LSTM 预测结果的各评价指标均优于单一模型驱动的 AUPF 预测结果，证明在 PEMFC 静态工况下，本节提出的混合预测方法具有更好的预测效果。

在 FC2 的动态工况下，本节使用的混合方法预测结果如图 8.11 所示，与 AUPF 的预测结果评估指标对比如表 8.4 所示。结合表 8.4 中的数据可以发现，

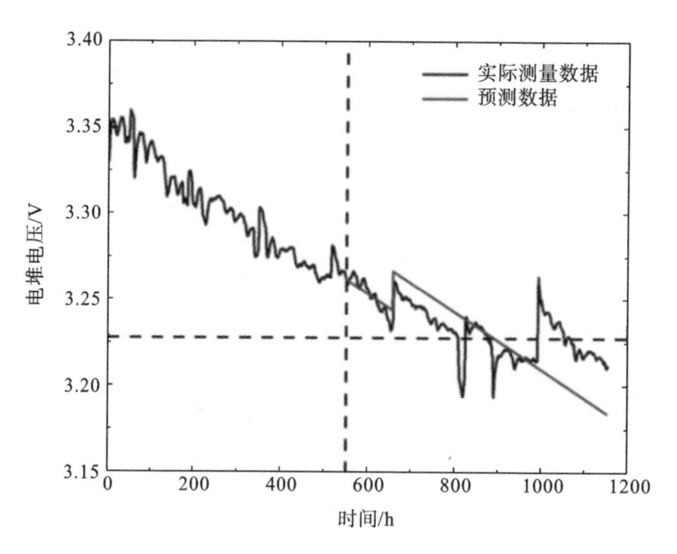

图 8.10　FC1 工况下对比混合方法预测结果

表 8.3　FC1 T_p=550 h 时的权重分配法的预测结果评估指标对比

	MAE	RMSE	预测 RUL	Acc
AUPF	0.0137	0.0184	330 h	70.82%
AUPF+LSTM	0.0075	0.0109	260 h	98.83%

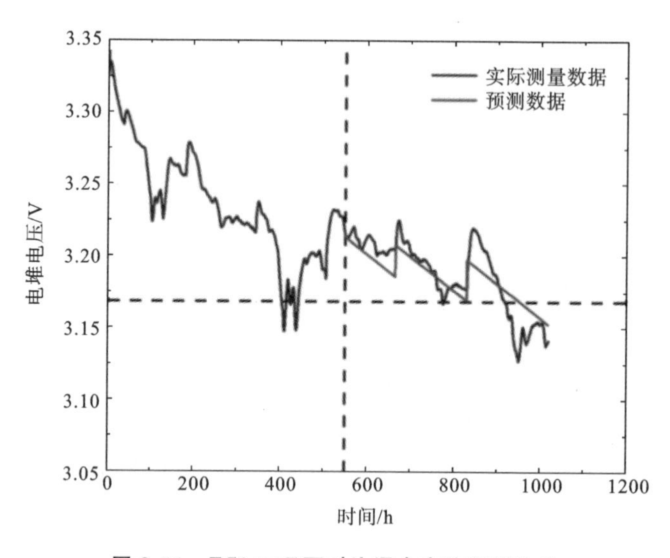

图 8.11　FC2 工况下对比混合方法预测结果

表 8.4　FC2 T_p=550 h 时的混合策略性能对比

	MAE	RMSE	预测 RUL	Acc
AUPF	0.0105	0.0133	277 h	74.66%
AUPF+LSTM	0.0157	0.0215	214 h	96.83%

在 T_p=550 h 时，相比于 AUPF 方法，AUPF+LSTM 的误差指标 MAE 和 RMSE 虽然更大，但预测 RUL 的准确度指标 Acc 也更大，即 AUPF+LSTM 方法的 RUL 预测精度更高。对比测试结果证明了 PEMFC 在动态工况下，针对 RUL 的研究，AUPF+LSTM 同样具有更优的预测精度。

通过这种混合预测方法，可以克服预测阶段缺乏观测值而导致误差积累的问题。数据驱动的 LSTM 算法用于预测观测值，为模型驱动的 AUPF 算法提供准确的输入，从而提高了预测的精度和可靠性。这种方法综合了模型驱动和数据驱动的优势，充分利用历史数据和模型知识，在长期 RUL 预测中具有重要的应用价值。

8.2.2　基于数据驱动和模型驱动相互迭代的混合预测方法

本节中使用的混合预测方法与 8.2.1 节中的方法有所不同。在本节的混合预测方法中，数据驱动方法并不是在预测阶段一次性预测出所有观测值并提供给模型驱动的滤波算法来更新系统状态参数，而是在预测阶段与模型驱动的滤波算法相互迭代。

在所提出的框架中，电堆电压被视为老化指标，采用半经验模型，AUKF 算法进行滤波，EMD-LSTM 算法作为数据驱动算法与 AUKF 算法进行迭代。基于大量历史数据，使用 EMD-LSTM 方法训练出预测模型，从而预测当前时刻的输出电压，将预测的输出电压当作实际观测值并作为自适应无迹卡尔曼滤波(adaptive unscented Kalman filtering，AUKF)的输入，AUKF 模型预测出当前时刻的状态值后，将此状态值作为回归量返回给 EMD-LSTM 作为输入的一部分，继续进行下一时刻的预测。这种通过数据驱动方法与模型方法不断进行更新迭代预测的方法可以称为混合迭代法，混合迭代法的预测框架如图 8.12 所示。由于在实际预测时 PEMFC 系统的状态无法被直接测量，也就缺少了实际测量值对模型的更新。与其他融合方法相比，混合迭代法先通过数据驱动建立一个从测量到系统状态的映射，即先用 EMD-LSTM 神经网络根据当前时刻的部分历史数据预测出下一时刻的测量值，然后将此测量值输入给基于模型的方法做滤波估计，预测出下一时刻的输出值，并将滤波估计的值返回给 EMD-LSTM 当作输入的一部分，进行下一轮的迭代预测，直到输出最终结果。

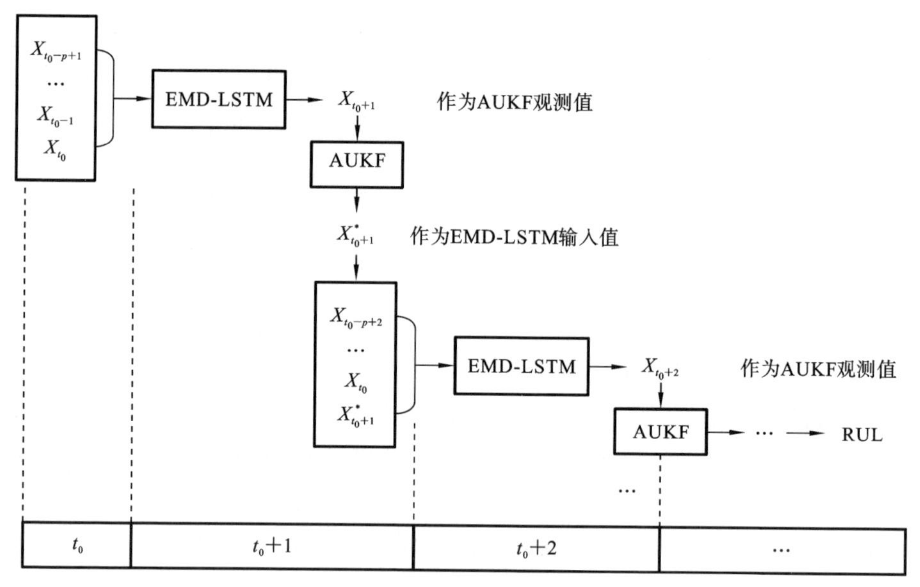

图 8.12 混合迭代法的预测框架

由前述内容可以看到，单独的 LSTM 神经网络与单独的 AUKF 在对 PEMFC 的 RUL 做长期预测时，预测效果都不太理想，并且在实际应用中对它们各自进行提升是比较困难的。混合预测方法在理论上可以扬长避短，可以结合数据驱动和模型驱动各自的优点。

为了方便预测性能的对比，混合预测的起始预测点 t_p 与单独数据驱动预测和单独模型预测保持一致。首先验证混合模型对 FC1 的预测性能，当 t_p 分别为 578 h和 694 h 时，FC1 混合迭代法预测结果如图 8.13 和图 8.14 所示。

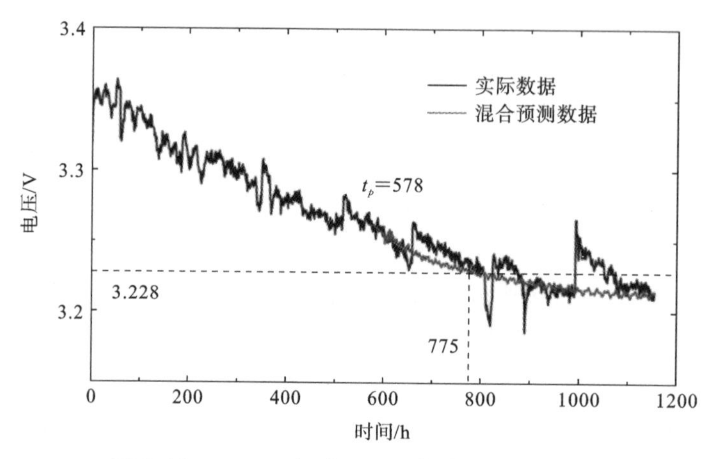

图 8.13 $t_p=578$ h 时 FC1 混合迭代法预测结果

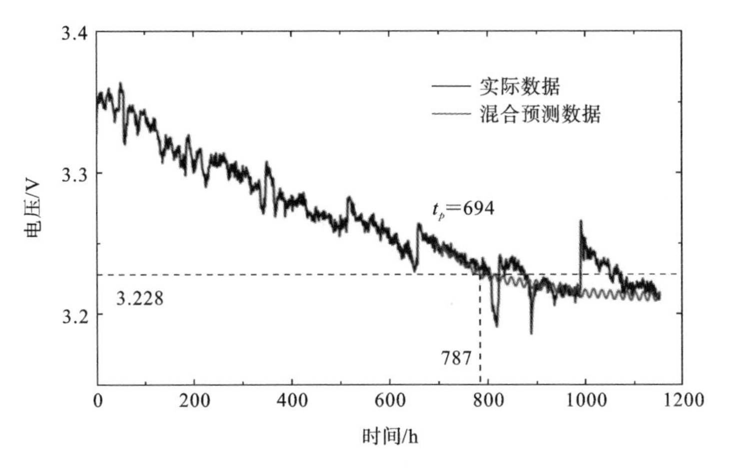

图 8.14　t_p = 694 h 时 FC1 混合迭代法预测结果

上述两种情况下的均方根误差 RMSE 分别为 0.0124 和 0.0131，FC1 混合迭代法预测 RUL 数据统计如表 8.5 所示。

表 8.5　FC1 混合迭代法预测 RUL 数据统计

电池组	失效阈值/h	预测点 t_p/h	实际 RUL/h	预测 RUL/h	Acc
FC1	793	578	215	197	91.63%
		694	99	93	93.94%

同样地，对 FC2 进行混合模型预测验证其性能，当 t_p 为 510 h 和 590 h 时，FC2 的混合预测结果如图 8.15 和图 8.16 所示。

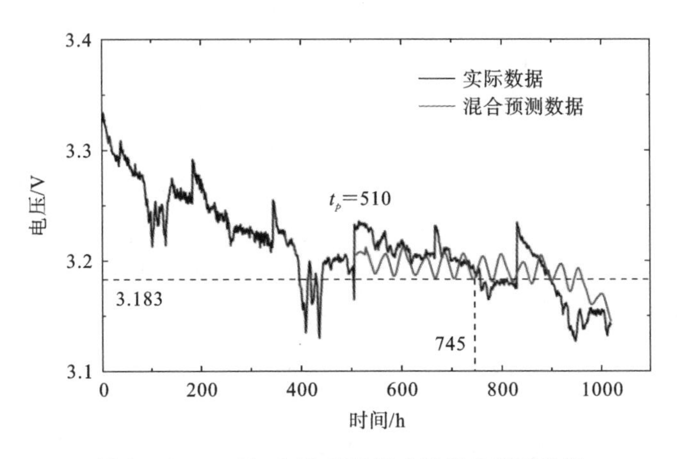

图 8.15　t_p = 510 h 时 FC2 混合迭代法预测结果

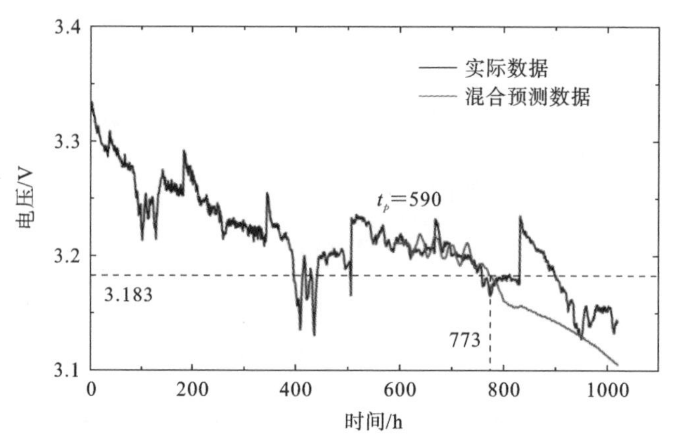

图 8.16 t_p=590 h 时 FC2 混合迭代法预测结果

上述两种情况下的 RMSE 分别为 0.0208 和 0.0290，FC2 混合迭代法预测 RUL 数据统计如表 8.6 所示。

表 8.6 FC2 混合迭代法预测 RUL 数据统计

电池组	失效阈值/h	预测点 t_p/h	实际 RUL/h	预测 RUL/h	Acc
FC2	758	510	248	235	94.76%
		590	168	183	91.07%

此外，混合迭代法还具有较高的预测速度，能够在实际应用中满足对 RUL 预测的即时性要求。该方法将数据驱动方法和模型驱动方法相结合，充分利用了两种方法的优势。数据驱动方法能够通过大量的历史数据学习电池组的行为模式和退化规律，从而提供较为准确的 RUL 预测。模型驱动方法可以基于物理模型对电池组进行建模，并考虑其内部参数和变化规律，以提供更加可靠的 RUL 预测结果。

通过对比表 8.7 和表 8.8 的数据统计可以明显看出，混合迭代法相对于单独采用 LSTM 或 UKF 的预测方法，在 RUL 预测性能上有明显的提升。在选择的预测点下，对 FC1 和 FC2 的 RUL 平均预测精度分别达到了 92.79%和 92.92%。这表明所构建的混合迭代法预测模型不仅适用于静态电流工作条件下的 PEMFC，也适用于动态电流工作条件下的 PEMFC，具有良好的通用性和适应性。在研究过程中，除了上述选用的预测点，还进行了多个其他预测点的实验。综合预测结果来看，混合迭代法不仅在预测精度上表现出色，而且在预测稳定性方面也有显著的优势。此外，该方法在对退化特征的细节跟踪性能上也有所改善，能够更准确地捕捉到电池组的退化趋势和变化规律，并且具备较高的预测精度、良好的预测速度和稳定性。综上可得，混合迭代法是一种可靠、有效的 PEMFC 的 RUL 预测方法。

表8.7 FC1不同方法下RUL预测结果

预测方法	起始点 t_p/h	RMSE	预测精度(Acc)
LSTM	578	0.0292	86.51%
	694	0.0130	64.65%
AUKF	578	0.0307	89.76%
	694	0.0227	56.57%
EMD-LSTM	578	0.0114	90.23%
	694	0.0140	80.81%
EMD-LSTM+AUKF	578	0.0124	91.63%
	694	0.0131	93.94%

表8.8 FC2不同方法下RUL预测结果

预测方法	预测点 t_p/h	RMSE	预测精度(Acc)
LSTM	510	0.0190	83.87%
	590	0.0305	78.57%
AUKF	510	0.0210	84.27%
	590	0.0174	80.95%
EMD-LSTM	510	0.0200	85.48%
	590	0.0196	91.94%
EMD-LSTM+AUKF	510	0.0208	94.76%
	590	0.0290	91.07%

8.3 混合预测方法的优势与挑战

目前国内外对燃料电池的老化和剩余使用寿命进行混合预测的方法主要分为以下四种。

(1) 数据驱动在预测阶段提供给模型预测所需的观测值,模型驱动在预测阶段提供给数据驱动预测所需的输入值,两者相互迭代,由模型对RUL进行估计。

(2) 通过数据驱动预测出燃料电池直接测量的退化数据(如电堆电压的老化数据),并将预测出的数据作为观测值提供给模型驱动辅助其进行预测,最终由模型预测方法估计 RUL。

(3) 通过数据驱动预测出燃料电池间接测量的退化数据(如极限电流和欧姆电阻老化数据),并将预测出的数据作为观测值提供给模型驱动辅助其进行预测,最终由模型预测方法估计 RUL。

(4) 通过权重因子,对模型预测结果和数据预测结果加权平均,得到最终结果。

其中,(2)和(3)在混合模型框架结构上较为相似,只是数据驱动的预测对象不同,模型驱动用到的预测模型不同,所以本章主要介绍了其中的(1)、(2)和(4)这三种混合预测方法,包括应用于中短期预测的加权混合预测方法和应用于长期预测的两种混合预测方法,这些混合预测方法在燃料电池预测中发挥了重要作用。它们都结合了前述的模型驱动预测方法和数据驱动预测方法,通过建立数学模型描述燃料电池的退化过程,并通过学习算法估计模型参数随时间的变化。

8.3.1 混合预测方法的优势

混合预测方法具有以下优点。

(1) 通过结合基于模型和数据驱动的方法优势,混合模型可以在预测和决策中提供更高的准确性和可靠性。

(2) 混合模型可以有效地建模和捕捉变量之间复杂的非线性关系。基于模型的组件可以提供整体的退化趋势,而数据驱动的组件可以处理数据中存在的非线性特征。

(3) 混合模型可以适应不同级别的数据可用性,在数据有限的情况下,基于模型的组件可以提供有用的见解和预测;当有更多的可用数据时,可以集成数据驱动的组件改进和更新模型。

在本章介绍的三种混合预测方法中,(1)和(2)的优点具体体现在:用于中短期预测的加权混合预测方法通过加权的形式结合了两种预测方法的预测优势,在预测阶段既可以捕捉燃料电池老化电压的长期退化趋势,又能捕捉老化电压的非线性特征;用于长期预测的两种混合预测方法都通过数据驱动为模型驱动提供观测值的形式,解决单一模型驱动预测方法在预测阶段由于缺乏观测值而无法更新系统状态参数的问题,使混合后的预测展现出良好的预测效果。

(3)的优点具体体现在:基于加权的混合预测方法通过移动窗口将同一段数据既用于训练模型,又用于评估模型;两种用于长期预测的混合方法在训练阶段用同一段数据既训练了模型部分的预测模型,又训练了数据部分的预测模型。这些预测方法相对于基于模型的方法而言,只需要很少的参数来建立模型,进一步简化了过程。

同时，由于数据驱动的特性，混合预测方法还具备通用性较强的优点，这使得混合方法在燃料电池预测中得到广泛应用，并展现出较高的应用灵活性。

8.3.2　混合预测方法面临的挑战

然而，需要注意的是，混合预测方法在当前依然面临着以下挑战。

（1）实施混合预测方法的成本较高。

（2）混合预测方法的建模和调参比单一预测方法要求更高。

挑战(1)是由于应用混合方法时，仍需要相关领域的专业知识来了解系统的退化过程，以此建立物理模型，特别是在退化过程比较复杂的情况下，这会增加训练过程的计算负担。挑战(2)是由于混合模型比单一模型结构更加复杂，在调参时可能既需要确保模型部分的准确性，又需要确保数据部分的可靠性。在本章介绍的三种混合预测方法中，这些问题具体体现在以下方面。

由数据驱动提供观测值给模型驱动的混合预测方法的数据部分和模型部分不是同时进行的，这从一定程度上减轻了计算负担，预测运行时间较短。但在预测阶段，模型部分的状态方程参数更新依赖于数据驱动提供的观测值，这导致最终预测结果受数据驱动影响较大，所以在调参时需要确保数据部分的可靠性和准确性。

加权混合预测方法和迭代混合预测方法都不依赖于数据或模型的某一部分，但预测结构较为复杂，在训练阶段和预测阶段都需要同时运行数据和模型两个部分，相比单一预测方法会占用更多的计算资源，预测运行时间较长；在调整参数时也比单一预测方法要求高，需要同时确保模型和数据两个部分的准确性和可靠性。但相比于迭代预测方法，加权预测方法更加灵活，它可以通过调整滑动窗口的长度来控制数据的输入和输出，以此寻找训练费用和预测精度间的平衡。

只有根据实际情况选取合适的混合预测方法，才能充分发挥其预测能力，并在工程应用中取得良好的效果。

参 考 文 献

[1] 陈维荣,刘嘉蔚,李奇,等.质子交换膜燃料电池故障诊断方法综述及展望[J].中国电机工程学报,2017,37(16):10.

[2] 张雪霞,蒋宇,黄平,等.质子交换膜燃料电池容错控制方法综述[J].中国电机工程学报,2021(4):1431-1444.

[3] 刘相万,杨扬,朱文超,等.基于二阶 RQ-RLC 模型的质子交换膜燃料电池水管理故障诊断[J].中国电机工程学报,2022,42(21):7893-7904.

[4] Dai W, Wang H J, Yuan X Z, et al. A review on water balance in the membrane electrode assembly of proton exchange membrane fuel cells [J]. International Journal of Hydrogen Energy, 2009, 34(23):9461-9478.

[5] Wang X, Ma Y, Gao J, et al. Review on water management methods for proton exchange membrane fuel cells[J]. International Journal of Hydrogen Energy, 2021, 46(22):12206-12229.

[6] Liu J W, Li Q, Chen W R, et al. A fast fault diagnosis method of the PEMFC system based on extreme learning machine and Dempster-Shafer evidence theory[J]. IEEE Transactions on Transportation Electrification, 2019, 5(1):271-284.

[7] 王筱彤,李奇,王天宏,等.基于离散区间二进制序列激励信号的燃料电池 EIS 测量及故障诊断方法[J].中国电机工程学报,2020,40(14):4526-4537.

[8] Lu H X, Chen J, Yan C Z, et al. On-line fault diagnosis for proton exchange membrane fuel cells based on a fast electrochemical impedance spectroscopy measurement[J]. Journal of Power Sources, 2019(430):233-243.

[9] 马睿,任子俊,谢任友,等.基于模型特征分析的质子交换膜燃料电池建模研究综述[J].中国电机工程学报,2021,41(22):7712-7730.

[10] Depernet D, Narjiss A, Gustin F, et al. Integration of electrochemical impedance spectroscopy functionality in proton exchange membrane fuel cell power converter[J]. International Journal of Hydrogen Energy, 2016, 41(11):5378-5388.

[11] 王森,雷卫军,刘健,等.基于 LSTM-RNN 的质子交换膜燃料电池故障检测

方法[J]. 电子技术与软件工程，2019(04):74-78.

[12] 周苏，胡哲，文泽军. 基于 K 均值和支持向量机的燃料电池在线自适应故障诊断[J]. 同济大学学报(自然科学版),2019,47(2):255-260.

[13] Li Z,Outbib R, Giurgea S, et al. Diagnosis for PEMFC Systems: A Data-Driven Approach With the Capabilities of Online Adaptation and Novel Fault Detection[J]. IEEE Transactions on Industrial Electronics, 2015, 62(8):5164-5174.

[14] 蔡良东,李奇,刘强,等. 考虑系统氢耗和耐久性的多堆燃料电池优化控制方法[J]. 中国电机工程学报,2022,42(10):3670-3680.

[15] Shao M, Zhu X J, Cao H F, et al. An artificial neural network ensemble method for fault diagnosis of proton exchange membrane fuel cell system [J]. Energy, 2014(67):268-275.

[16] Becherif M, Péra M C, Hissel D, et al. Determination of the health state of fuel cell vehicle for a clean transportation[J]. Journal of Cleaner Production, 2018(171):1510-1519.

[17] Jiao K, Li X. Water transport in polymer electrolyte membrane fuel cells [J]. Progress in energy and combustion Science, 2011, 37(3):221-291.

[18] Dijoux E, Steiner N Y, Benne M, et al. A review of fault tolerant control strategies applied to proton exchange membrane fuel cell systems[J]. Journal of Power Sources, 2017(359):119-133.

[19] 孙誉宁,毛磊,黄伟国,等. 基于磁场的质子交换膜燃料电池故障诊断方法[J]. 机械工程学报,2022,58(22):106-114.

[20] 刘嘉蔚,李奇,陈维荣,等. 基于概率神经网络和线性判别分析的 PEMFC 水管理故障诊断方法研究[J]. 中国电机工程学报，2019，39(12):3614-3621.

[21] Ibrahim M,Antoni U,Steiner N Y,et al. Signal-based diagnostics by wavelet transform for proton exchange membrane fuel cell[J]. Energy Procedia,2015(74):1508-1516.

[22] Kamal M M,Yu D W, Yu D L. Fault detection and isolation for PEM fuel cell stack with independent RBF model[J]. Engineering Applications of Artificial Intelligence,2014(28):52-63.

[23] Jouin M, Gouriveau R, Hissel D, et al. Degradations analysis and aging modeling for health assessment and prognostics of PEMFC[J]. Reliability Engineering and System Safety,2016(148):78-95.

[24] Liu H, Chen J, Hissel D, et al. A multi-scale hybrid degradation index for proton exchange membrane fuel cells[J]. Journal of Power Sources, 2019, 437(15): 226916.1-226916.13.

[25] Zhang D, Baraldi P, Cadet C, et al. An ensemble of models for integrating dependent sources of information for the prognosis of the remaining useful life of Proton Exchange Membrane Fuel Cells[J]. Mechanical Systems and Signal Processing, 2019, 124: 479-501.

[26] Hua Z, Zheng Z, Péra M-C, et al. Remaining useful life prediction of PEMFC systems based on the multi-input echo state network[J]. Applied Energy, 2020, 265: 114791.1-114791.13.

[27] Hua Z, Zheng Z, Pahon E, et al. Remaining useful life prediction of PEMFC systems under dynamic operating conditions[J]. Energy Conversion and Management, 2021, 231: 113825.1-113825.15.

[28] Zhang X, Xie S, Paau M C, et al. Ultrahigh performance liquid chromatographic analysis and magnetic preconcentration of polycyclic aromatic hydrocarbons by Fe_3O_4-doped polymeric nanoparticles. Journal of Chromatography A[J], 2012, 1247: 1-9.

[29] Hua Z, Zheng Z, Pahon E, et al. A review on lifetime prediction of proton exchange membrane fuel cells system[J]. Journal of Power Sources, 2022, 529: 231256.1-231256.17.

[30] Tang A, Yang Y, Yu Q, et al. A Review of Life Prediction Methods for PEMFCs in Electric Vehicles[J]. Sustainability, 2022, 14.

[31] Chen K, Laghrouche S, Djerdir A. Fuel cell health prognosis using Unscented Kalman Filter: Postal fuel cell electric vehicles case study[J]. International Journal of Hydrogen Energy, 2019, 44(3):1930-1939.

[32] Bressel M, Hilairet M, Hissel D, et al. Extended Kalman Filter for prognostic of Proton Exchange Membrane Fuel Cell [J]. Applied Energy, 2016, 164(15): 220-227.

[33] 潘瑞. 面向燃料电池外特性的老化行为建模及延寿策略研究[D]. 合肥:中国科学技术大学,2020.

[34] 刘浩. 质子交换膜燃料电池的寿命预测研究[D]. 杭州:浙江大学,2019.

[35] Ao Y, Laghrouche S, Depernet D, et al. Proton Exchange Membrane Fuel Cell Prognosis Based on Frequency-Domain Kalman Filter[J]. IEEE Trans-

actions on Transportation electrification，2021,7(4):2332-2343.

[36] 李奇，刘嘉蔚，陈维荣. 质子交换膜燃料电池剩余使用寿命预测方法综述及展望[J]. 中国电机工程学报，2019,39(08):2365-2375.

[37] 谢宏远，刘逸，候权，等. 基于粒子滤波和遗传算法的氢燃料电池剩余使用寿命预测[J]. 东北电力大学学报，2021,41(01):56-64.

[38] 符毅，孔星炜，董新民. 基于自适应 SRUKF 的无人机位姿预测方法[J]. 应用光学，2019,40(01):21-26.

[39] Y Cheng, N Zerhouni, C Lu. A hybrid remaining useful life prognostic method for proton exchange membrane fuel cell[J]. International Journal of Hydrogen Energy, 2018, 43 (27): 12314-12327.

[40] P Wang, H Liu, J Chen, et al. A novel degradation model of proton exchange membrane fuel cells for state of health estimation and prognostics[J]. International Journal of Hydrogen Energy, 2021, 46 (61): 31353-31361.

[41] Larminie J, Kicks A. Fuel cell systems explained[M]. 2nd ed. New York: John Wiley & Sons, 2003.

[42] Zhu Wenchao, Guo Bingxin, Li Yang, et al. Uncertainty Quantification of Proton-Exchange-Membrane Fuel Cells Degradation Prediction Based on Bayesian-Gated Recurrent Unit[J]. eTeansportation, 2023, 16.

[43] Changzhi Li, Wei Lin, Hangyu Wu, et al. Performance degradation decomposition-ensemble prediction of PEMFC using CEEMDAN and dual data-driven model[J]. Renewable Energy, 2023, 215.

[44] 李鹏程. 基于循环神经网络氢燃料电池寿命预测技术[D]. 成都:电子科技大学,2021.

[45] Chu Wang, Zhongliang Li, Rachid Outbib, et al. A novel long short-term memory networks-based data-driven prognostic strategy for proton exchange membrane fuel cells[J]. International Journal of Hydrogen Energy, 2022, 47(18):10395-10408.

[46] 刘浩. 质子交换膜燃料电池的寿命预测研究[D]. 杭州:浙江大学,2019.

[47] Peng Weiwen, Ye Zhi-Sheng, Chen Nan. Bayesian deep learning based health prognostics towards prognostics uncertainty[J]. IEEE Trans Ind Electron 2019, 67:2283-2293.

[48] 潘瑞. 面向燃料电池外特性的老化行为建模及延寿策略研究[D]. 合肥:中国科学技术人学,2020.

[49] Ghahramani Zoubin. Probabilistic machine learning and artificial intelligence [J]. Nature, 2015,521(7553):452-459.

[50] Wang Ruihan, Chen Hui, Guan Cong. A Bayesian inference-based approach for performance prognostics towards uncertainty quantification and its applications on the marine diesel engine[J]. ISA Transactions, 2020, 118: 159-173.

[51] Cheng Y, Zerhouni N, Lu C, et al. A hybrid remaining useful life prognostic method for proton exchange membrane fuel cell[J]. International Journal of Hydrogen Energy,2018,43(27):12314-12327.

[52] Yang C, Li Z, Liang B, et al. A novel fusion strategy for failure prognostic of proton exchange membrane fuel cell stack[C]. China:Proceedings of the Chinese control conference, 2017.

[53] Hao L, Jian C, Daniel H, et al. Remaining useful life estimation for proton exchange membrane fuel cells using a hybrid method[J]. Applied Energy, 2019, 237:910-919.

[54] Zhou D, Gao F, Breaz E, et al. Degradation prediction of PEM fuel cell using a moving window based hybrid prognostic approach[J]. Energy, 2017,138:1175-1186.